수학 좀 한다면

디딤돌 초등수학 응용 6-2

펴낸날 [개정판 1쇄] 2024년 11월 29일 | **펴낸이** 이기열 | **펴낸곳** (주)디딤돌 교육 | **주소** (03972) 서울특별시 마포구 월드컵북로 122 청원선와이즈타워 | **대표전화** 02-3142-9000 | **구입문의** 02-322-8451 | **내용문의** 02-323-9166 | **팩시밀리** 02-338-3231 | **홈페이지** www.didimdol.co.kr | **등록번호** 제10-718호 | 구입한 후에는 철회되지 않으며 잘못 인쇄된 책은 바꾸어 드립니다. 이 책에 실린 모든 삽화 및 편집 형태에 대한 저작권은 (주)디딤돌 교육에 있으므로 무단으로 복사 복제할 수 없습니다. Copyright © Didimdol Co. [2502360]

내 실력에 딱!
최상위로 가는 '맞춤 학습 플랜'

STEP 1 On-line
나에게 맞는 공부법은?
맞춤 학습 가이드를 만나요.

교재 선택부터 공부법까지! 디딤돌에서 제공하는 시기별 맞춤 학습 가이드를 통해 아이에게 맞는 학습 계획을 세워 주세요. (학습 가이드는 디딤돌 학부모카페 '맘이가'를 통해 상시 공지합니다. cafe.naver.com/didimdolmom)

STEP 2 Book
맞춤 학습 스케줄표
계획에 따라 공부해요.

교재에 첨부된 '맞춤 학습 스케줄표'에 맞춰 공부 목표를 달성합니다.

STEP 3 On-line
이럴 땐 이렇게!
'맞춤 Q&A'로 해결해요.

궁금하거나 모르는 문제가 있다면, '맘이가' 카페를 통해 질문을 남겨 주세요. 디딤돌 수학쌤 및 선배맘님들이 친절히 답변해 드립니다.

STEP 4 Book
다음에는 뭐 풀지?
다음 교재를 추천받아요.

학습 결과에 따라 후속 학습에 사용할 교재를 제시해 드립니다. (교재 마지막 페이지 수록)

★ 디딤돌 플래너 만나러 가기

디딤돌 초등수학 응용 6-2

8주 완성
맞춤 학습 스케줄표

최상위로 가는
'맞춤 학습 플랜'

STEP
3
Book

짧은 기간에 집중력 있게 한 학기 과정을 완성할 수 있도록 설계하였습니다.
방학 때 미리 공부하고 싶다면 주 5일 8주 완성 과정을 이용해요.

공부한 날짜를 쓰고 하루 분량 학습을 마친 후, 부모님께 확인 check ☑를 받으세요.

❶ 분수의 나눗셈

1주

월 일	월 일	월 일	월 일	월 일	**2주** 월 일	월 일
8~10쪽	11~13쪽	14~17쪽	18~20쪽	21~24쪽	25~27쪽	28~30쪽

❷ 소수의 나눗셈 / ❸ 공간

3주

월 일	월 일	월 일	월 일	월 일	**4주** 월 일	월 일
44~46쪽	47~50쪽	51~53쪽	54~56쪽	60~62쪽	63~65쪽	66~68쪽

❸ 공간과 입체 / ❹ 비례식과 비례배분

5주

월 일	월 일	월 일	월 일	월 일	**6주** 월 일	월 일
79~81쪽	84~86쪽	87~89쪽	90~93쪽	94~96쪽	97~100쪽	101~103쪽

❺ 원의 넓이

7주

월 일	월 일	월 일	월 일	월 일	**8주** 월 일	월 일
116~119쪽	120~122쪽	123~126쪽	127~129쪽	130~132쪽	136~139쪽	140~145쪽

MEMO

효과적인 수학 공부 비법

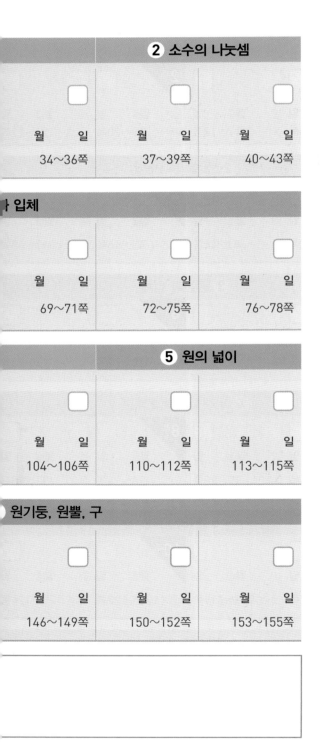

시켜서 억지로 X 내가 스스로 O

억지로 하는 일과 즐겁게 하는 일은 결과가 달라요.
목표를 가지고 스스로 즐기면 능률이 배가 돼요.

가끔 한꺼번에 X 매일매일 꾸준히 O

급하게 쌓은 실력은 무너지기 쉬워요.
조금씩이라도 매일매일 단단하게 실력을 쌓아가요.

정답을 몰래 X 개념을 꼼꼼히 O

모든 문제는 개념을 바탕으로 출제돼요.
쉽게 풀리지 않을 땐, 개념을 펼쳐 봐요.

채점하면 끝 X 틀린 문제는 다시 O

왜 틀렸는지 알아야 다시 틀리지 않겠죠?
틀린 문제와 어림짐작으로 맞힌 문제는 꼭 다시 풀어 봐요.

수학 좀 한다면

디딤돌

초등수학
응용

상위권 도약, 실력 완성

6
––
2

개념 적용으로 실력을 높이는 공부 비법!

1 교과서 개념

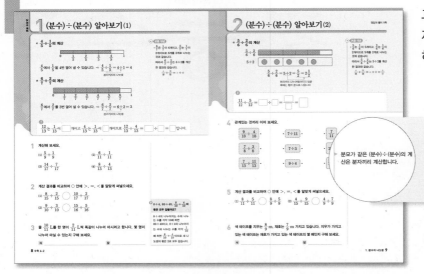

교과서 핵심 내용과 익힘책 기본 문제로 개념을 이해할 수 있도록 구성하였습니다.

교과서 개념 이외의 보충 개념, 연결 개념을 함께 정리하여 심화 학습의 기본기를 갖출 수 있습니다.

2 기본에서 응용으로

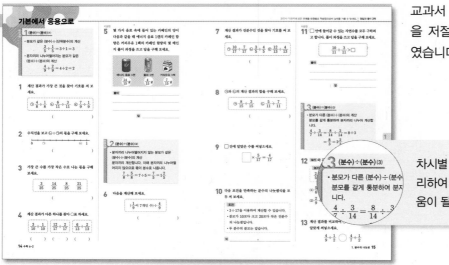

교과서 · 익힘책 문제를 풀면서 개념을 저절로 완성할 수 있도록 구성하였습니다.

차시별 핵심 개념을 정리하여 문제 해결에 도움이 될 수 있습니다.

3 응용에서 최상위로

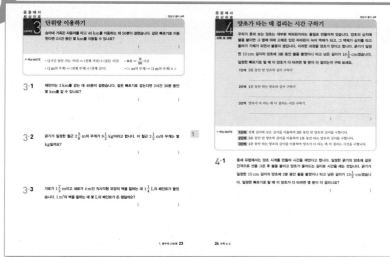

엄선된 심화 유형을 집중 학습함으로써 실력을 높이고 사고력을 향상시킬 수 있도록 구성하였습니다.

양초가 타는 데 걸리는 시간 구하기

융합유형 4
수학 + 과학

우리가 흔히 보는 양초는 대부분 파라핀이라는 물질로 만들어져 있습니다. 양초의 심지에 불을 붙이면 그 열에 의해 고체로 있던 파라핀이 녹아 액체가 되고, 그 액체가 심지를 타고 올라가 기체가 되면서 불꽃이 생깁니다. 이러한 과정을 양초가 탄다고 합니다. 굵기가 일정한 12 cm 길이의 양초에 3분 동안 불을 붙였더니 타고 남은 길이가 $10\frac{1}{2}$ cm였습니다.

창의·융합 문제를 통해 문제 해결력과 더불어 정보처리 능력까지 완성할 수 있습니다.

4 기출 단원 평가

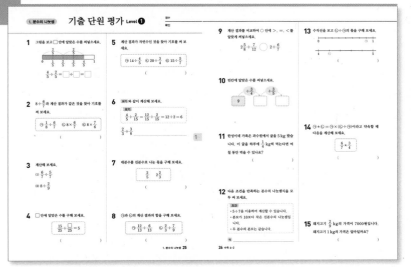

단원 학습을 마무리 할 수 있도록 기본 수준부터 응용 수준까지의 문제들로 구성하였습니다.
시험에 잘 나오는 기출 유형 중심으로 문제들을 선별하였으므로 수시평가 및 학교 시험 대비용으로 활용해 봅니다.

이 책의 **차례**

분수의 나눗셈

1

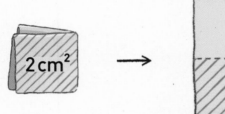

전체의 $\dfrac{1}{4}$ → (전체) $\times \dfrac{1}{4} = 2$ (전체) $= 2 \div \dfrac{1}{4} = 8$

나눗셈을 곱셈으로 바꾸어 계산할 수 있어!

$$3 \xrightarrow{\times 2} 6 \qquad 3 \xleftarrow{\div 2} 6$$

$$=$$

$$3 \xrightarrow{\times 2} 6 \qquad 3 \xleftarrow{\times \frac{1}{2}} 6$$

분수를 자연수처럼
계산해 보자!

$$\frac{1}{2} \xrightarrow{\times \frac{2}{3}} \frac{1}{3} \qquad \frac{1}{2} \xleftarrow{\div \frac{2}{3}} \frac{1}{3}$$

$$=$$

$$\frac{1}{2} \xrightarrow{\times \frac{2}{3}} \frac{1}{3} \qquad \frac{1}{2} \xleftarrow{\times \frac{3}{2}} \frac{1}{3}$$

1 (분수)÷(분수) 알아보기 (1)

개념 강의

● $\dfrac{4}{5} \div \dfrac{1}{5}$의 계산

$\dfrac{4}{5}$에서 $\dfrac{1}{5}$을 4번 덜어 낼 수 있습니다. ➡ $\underbrace{\dfrac{4}{5} \div \dfrac{1}{5}} = 4 \div 1 = 4$

분자끼리의 나눗셈

● $\dfrac{6}{7} \div \dfrac{2}{7}$의 계산

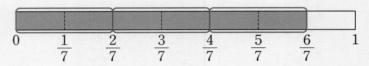

$\dfrac{6}{7}$에서 $\dfrac{2}{7}$를 3번 덜어 낼 수 있습니다. ➡ $\underbrace{\dfrac{6}{7} \div \dfrac{2}{7}} = 6 \div 2 = 3$

분자끼리의 나눗셈

보충 개념

• $\dfrac{6}{7}$은 $\dfrac{1}{7}$이 6개이고, $\dfrac{2}{7}$는 $\dfrac{1}{7}$이 2개이므로 6개를 2개로 나누는 것과 같습니다.

따라서 $\dfrac{6}{7} \div \dfrac{2}{7}$는 $6 \div 2$를 계산한 결과와 같습니다.

$\dfrac{\blacktriangle}{\blacksquare} \div \dfrac{\bullet}{\blacksquare} = \blacktriangle \div \bullet$

❗ $\dfrac{12}{13}$는 $\dfrac{1}{13}$이 ☐개이고 $\dfrac{4}{13}$는 $\dfrac{1}{13}$이 ☐개이므로 $\dfrac{12}{13} \div \dfrac{4}{13} =$ ☐ $\div$ ☐ $=$ ☐입니다.

1 계산해 보세요.

(1) $\dfrac{5}{9} \div \dfrac{1}{9}$

(2) $\dfrac{6}{11} \div \dfrac{1}{11}$

(3) $\dfrac{14}{17} \div \dfrac{7}{17}$

(4) $\dfrac{8}{13} \div \dfrac{4}{13}$

2 계산 결과를 비교하여 ○ 안에 $>$, $=$, $<$를 알맞게 써넣으세요.

(1) $\dfrac{8}{15} \div \dfrac{2}{15}$ ○ $\dfrac{10}{17} \div \dfrac{2}{17}$

(2) $\dfrac{9}{10} \div \dfrac{3}{10}$ ○ $\dfrac{15}{16} \div \dfrac{5}{16}$

3 물 $\dfrac{10}{11}$ L를 한 명이 $\dfrac{2}{11}$ L씩 똑같이 나누어 마시려고 합니다. 몇 명이 나누어 마실 수 있는지 구해 보세요.

식 _____

답 _____

❓ $8 \div 4$, $80 \div 40$, $\dfrac{8}{10} \div \dfrac{4}{10}$의

몫은 모두 같을까요?

$8 \div 4$의 나누어지는 수와 나누는 수를 각각 10배 하면 $80 \div 40$이고, $8 \div 4$의 나누어지는 수와 나누는 수를 각각 $\dfrac{1}{10}$배 하면 $\dfrac{8}{10} \div \dfrac{4}{10}$이므로 세 나눗셈의 몫은 2로 모두 같습니다.

2 (분수)÷(분수) 알아보기 (2)

• $\frac{5}{6} \div \frac{2}{6}$의 계산

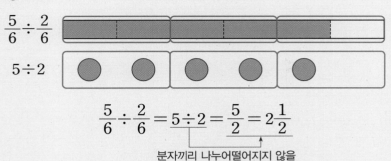

$$\frac{5}{6} \div \frac{2}{6} = 5 \div 2 = \frac{5}{2} = 2\frac{1}{2}$$

분자끼리 나누어떨어지지 않을
때에는 몫이 분수로 나옵니다.

• $\frac{5}{6}$는 $\frac{1}{6}$이 5개이고, $\frac{2}{6}$는 $\frac{1}{6}$이 2개이므로 5개를 2로 나누는 것과 같습니다.
따라서 $\frac{5}{6} \div \frac{2}{6}$는 $5 \div 2$를 계산한 결과와 같습니다.

$$\frac{▲}{■} \div \frac{●}{■} = ▲ \div ● = \frac{▲}{●}$$

$$\frac{11}{12} \div \frac{5}{12} = \boxed{} \div \boxed{} = \frac{\boxed{}}{\boxed{}} = \boxed{}$$

4 관계있는 것끼리 이어 보세요.

$\dfrac{9}{10} \div \dfrac{4}{10}$ •   • $7 \div 11$ •   • $\dfrac{7}{11}$

$\dfrac{7}{8} \div \dfrac{3}{8}$ •   • $7 \div 3$ •   • $2\dfrac{1}{4}$

$\dfrac{7}{13} \div \dfrac{11}{13}$ •   • $9 \div 4$ •   • $2\dfrac{1}{3}$

5 계산 결과를 비교하여 ○ 안에 >, =, <를 알맞게 써넣으세요.

(1) $\dfrac{8}{11} \div \dfrac{5}{11}$ ◯ $\dfrac{8}{9} \div \dfrac{5}{9}$

(2) $\dfrac{4}{15} \div \dfrac{9}{15}$ ◯ $\dfrac{4}{9} \div \dfrac{7}{9}$

분모가 같은 (분수)÷(분수)의 계산은 분자끼리 계산합니다.

6 색 테이프를 지우는 $\dfrac{8}{9}$ m, 재호는 $\dfrac{7}{9}$ m 가지고 있습니다. 지우가 가지고 있는 색 테이프는 재호가 가지고 있는 색 테이프의 몇 배인지 구해 보세요.

식 _____   답 _____

3 (분수)÷(분수) 알아보기(3)

- $\dfrac{4}{5} \div \dfrac{1}{10}$의 계산

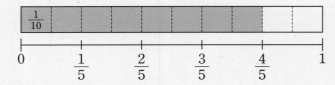

$\dfrac{4}{5}$에는 $\dfrac{1}{10}$이 8번 들어 있습니다. ➡ $\dfrac{4}{5} \div \dfrac{1}{10} = 8$

- $\dfrac{4}{5} \div \dfrac{2}{15}$의 계산

$$\underline{\dfrac{4}{5} \div \dfrac{2}{15}} = \underline{\dfrac{12}{15} \div \dfrac{2}{15}} = \underline{12 \div 2} = 6$$

분모를 같게 통분   분자끼리의 나눗셈

- $\dfrac{3}{5} \div \dfrac{2}{7}$의 계산

$$\underline{\dfrac{3}{5} \div \dfrac{2}{7}} = \underline{\dfrac{21}{35} \div \dfrac{10}{35}} = \underline{21 \div 10} = \dfrac{21}{10} = 2\dfrac{1}{10}$$

분모를 같게 통분   분자끼리의 나눗셈

➕ 보충 개념

- **나눗셈식에서 모르는 수 구하기**
  곱셈과 나눗셈의 관계를 이용합니다.

  ★ ÷ ● = ■
  ➡ ★ = ■ × ●
  ➡ ● = ★ ÷ ■

---

7 ☐ 안에 알맞은 수를 써넣으세요.

$$\dfrac{5}{7} \div \dfrac{3}{4} = \dfrac{\boxed{}}{28} \div \dfrac{\boxed{}}{28} = \boxed{} \div \boxed{} = \boxed{}$$

8 **7**과 같이 계산해 보세요.

(1) $\dfrac{1}{2} \div \dfrac{1}{4}$
(2) $\dfrac{3}{5} \div \dfrac{3}{4}$

(3) $\dfrac{5}{6} \div \dfrac{2}{5}$
(4) $\dfrac{1}{16} \div \dfrac{1}{8}$

9 작은 수를 큰 수로 나눈 몫을 구해 보세요.

$$\boxed{\quad \dfrac{5}{9} \qquad \dfrac{6}{7} \quad}$$

(   )

❓ 분모가 다른 진분수끼리의 나눗셈을 계산할 때 통분을 하는 이유는 무엇일까요?

분모가 다르면 분자끼리 직접 나눌 수 없지만 통분을 하면 분자끼리의 나눗셈으로 계산할 수 있기 때문입니다.

4 (자연수)÷(분수) 알아보기

● 수박 $\frac{3}{5}$통이 6 kg일 때 수박 1통의 무게 구하기

─ 수박 $\frac{1}{5}$통의 무게

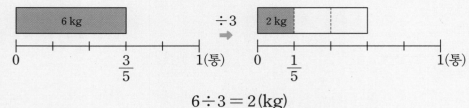

$$6÷3=2\,(\text{kg})$$

─ 수박 1통의 무게

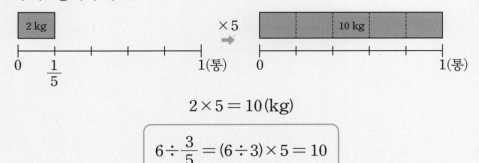

$$2×5=10\,(\text{kg})$$

$$6÷\frac{3}{5}=(6÷3)×5=10$$

➕ 보충 개념

• $6÷2$와 $6÷\frac{1}{2}$의 비교

─ 사과 6개를 2명이 똑같이 나누어 먹으면 3개씩 먹을 수 있습니다.
  ➡ $6÷2=3$

─ 사과 6개를 $\frac{1}{2}$개씩 똑같이 나누어 먹으면 12명이 먹을 수 있습니다.
  ➡ $6÷\frac{1}{2}=(6÷1)×2$
      $=12$

10 ☐ 안에 알맞은 수를 써넣으세요.

$$8÷\frac{8}{9}=(8÷\boxed{})×\boxed{}=\boxed{}$$

11 **10**과 같이 계산해 보세요.

(1) $4÷\frac{2}{7}$

(2) $5÷\frac{5}{11}$

12 계산 결과가 큰 것부터 순서대로 기호를 써 보세요.

> ㉠ $14÷\frac{7}{12}$ ㉡ $12÷\frac{4}{5}$ ㉢ $15÷\frac{5}{6}$

(   )

❓ 나눗셈을 하면 결과가 항상 작아지나요?

아닙니다. 나누는 수가 1보다 작을 때는 결과가 커집니다.
$$2÷\frac{1}{3}=(2÷1)×3=6$$

5 (분수)÷(분수)를 (분수)×(분수)로 나타내기

• $\frac{3}{4}$ km를 가는 데 $\frac{2}{5}$시간이 걸릴 때 1시간 동안 갈 수 있는 거리 구하기

• (분수)÷(분수)를 (분수)×(분수)로 나타내는 방법
나눗셈을 곱셈으로 바꾸고 나누는 분수의 분모와 분자를 바꾸어 줍니다.

$$\frac{\bigstar}{\blacksquare} \div \frac{\blacktriangle}{\bullet} = \frac{\bigstar}{\blacksquare} \times \frac{\bullet}{\blacktriangle}$$

− $\frac{1}{5}$시간 동안 가는 거리

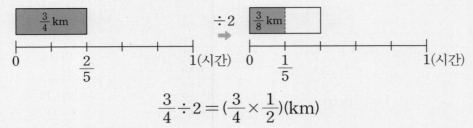

$$\frac{3}{4} \div 2 = (\frac{3}{4} \times \frac{1}{2})(km)$$

− 1시간 동안 가는 거리

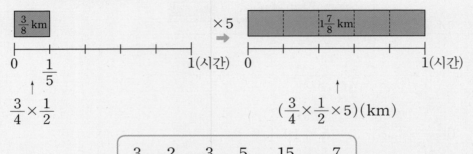

$$\frac{3}{4} \times \frac{1}{2} \qquad (\frac{3}{4} \times \frac{1}{2} \times 5)(km)$$

$$\frac{3}{4} \div \frac{2}{5} = \frac{3}{4} \times \frac{5}{2} = \frac{15}{8} = 1\frac{7}{8}$$

---

13 □ 안에 알맞은 수를 써넣어 곱셈식으로 나타내어 보세요.

$$\frac{5}{7} \div \frac{3}{4} = \frac{5}{7} \times \frac{1}{\square} \times \square = \frac{5}{7} \times \frac{\square}{\square}$$

14 나눗셈식을 곱셈식으로 나타내어 계산해 보세요.

(1) $\frac{1}{8} \div \frac{3}{7}$ (2) $\frac{4}{5} \div \frac{8}{15}$

▶ 곱셈식으로 나타내어 계산할 때 약분을 미리 하면 수들이 작아져 계산이 더 쉽습니다.

15 사탕 $\frac{5}{6}$ kg을 통에 담아 보니 통의 $\frac{2}{3}$가 채워졌습니다. 한 통에 가득 채울 수 있는 사탕은 몇 kg인지 구해 보세요.

식 _____ 답 _____

6 (분수)÷(분수) 계산하기

- $3 \div \dfrac{5}{7}$의 계산 – (자연수)÷(분수)

$$3 \div \dfrac{5}{7} = 3 \times \dfrac{7}{5} = \dfrac{21}{5} = 4\dfrac{1}{5}$$

- $\dfrac{5}{2} \div \dfrac{2}{3}$의 계산 – (가분수)÷(분수)

방법 1 $\dfrac{5}{2} \div \dfrac{2}{3} = \dfrac{15}{6} \div \dfrac{4}{6} = 15 \div 4 = \dfrac{15}{4} = 3\dfrac{3}{4}$

방법 2 $\dfrac{5}{2} \div \dfrac{2}{3} = \dfrac{5}{2} \times \dfrac{3}{2} = \dfrac{15}{4} = 3\dfrac{3}{4}$

- $1\dfrac{1}{4} \div \dfrac{3}{5}$의 계산 – (대분수)÷(분수)

방법 1 $1\dfrac{1}{4} \div \dfrac{3}{5} = \dfrac{5}{4} \div \dfrac{3}{5} = \dfrac{25}{20} \div \dfrac{12}{20} = 25 \div 12 = \dfrac{25}{12} = 2\dfrac{1}{12}$

방법 2 $1\dfrac{1}{4} \div \dfrac{3}{5} = \dfrac{5}{4} \div \dfrac{3}{5} = \dfrac{5}{4} \times \dfrac{5}{3} = \dfrac{25}{12} = 2\dfrac{1}{12}$

➕ 보충 개념

- 분수의 나눗셈의 계산 결과가 맞는지 확인하는 방법

자연수의 나눗셈과 마찬가지로 나누는 수와 계산 결과를 곱했을 때 나누어지는 수가 나오는지 살펴봅니다.

$12 \div 3 = 4 \Rightarrow 3 \times 4 = \boxed{12}$

$\dfrac{5}{2} \div \dfrac{2}{3} = 3\dfrac{3}{4}$

$\Rightarrow \dfrac{2}{3} \times 3\dfrac{3}{4} = \dfrac{\overset{1}{\cancel{2}}}{\cancel{3}} \times \dfrac{\overset{5}{\cancel{15}}}{\cancel{4}} = \dfrac{5}{2}$

---

16 $\boxed{}$ 안에 알맞은 수를 써넣으세요.

$$\dfrac{10}{9} \div \dfrac{3}{7} = \dfrac{10}{9} \times \dfrac{\boxed{}}{\boxed{}} = \dfrac{\boxed{}}{\boxed{}} = \boxed{}\dfrac{\boxed{}}{\boxed{}}$$

17 $2\dfrac{1}{3} \div \dfrac{5}{6}$를 두 가지 방법으로 계산해 보세요.

방법 1 $2\dfrac{1}{3} \div \dfrac{5}{6}$

방법 2 $2\dfrac{1}{3} \div \dfrac{5}{6}$

❓ **대분수 상태에서 약분을 해도 되나요?**

대분수는 가분수로 고친 후 약분을 해야 합니다. 대분수 상태에서 약분하지 않도록 주의합니다.

$2\dfrac{2}{5} \div \dfrac{6}{7} = 2\dfrac{2}{5} \times \dfrac{7}{\underset{3}{6}}$ ✗

$2\dfrac{2}{5} \div \dfrac{6}{7} = \dfrac{12}{5} \times \dfrac{7}{\underset{1}{\overset{}{6}}}$ ○

18 계산 결과를 비교하여 ○ 안에 >, =, <를 알맞게 써넣으세요.

(1) $2 \div \dfrac{4}{9}$ ◯ 3

(2) 2 ◯ $1\dfrac{5}{9} \div \dfrac{7}{8}$

1 (분수)÷(분수)⑴

- 분모가 같은 (분수)÷(단위분수)의 계산

$$\frac{3}{5} \div \frac{1}{5} = 3 \div 1 = 3$$

- 분자끼리 나누어떨어지는 분모가 같은 (분수)÷(분수)의 계산

$$\frac{4}{9} \div \frac{2}{9} = 4 \div 2 = 2$$

1 계산 결과가 가장 큰 것을 찾아 기호를 써 보세요.

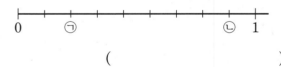
$$\bigcirc \ \frac{4}{8} \div \frac{1}{8} \quad \bigcirc \ \frac{6}{11} \div \frac{3}{11} \quad \bigcirc \ \frac{7}{9} \div \frac{1}{9}$$

( )

2 수직선을 보고 ㉡÷㉠의 몫을 구해 보세요.

0 ────㉠────────────㉡── 1

( )

3 가장 큰 수를 가장 작은 수로 나눈 몫을 구해 보세요.

| $\frac{3}{25}$ | $\frac{14}{25}$ | $\frac{8}{25}$ | $\frac{21}{25}$ |

( )

4 계산 결과가 다른 하나를 찾아 ○표 하세요.

| $\frac{3}{10} \div \frac{1}{10}$ | $\frac{12}{17} \div \frac{2}{17}$ | $\frac{6}{13} \div \frac{2}{13}$ |

( ) ( ) ( )

5 몇 가지 음료 속에 들어 있는 카페인의 양이 다음과 같을 때 에너지 음료 1캔의 카페인 함량은 커피우유 1팩의 카페인 함량의 몇 배인지 풀이 과정을 쓰고 답을 구해 보세요.

에너지 음료 1캔	콜라 1캔	커피우유 1팩
$\frac{14}{15}$ g	$\frac{4}{15}$ g	$\frac{7}{15}$ g

풀이

답

2 (분수)÷(분수)⑵

- 분자끼리 나누어떨어지지 않는 분모가 같은 (분수)÷(분수)의 계산
분자끼리 계산합니다. 이때 분자끼리 나누어떨어지지 않으므로 몫이 분수로 나옵니다.

$$\frac{7}{8} \div \frac{5}{8} = 7 \div 5 = \frac{7}{5} = 1\frac{2}{5}$$

6 다음을 계산해 보세요.

$$\left(\frac{1}{9} \text{이 7개인 수}\right) \div \frac{4}{9}$$

( )

7 계산 결과가 진분수인 것을 찾아 기호를 써 보세요.

$$㉠ \frac{10}{17} \div \frac{7}{17} \quad ㉡ \frac{3}{5} \div \frac{4}{5} \quad ㉢ \frac{12}{13} \div \frac{4}{13}$$

(   )

8 ㉠과 ㉡의 계산 결과의 합을 구해 보세요.

$$㉠ \frac{8}{15} \div \frac{3}{15} \quad ㉡ \frac{5}{11} \div \frac{7}{11}$$

(   )

9 □ 안에 알맞은 수를 써넣으세요.

$$\boxed{} \times \frac{5}{17} = \frac{4}{17}$$

10 다음 조건을 만족하는 분수의 나눗셈식을 모두 써 보세요.

조건
· 3÷17을 이용하여 계산할 수 있습니다.
· 분모가 10보다 크고 20보다 작은 진분수의 나눗셈입니다.
· 두 분수의 분모는 같습니다.

식

서술형

11 □ 안에 들어갈 수 있는 자연수를 모두 구하려고 합니다. 풀이 과정을 쓰고 답을 구해 보세요.

$$\frac{10}{11} \div \frac{3}{11} > \boxed{}$$

풀이

답

3 (분수)÷(분수) (3)

· 분모가 다른 (분수)÷(분수)의 계산
분모를 같게 통분하여 분자끼리 나누어 계산합니다.

$$\frac{4}{7} \div \frac{3}{14} = \frac{8}{14} \div \frac{3}{14} = 8 \div 3$$
$$= \frac{8}{3} = 2\frac{2}{3}$$

12 보기 와 같이 계산해 보세요.

보기
$$\frac{2}{5} \div \frac{3}{7} = \frac{14}{35} \div \frac{15}{35} = 14 \div 15 = \frac{14}{15}$$

(1) $\dfrac{5}{6} \div \dfrac{1}{12}$

(2) $\dfrac{2}{9} \div \dfrac{3}{4}$

13 계산 결과를 비교하여 ○ 안에 >, =, <를 알맞게 써넣으세요.

$$\frac{4}{9} \div \frac{1}{2} \;\bigcirc\; \frac{4}{7} \div \frac{1}{2}$$

14 잘못 계산한 곳을 찾아 바르게 계산해 보세요.

$$\frac{1}{12} \div \frac{1}{3} = 12 \div 3 = 4$$

➡ _____

15 ㉠은 ㉡의 몇 배일까요?

$$㉠ \frac{1}{4}\text{이 3개인 수} \qquad ㉡ \frac{9}{10} \div \frac{2}{3}$$

(   )

16 $\frac{2}{3}$를 어떤 수로 나누었더니 $\frac{4}{5}$가 되었습니다. 어떤 수를 구해 보세요.

(   )

17 서준이는 우유 한 병의 $\frac{3}{7}$을 마셨고, 정은이는 우유 한 병의 $\frac{1}{9}$을 마셨습니다. 서준이가 마신 우유 양은 정은이가 마신 우유 양의 몇 배일까요?

식 _____

답 _____

16 수학 6-2

18 밑변의 길이가 $\frac{4}{5}$ m인 삼각형의 넓이가 $\frac{5}{12}$ m²입니다. 이 삼각형의 높이는 몇 m인지 풀이 과정을 쓰고 답을 구해 보세요.

풀이 _____

_____

_____

답 _____

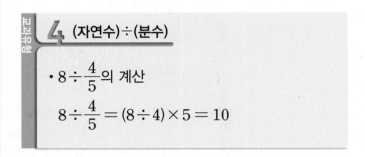

4 (자연수)÷(분수)

• $8 \div \frac{4}{5}$의 계산

$$8 \div \frac{4}{5} = (8 \div 4) \times 5 = 10$$

19 보기 와 같이 계산해 보세요.

보기

$$4 \div \frac{2}{3} = (4 \div 2) \times 3 = 6$$

(1) $12 \div \frac{2}{9}$

(2) $15 \div \frac{3}{4}$

20 ☐ 안에 알맞은 수를 써넣으세요.

$$㉠ \frac{3}{14} \qquad ㉡ 10 \qquad ㉢ 9 \qquad ㉣ \frac{5}{9}$$

(1) ㉡ ÷ ㉣ = ☐

(2) ㉢ ÷ ㉠ = ☐

21 계산 결과가 큰 것부터 순서대로 기호를 써 보세요.

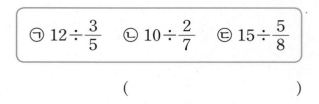

$\bigcirc \ 12 \div \dfrac{3}{5}$ $\bigcirc \ 10 \div \dfrac{2}{7}$ $\bigcirc \ 15 \div \dfrac{5}{8}$

(   )

22 지수는 하루에 물 $2\,L$를 $\dfrac{2}{9}\,L$짜리 컵에 담아 모두 마시려고 합니다. 지수는 하루에 적어도 몇 컵의 물을 마셔야 할까요?

식 _____

답 _____

23 철사 $\dfrac{3}{7}\,m$의 무게가 $6\,g$입니다. 철사 $1\,m$는 몇 g일까요?

식 _____

답 _____

서술형
24 ☐ 안에 들어갈 수 있는 자연수를 모두 구하려고 합니다. 풀이 과정을 쓰고 답을 구해 보세요.

$$10 < 18 \div \dfrac{3}{\square} < 20$$

풀이 _____

_____

답 _____

· 나눗셈을 곱셈으로 바꾸고 나누는 분수의 분모와 분자를 바꾸어 줍니다.

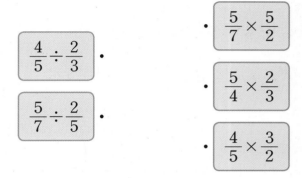

$$\dfrac{\bigstar}{\blacksquare} \div \dfrac{\blacktriangle}{\bullet} = \dfrac{\bigstar}{\blacksquare} \times \dfrac{\bullet}{\blacktriangle}$$

25 나눗셈을 계산할 수 있는 곱셈식을 찾아 이어 보세요.

$\dfrac{4}{5} \div \dfrac{2}{3}$ ·   · $\dfrac{5}{7} \times \dfrac{5}{2}$

· $\dfrac{5}{4} \times \dfrac{2}{3}$

$\dfrac{5}{7} \div \dfrac{2}{5}$ ·   · $\dfrac{4}{5} \times \dfrac{3}{2}$

26 보기 와 같이 계산해 보세요.

보기
$$\dfrac{3}{10} \div \dfrac{4}{5} = \dfrac{3}{\underset{2}{10}} \times \dfrac{\overset{1}{5}}{4} = \dfrac{3}{8}$$

$\dfrac{3}{4} \div \dfrac{7}{12}$ _____

27 나눗셈식을 곱셈식으로 나타내어 계산한 것입니다. 잘못 계산한 것을 찾아 기호를 쓰고, 바르게 계산해 보세요.

$\bigcirc \ \dfrac{3}{10} \div \dfrac{2}{5} = \dfrac{3}{\underset{2}{10}} \times \dfrac{\overset{1}{5}}{2} = \dfrac{3}{4}$

$\bigcirc \ \dfrac{5}{9} \div \dfrac{3}{4} = \dfrac{\overset{3}{9}}{5} \times \dfrac{4}{\underset{1}{3}} = \dfrac{12}{5} = 2\dfrac{2}{5}$

(   )

바른 계산 _____

28 계산 결과가 1보다 작은 것의 기호를 써 보세요.

$$\bigcirc \; \frac{4}{5} \div \frac{3}{8} \qquad \bigcirc \; \frac{3}{4} \div \frac{7}{10} \qquad \bigcirc \; \frac{1}{6} \div \frac{3}{4}$$

(   )

29 □ 안에 알맞은 수를 구해 보세요.

$$\frac{8}{9} \times \square = \frac{16}{45}$$

(   )

30 가로가 $\frac{9}{20}$ m인 직사각형의 넓이가 $\frac{18}{25}$ m² 입니다. 이 직사각형의 세로는 몇 m일까요?

(   )

31 철근 $\frac{5}{9}$ m의 무게가 $\frac{7}{12}$ kg입니다. 철근 1 m의 무게를 구해 보세요.

식 ....

답 ....

- (자연수)÷(분수)

$$6 \div \frac{7}{8} = 6 \times \frac{8}{7} = \frac{48}{7} = 6\frac{6}{7}$$

- (가분수)÷(분수)

$$\frac{7}{4} \div \frac{2}{3} = \frac{7}{4} \times \frac{3}{2} = \frac{21}{8} = 2\frac{5}{8}$$

- (대분수)÷(분수)

대분수를 가분수로 바꾼 다음 (가분수)÷(분수)와 같은 방법으로 계산합니다.

$$5\frac{1}{3} \div \frac{4}{5} = \frac{16}{3} \div \frac{4}{5} = \frac{16}{3} \times \frac{5}{\overset{1}{\underset{}{4}}}$$

$$= \frac{20}{3} = 6\frac{2}{3}$$

32 계산 결과가 다른 하나를 찾아 ○표 하세요.

$$9 \div \frac{1}{4} \qquad 8 \div \frac{1}{3} \qquad 4 \div \frac{1}{6}$$

(   )   (   )   (   )

33 대분수를 진분수로 나눈 몫을 빈칸에 써넣으세요.

$\frac{5}{7}$	$3\frac{1}{3}$

34 넓이가 $\frac{21}{25}$ m²인 평행사변형이 있습니다. 이 평행사변형의 밑변의 길이가 $2\frac{2}{5}$ m일 때 높이는 몇 m일까요?

$2\frac{2}{5}$ m

(   )

35 빈칸에 알맞은 수를 써넣으세요.

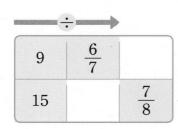

9	$\frac{6}{7}$	
15		$\frac{7}{8}$

서술형
36 $1\frac{1}{5} \div 1\frac{5}{7}$는 얼마인지 두 가지 방법으로 구해 보세요.

방법 1

방법 2

37 $1 \div \frac{1}{3}$을 이용하여 풀 수 있는 문제를 만들고 답을 구해 보세요.

문제

답

38 □ 안에 들어갈 수 있는 자연수를 모두 구해 보세요.

$$\frac{7}{12} \div \frac{1}{3} < 1\frac{3}{4} \div \frac{\square}{4}$$

( )

실전유형

남은 철사의 길이 구하기

• 철사 $\frac{4}{5}$ m를 $\frac{1}{3}$ m씩 자르면 몇 도막이 되고, 몇 m가 남는지 알아보기

도막 수
$$\frac{4}{5} \div \frac{1}{3} = \frac{4}{5} \times 3 = \frac{12}{5} = 2\frac{2}{5}$$

2도막이 되고 남은 철사는 $\frac{1}{3}$ m의 $\frac{2}{5}$입니다.

$\frac{1}{3} \times \frac{2}{5} = \frac{2}{15}$이므로 남은 철사는 $\frac{2}{15}$ m입니다.

39 색 테이프 $2\frac{1}{3}$ m를 $\frac{3}{4}$ m씩 자르면 몇 도막이 되고, 남은 색 테이프는 몇 m인지 구해 보세요.

( ), ( )

40 물 $\frac{9}{5}$ L를 한 병에 $\frac{2}{3}$ L씩 담으면 몇 병이 되고, 남은 물은 몇 L인지 구해 보세요.

( ), ( )

41 우유 $2\frac{5}{8}$ L를 $\frac{3}{5}$ L들이의 작은 병에 모두 나누어 담으려고 합니다. 작은 병은 적어도 몇 개가 있어야 할까요?

( )

바르게 계산한 몫 구하기

① 어떤 수를 □라 놓고 식 만들기
② 어떤 수 □ 구하기

$$● × □ = ▲ \quad | \quad ★ ÷ □ = ♥$$
$$➡ □ = ▲ ÷ ● \quad | \quad ➡ □ = ★ ÷ ♥$$

③ 바르게 계산한 몫 구하기

시간을 분수로 고쳐서 계산하기

분 단위를 시간 단위의 기약분수로 고쳐서 계산합니다.

$1분 = \dfrac{1}{60}$시간이므로

$1시간\ 15분 = 1\dfrac{15}{60}$시간 $= 1\dfrac{1}{4}$시간입니다.

42 어떤 수에 $\dfrac{4}{5}$를 곱했더니 $1\dfrac{3}{5}$이 되었습니다. 어떤 수는 얼마일까요?

( )

45 효진이는 $3\dfrac{1}{5}$ km를 40분 동안 갈 수 있습니다. 효진이가 같은 빠르기로 1시간 동안 갈 수 있는 거리는 몇 km일까요?

( )

43 어떤 수를 $\dfrac{5}{8}$로 나누어야 할 것을 잘못하여 곱했더니 $2\dfrac{7}{9}$이 되었습니다. 바르게 계산하면 얼마일까요?

( )

46 45분 동안 $4\dfrac{1}{2}$ L의 물이 일정하게 나오는 수도꼭지가 있습니다. 이 수도꼭지를 1시간 동안 틀어놓았을 때 나오는 물의 양은 몇 L일까요?

( )

44 구슬을 한 봉지에 $\dfrac{5}{9}$ kg씩 담아야 할 것을 잘못하여 $1\dfrac{7}{12}$ kg씩 담았더니 10봉지가 되고 $\dfrac{5}{6}$ kg이 남았습니다. 바르게 담으면 몇 봉지인지 구해 보세요.

( )

47 둘레가 $16\dfrac{4}{5}$ km인 호숫가를 자전거를 타고 한 바퀴 도는 데 1시간 24분이 걸렸습니다. 1 km를 가는 데 몇 시간이 걸린 셈일까요?

( )

1 사다리꼴의 넓이를 이용하여 분수의 나눗셈하기

심화유형

오른쪽 그림과 같은 사다리꼴의 넓이가 $3\frac{1}{3}$ m²일 때 높이는 몇 m일까요?

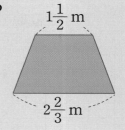

(   )

● 핵심 NOTE   (사다리꼴의 넓이) = ((윗변)＋(아랫변))×(높이)÷2

➡ (높이) = (넓이)×2÷((윗변)＋(아랫변))

1-1

오른쪽 그림과 같은 사다리꼴의 넓이가 $3\frac{3}{4}$ m²일 때 높이는 몇 m일까요?

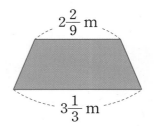

(   )

1-2

오른쪽 그림과 같은 사다리꼴의 넓이가 50 cm²일 때 사다리꼴의 윗변의 길이는 몇 cm일까요?

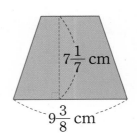

(   )

심화유형 2 수 카드로 분수의 나눗셈식 만들고 몫 구하기

4장의 수 카드 중에서 3장을 뽑아 모두 한 번씩만 사용하여 (자연수)÷(진분수)의 나눗셈식을 만들려고 합니다. 만들 수 있는 나눗셈식 중에서 몫이 가장 작을 때의 몫을 구해 보세요.

[2] [5] [9] [3]

(   )

● 핵심 NOTE
• 수 카드로 몫이 가장 작은 (자연수)÷(진분수) 만들기
┌ 나누어지는 수 : 가장 작은 수
└ 나누는 수 : 나머지 수 카드로 만들 수 있는 가장 큰 진분수

2-1 4장의 수 카드 중에서 3장을 뽑아 모두 한 번씩만 사용하여 (자연수)÷(진분수)의 나눗셈식을 만들려고 합니다. 만들 수 있는 나눗셈식 중에서 몫이 가장 작을 때의 몫을 구해 보세요.

[4] [3] [7] [6]

(   )

2-2 4장의 수 카드를 모두 한 번씩만 사용하여 (진분수)÷(진분수)의 나눗셈식을 만들려고 합니다. 만들 수 있는 나눗셈식 중에서 몫이 가장 클 때와 가장 작을 때의 몫을 각각 구해 보세요.

[5] [3] [8] [6]

몫이 가장 클 때 (   )

몫이 가장 작을 때 (   )

3 단위량 이용하기

승아네 가족은 자동차를 타고 40 km를 이동하는 데 50분이 걸렸습니다. 같은 빠르기로 이동한다면 2시간 동안 몇 km를 이동할 수 있나요?

( )

● 핵심 NOTE

• (1시간 동안 가는 거리) = (전체 거리)÷(걸린 시간)

• ■분 = $\dfrac{■}{60}$시간

• (1 m의 무게) = (전체 무게)÷(전체 길이)

• (▲ m의 무게) = (1 m의 무게)×▲

3-1 재민이는 3 km를 걷는 데 48분이 걸렸습니다. 같은 빠르기로 걷는다면 2시간 30분 동안 몇 km를 갈 수 있나요?

( )

3-2 굵기가 일정한 철근 $2\dfrac{3}{8}$ m의 무게가 $9\dfrac{1}{2}$ kg이라고 합니다. 이 철근 $2\dfrac{1}{2}$ m의 무게는 몇 kg일까요?

( )

3-3 가로가 $1\dfrac{2}{3}$ m이고 세로가 4 m인 직사각형 모양의 벽을 칠하는 데 $1\dfrac{1}{4}$ L의 페인트가 들었습니다. 1 m²의 벽을 칠하는 데 몇 L의 페인트가 든 셈일까요?

( )

양초가 타는 데 걸리는 시간 구하기

우리가 흔히 보는 양초는 대부분 파라핀이라는 물질로 만들어져 있습니다. 양초의 심지에 불을 붙이면 그 열에 의해 고체로 있던 파라핀이 녹아 액체가 되고, 그 액체가 심지를 타고 올라가 기체가 되면서 불꽃이 생깁니다. 이러한 과정을 양초가 탄다고 합니다. 굵기가 일정한 12 cm 길이의 양초에 3분 동안 불을 붙였더니 타고 남은 길이가 $10\frac{1}{5}$ cm였습니다. 일정한 빠르기로 탈 때 이 양초가 다 타려면 몇 분이 더 걸리는지 구해 보세요.

1단계 3분 동안 탄 양초의 길이 구하기

_____

2단계 1분 동안 타는 양초의 길이 구하기

_____

3단계 양초가 다 타는 데 더 걸리는 시간 구하기

_____

(   )

● 핵심 NOTE   **1단계** 전체 길이와 남은 길이를 이용하여 3분 동안 탄 양초의 길이를 구합니다.
                2단계 3분 동안 탄 양초의 길이를 이용하여 1분 동안 타는 양초의 길이를 구합니다.
                3단계 1분 동안 타는 양초의 길이를 이용하여 양초가 다 타는 데 더 걸리는 시간을 구합니다.

4-1   중세 유럽에서는 양초 시계를 만들어 시간을 재었다고 합니다. 일정한 굵기의 양초에 같은 간격으로 선을 그은 후 불을 붙이고 양초가 줄어드는 길이로 시간을 재는 것입니다. 굵기가 일정한 15 cm 길이의 양초에 2분 동안 불을 붙였더니 타고 남은 길이가 $13\frac{1}{2}$ cm였습니다. 일정한 빠르기로 탈 때 이 양초가 다 타려면 몇 분이 더 걸리나요?

(   )

기출 단원 평가 Level ❶

1 그림을 보고 ☐ 안에 알맞은 수를 써넣으세요.

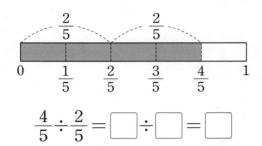

$$\frac{4}{5} \div \frac{2}{5} = \boxed{} \div \boxed{} = \boxed{}$$

2 $8 \div \frac{6}{7}$과 계산 결과가 같은 것을 찾아 기호를 써 보세요.

$$\bigcirc\ \frac{1}{8} \div \frac{6}{7} \quad \bigcirc\ 8 \times \frac{6}{7} \quad \bigcirc\ 8 \times \frac{7}{6}$$

( )

3 계산해 보세요.

(1) $\frac{6}{7} \div \frac{5}{7}$

(2) $8 \div \frac{2}{9}$

4 ☐ 안에 알맞은 수를 구해 보세요.

$$\frac{15}{25} \div \frac{\boxed{}}{25} = 5$$

( )

5 계산 결과가 자연수인 것을 찾아 기호를 써 보세요.

$$\bigcirc\ 14 \div \frac{4}{5} \quad \bigcirc\ 20 \div \frac{3}{4} \quad \bigcirc\ 15 \div \frac{5}{7}$$

( )

6 보기 와 같이 계산해 보세요.

> **보기**
> $$\frac{4}{5} \div \frac{2}{15} = \frac{12}{15} \div \frac{2}{15} = 12 \div 2 = 6$$

$$\frac{2}{3} \div \frac{3}{8}$$ _____

7 대분수를 진분수로 나눈 몫을 구해 보세요.

$$\frac{2}{5} \qquad 2\frac{2}{3}$$

( )

8 ㉠과 ㉡의 계산 결과의 합을 구해 보세요.

$$\bigcirc\ \frac{12}{13} \div \frac{6}{13} \quad \bigcirc\ \frac{2}{3} \div \frac{7}{9}$$

( )

9 계산 결과를 비교하여 ○ 안에 >, =, <를 알맞게 써넣으세요.

$$2\frac{5}{8} \div \frac{7}{12} \bigcirc 2 \div \frac{6}{7}$$

10 빈칸에 알맞은 수를 써넣으세요.

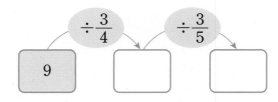

11 한성이네 가족은 과수원에서 귤을 5 kg 땄습니다. 이 귤을 하루에 $\frac{1}{4}$ kg씩 먹는다면 며칠 동안 먹을 수 있나요?

(   )

12 다음 조건을 만족하는 분수의 나눗셈식을 모두 써 보세요.

> **조건**
> • 5÷7을 이용하여 계산할 수 있습니다.
> • 분모가 10보다 작은 진분수의 나눗셈입니다.
> • 두 분수의 분모는 같습니다.

식

13 수직선을 보고 ○÷㉠의 몫을 구해 보세요.

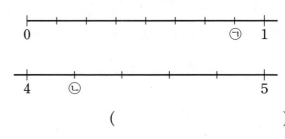

(   )

14 ㉠★㉡ = ㉠×(㉡÷㉠)이라고 약속할 때 다음을 계산해 보세요.

$$\frac{6}{7} ★ \frac{3}{4}$$

(   )

15 돼지고기 $\frac{2}{9}$ kg의 가격이 7000원입니다. 돼지고기 1 kg의 가격은 얼마일까요?

(   )

16 어느 염전에서 소금을 어제는 $18\frac{3}{4}$ kg, 오늘은 $16\frac{2}{3}$ kg을 얻었습니다. 어제 얻은 소금의 양은 오늘 얻은 소금의 양의 몇 배일까요?

(   )

17 쿠키 1개를 만드는 데 밀가루 $\frac{3}{4}$ kg이 필요합니다. 밀가루 $10\frac{1}{5}$ kg으로 쿠키 몇 개를 만들 수 있나요? (단, 쿠키의 수는 자연수입니다.)

(   )

18 밑변의 길이가 $2\frac{4}{5}$ cm인 삼각형의 넓이가 $5\frac{4}{9}$ cm²입니다. 이 삼각형의 높이는 몇 cm일까요?

(   )

19 $\frac{2}{3} \div \frac{5}{6}$는 얼마인지 두 가지 방법으로 구해 보세요.

방법 1 ....

....

....

방법 2 ....

....

....

20 7 L들이 물통에 물이 $2\frac{5}{7}$ L 들어 있습니다. 이 물통에 물을 가득 채우려면 $\frac{3}{7}$ L들이 그릇으로 물을 적어도 몇 번 부어야 하는지 풀이 과정을 쓰고 답을 구해 보세요.

풀이 ....

....

....

....

답 ....

기출 단원 평가 Level ❷

점수

확인

1 ☐ 안에 알맞은 수를 써넣으세요.

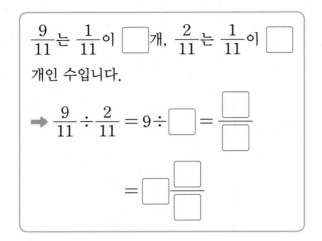

$\dfrac{9}{11}$는 $\dfrac{1}{11}$이 ☐개, $\dfrac{2}{11}$는 $\dfrac{1}{11}$이 ☐개인 수입니다.

→ $\dfrac{9}{11} \div \dfrac{2}{11} = 9 \div \boxed{} = \dfrac{\boxed{}}{\boxed{}}$

$= \boxed{} \dfrac{\boxed{}}{\boxed{}}$

2 빈칸에 알맞은 수를 써넣으세요.

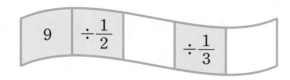

9 $\div \dfrac{1}{2}$ $\div \dfrac{1}{3}$

3 계산 결과가 다른 하나의 기호를 써 보세요.

ⓐ $\dfrac{3}{10} \div \dfrac{1}{10}$ ⓑ $\dfrac{12}{17} \div \dfrac{2}{17}$ ⓒ $\dfrac{6}{13} \div \dfrac{2}{13}$

(   )

4 계산해 보세요.

(1) $\dfrac{7}{2} \div \dfrac{5}{8}$

(2) $2\dfrac{6}{7} \div 2\dfrac{7}{9}$

5 $6 \div \dfrac{1}{6}$과 계산 결과가 같은 것은 어느 것일까요? (   )

① $8 \div \dfrac{1}{5}$ ② $7 \div \dfrac{1}{7}$ ③ $12 \div \dfrac{1}{2}$

④ $9 \div \dfrac{1}{4}$ ⑤ $5 \div \dfrac{1}{7}$

6 빈칸에 알맞은 수를 써넣으세요.

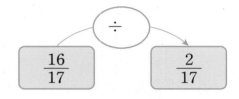

$\div$

$\dfrac{16}{17}$ $\dfrac{2}{17}$

7 그림에 알맞은 진분수끼리의 나눗셈식을 만들고 답을 구해 보세요.

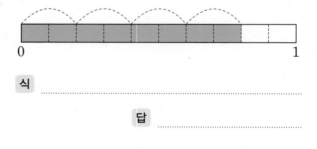

0   1

식 ⎯⎯⎯⎯⎯⎯⎯⎯⎯⎯⎯⎯

답 ⎯⎯⎯⎯⎯⎯⎯⎯

8 계산 결과가 진분수인 것을 찾아 기호를 써 보세요.

ⓐ $\dfrac{2}{5} \div \dfrac{4}{5}$ ⓑ $\dfrac{8}{9} \div \dfrac{5}{9}$ ⓒ $\dfrac{10}{13} \div \dfrac{2}{13}$

(   )

9 노란색 털실 $\frac{9}{10}$ m와 파란색 털실 $\frac{3}{20}$ m가 있습니다. 노란색 털실의 길이는 파란색 털실의 길이의 몇 배일까요?

(   )

10 ㉠은 ㉡의 몇 배일까요?

$$㉠\ \frac{1}{5}\text{이 7개인 수}\qquad㉡\ \frac{8}{15}\div\frac{3}{5}$$

(   )

11 계산 결과를 비교하여 ○ 안에 >, =, <를 알맞게 써넣으세요.

$$2\frac{1}{7}\div1\frac{1}{5}\ \bigcirc\ 7\frac{1}{2}\div2\frac{5}{8}$$

12 계산해 보세요.

$$3\frac{1}{5}\div1\frac{1}{3}\div2\frac{5}{8}$$

(   )

13 □ 안에 알맞은 수를 구해 보세요.

$$\square\times\frac{5}{9}=3\frac{1}{3}$$

(   )

14 어떤 건물의 높이의 $\frac{5}{7}$가 45 m입니다. 이 건물의 높이를 구해 보세요.

식 ....

답 ....

15 □ 안에 들어갈 수 있는 자연수를 모두 구해 보세요.

$$10<15\div\frac{5}{\square}<20$$

(   )

16 어떤 수를 $2\frac{2}{3}$로 나누어야 할 것을 잘못하여 곱했더니 $2\frac{2}{9}$가 되었습니다. 바르게 계산하면 얼마일까요?

(   )

17 다음 사다리꼴의 넓이가 $6\frac{1}{4}\ \text{cm}^2$일 때 높이는 몇 cm일까요?

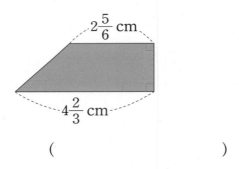

$2\frac{5}{6}$ cm

$4\frac{2}{3}$ cm

(   )

18 4장의 수 카드 중에서 3장을 뽑아 모두 한 번씩만 사용하여 (자연수)÷(진분수)의 나눗셈식을 만들려고 합니다. 만들 수 있는 나눗셈식 중에서 몫이 가장 작을 때의 몫을 구해 보세요.

| 7 | 2 | 5 | 8 |

(   )

19 주스 $1\frac{5}{7}$ L를 한 병에 $\frac{9}{14}$ L씩 담으면 몇 병이 되고 남은 주스는 몇 L인지 풀이 과정을 쓰고 답을 구해 보세요.

풀이 _____

_____

_____

답 _____ .

20 어떤 자동차가 $50\frac{2}{5}$ km를 가는 데 35분이 걸렸습니다. 이 자동차가 같은 빠르기로 1시간 동안 간다면 몇 km를 갈 수 있는지 풀이 과정을 쓰고 답을 구해 보세요.

풀이 _____

_____

_____

답 _____

사고력이 반짝

● 나머지 도형과 다른 하나를 찾아 ○표 해 보세요.

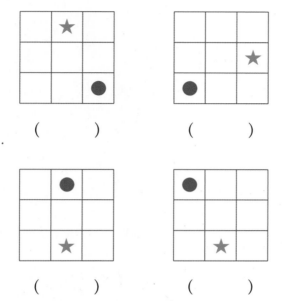

(   )   (   )

(   )   (   )

* **최상위 사고력 2A** 150쪽을 활용하였습니다.

소수의 나눗셈

2

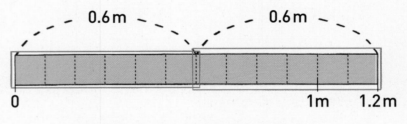

$$1.2 \div 0.6 = 2$$

소수점을 옮겨 계산해!

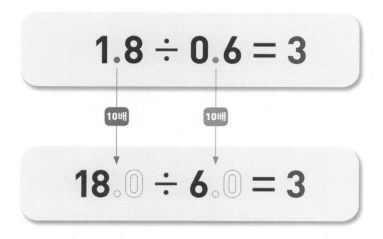

$$1.8 \div 0.6 = 3$$

10배   10배

$$18.0 \div 6.0 = 3$$

1 (소수)÷(소수)(1)

● **1.2÷0.3의 계산**

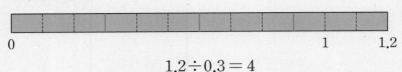

0   1   1.2

$$1.2 \div 0.3 = 4$$

● **자연수의 나눗셈을 이용하여 계산하기**

14.4 ÷ 2.4
10배 ↘   ↙ 10배
144 ÷ 24 = 6

➡ 14.4 ÷ 2.4 = 6

1.44 ÷ 0.24
100배 ↘   ↙ 100배
144 ÷ 24 = 6

➡ 1.44 ÷ 0.24 = 6

나눗셈에서 나누는 수와 나누어지는 수에 같은 수를 곱하면 몫은 (변합니다 , 변하지 않습니다).

보충 개념

• 단위 변환을 이용하여
14.4÷2.4 **계산하기**
14.4 cm = 144 mm,
2.4 cm = 24 mm입니다.
144÷24 = 6이므로
14.4÷2.4 = 6입니다.

• 단위 변환을 이용하여
1.44÷0.24 **계산하기**
1.44 m = 144 cm,
0.24 m = 24 cm입니다.
144÷24 = 6이므로
1.44÷0.24 = 6입니다.

---

1 ☐ 안에 알맞은 수를 써넣으세요.

끈 18.4 cm를 0.8 cm씩 자르려고 합니다.

18.4 cm = ☐ mm, 0.8 cm = ☐ mm입니다.

끈 18.4 cm를 0.8 cm씩 자르는 것은 끈 ☐ mm를 ☐ mm씩 자르는 것과 같습니다.

18.4 ÷ 0.8 = ☐ ÷ 8

☐ ÷ 8 = ☐ ➡ 18.4 ÷ 0.8 = ☐

2 소수의 나눗셈을 자연수의 나눗셈을 이용하여 계산해 보세요.

(1) 32.4 ÷ 0.9
10배 ↘   ↙ 10배
☐ ÷ ☐ = ☐

➡ 32.4 ÷ 0.9 = ☐

(2) 0.65 ÷ 0.13
100배 ↘   ↙ 100배
☐ ÷ ☐ = ☐

➡ 0.65 ÷ 0.13 = ☐

▶ (소수)÷(소수)에서 나누는 수와 나누어지는 수에 똑같이 10배 또는 100배를 하면 (자연수)÷(자연수)로 계산할 수 있습니다.

3 주스가 4.8 L 있습니다. 한 사람이 0.6 L씩 마신다면 모두 몇 명이 마실 수 있나요?

식 _____   답 _____

2 (소수)÷(소수) (2)

● **7.2 ÷ 0.6의 계산**

방법 1 분수의 나눗셈으로 계산하기

$$7.2 \div 0.6 = \frac{72}{10} \div \frac{6}{10} = 72 \div 6 = 12$$

분모가 10인 분수로 고치기   분자끼리의 나눗셈하기

방법 2 자연수의 나눗셈을 이용하여 계산하기

$$7.2 \div 0.6 = 12 \qquad 72 \div 6 = 12$$

(10배 / 10배)

방법 3 세로로 계산하기

$$0.6\overline{)7.2} \Rightarrow 6\overline{)7\,2}$$

> 나누는 수와 나누어지는 수의 소수점을 각각 오른쪽으로 한 자리씩 옮겨 계산합니다.
> 몫을 쓸 때 옮긴 소수점의 위치에서 소수점을 찍습니다.

⊕ 보충 개념

• **1.25 ÷ 0.25의 계산**

방법 1 분수의 나눗셈으로 계산하기

$$1.25 \div 0.25 = \frac{125}{100} \div \frac{25}{100}$$
$$= 125 \div 25 = 5$$

방법 2 세로로 계산하기

$$0.25\overline{)1.25}$$

나누는 수와 나누어지는 수의 소수점을 각각 오른쪽으로 두 자리씩 옮겨 계산합니다.
몫을 쓸 때 옮긴 소수점의 위치에서 소수점을 찍습니다.

---

4 소수의 나눗셈을 분수의 나눗셈으로 계산해 보세요.

(1) 14.4 ÷ 2.4

(2) 6.72 ÷ 0.14

5 ☐ 안에 알맞은 수를 써넣으세요.

(1) 88.4 ÷ 3.4 = 884 ÷ ☐ = ☐

(2) 1.71 ÷ 0.19 = ☐ ÷ 19 = ☐

> 나누는 수와 나누어지는 수에 같은 수를 곱하여 (자연수)÷(자연수)로 계산할 수 있습니다.

6 계산해 보세요.

(1) 3.6 ÷ 0.9

(2) 8.64 ÷ 0.72

(3) $2.7\overline{)3\,2.4}$

(4) $0.38\overline{)3.4\,2}$

3 (소수)÷(소수)(3)

● 8.96÷2.8의 계산

방법 1 자연수의 나눗셈을 이용하여 계산하기

$$8.96 \div 2.8 = 3.2 \qquad 89.6 \div 28 = 3.2$$

10배 / 10배

방법 2 세로로 계산하기

$$2.8 \overline{)8.96} \Rightarrow 28 \overline{)89.6}$$

나누는 수와 나누어지는 수의 소수점을 각각 오른쪽으로 한 자리씩 옮겨 계산합니다.
몫을 쓸 때 옮긴 소수점의 위치에서 소수점을 찍습니다.

보충 개념

소수의 나눗셈을 세로로 계산할 때에는 나누는 수와 나누어지는 수의 소수점을 반드시 같은 자리만큼씩 옮겨야 하는 것에 주의합니다.

$$3.8 \overline{)18.62}$$

7 ☐ 안에 알맞은 수를 써넣으세요.

3.78÷1.4는 3.78과 1.4를 각각 ☐ 배씩 하여 계산하면

☐ ÷140 = ☐ 입니다.

8 계산해 보세요.

(1)
$$0.7 \overline{)3.71}$$

(2)
$$6.4 \overline{)23.04}$$

나누는 수가 자연수가 되도록 소수점을 오른쪽으로 옮겨서 계산합니다.

9 계산 결과를 비교하여 ○ 안에 >, =, <를 알맞게 써넣으세요.

(1) 4.05÷1.5 ○ 1.65÷0.3

(2) 8.17÷1.9 ○ 18.62÷3.8

4 (자연수)÷(소수)

● 17÷3.4의 계산

방법 1 분수의 나눗셈으로 계산하기

$$17 \div 3.4 = \frac{170}{10} \div \frac{34}{10} = 170 \div 34 = 5$$

분모가 10인 분수로 고치기   분자끼리의 나눗셈하기

방법 2 자연수의 나눗셈을 이용하여 계산하기

━━10배━━→

$$17 \div 3.4 = \boxed{5} \qquad 170 \div 34 = \boxed{5}$$

←━━10배━━

방법 3 세로로 계산하기

$$3.4)\overline{17.0} \quad \Rightarrow \quad 34)\overline{170}$$
$$\underline{170}$$
$$0$$

> **보충 개념**
>
> (자연수)÷(소수)를 세로로 계산할 때에는 나누는 수인 소수가 자연수가 되도록 소수점을 오른쪽으로 옮겨서 계산합니다.

> 소수점 아래에서 나누어 떨어지지 않는 경우 소수의 오른쪽 끝자리에 0이 계속 있는 것으로 생각하여 0을 내려 계산합니다.

---

10 보기 와 같이 분수의 나눗셈으로 계산해 보세요.

> **보기**
>
> $$42 \div 0.5 = \frac{420}{10} \div \frac{5}{10} = 420 \div 5 = 84$$

$69 \div 0.23$

11 계산해 보세요.

(1)
$$1.6)\overline{48}$$

(2)
$$1.25)\overline{20}$$

> **?** 자연수의 소수점을 옮길 때에는 어떻게 해야 하나요?
>
> 자연수의 오른쪽에 소수점과 0이 있는 것으로 생각하고 소수점을 옮길 자릿수만큼 0을 쓴 후 소수점을 옮깁니다.

12 ☐ 안에 알맞은 수를 써넣으세요.

(1) $48 \div 8 = \boxed{}$

$48 \div 0.8 = \boxed{}$

$48 \div 0.08 = \boxed{}$

(2) $2.58 \div 0.06 = \boxed{}$

$25.8 \div 0.06 = \boxed{}$

$258 \div 0.06 = \boxed{}$

5 몫을 반올림하여 나타내기

나눗셈의 몫이 나누어떨어지지 않거나 몫이 너무 복잡해질 때에는 몫을 반올림하여 나타낼 수 있습니다.

－7.4÷3의 몫을 반올림하여 구하기

```
      2.4 6 6
3 ) 7.4 0 0
      6
      1 4
      1 2
        2 0
        1 8
          2 0
          1 8
            2
```

① 몫을 반올림하여 일의 자리까지 나타내기

2.4… ➡ 2
└─▶ 몫을 소수 첫째 자리까지 구하여 소수 첫째 자리에서 반올림합니다.

② 몫을 반올림하여 소수 첫째 자리까지 나타내기

2.46… ➡ 2.5
└─▶ 몫을 소수 둘째 자리까지 구하여 소수 둘째 자리에서 반올림합니다.

③ 몫을 반올림하여 소수 둘째 자리까지 나타내기

2.466… ➡ 2.47
└─▶ 몫을 소수 셋째 자리까지 구하여 소수 셋째 자리에서 반올림합니다.

＋ 보충 개념

· **반올림하는 방법**
  구하려는 자리 바로 아래 자리의 숫자가 0, 1, 2, 3, 4이면 버리고, 5, 6, 7, 8, 9이면 올립니다.

---

13 나눗셈식을 보고 몫을 반올림하여 소수 첫째 자리까지 나타내어 보세요.

$$8.42 \div 6 = 1.403\cdots$$

(   )

14 나눗셈의 몫을 반올림하여 주어진 자리까지 나타내어 보세요.

(1) 소수 첫째 자리까지

 ➡ ☐

(2) 소수 둘째 자리까지

11) 7 ➡ ☐

15 계산 결과를 비교하여 ○ 안에 ＞, ＝, ＜를 알맞게 써넣으세요.

(1) 9.8÷3의 몫을 반올림하여 소수 첫째 자리까지 나타낸 수 ○ 9.8÷3

(2) 5.2÷0.7의 몫을 반올림하여 일의 자리까지 나타낸 수 ○ 5.2÷0.7

▶ 몫을 반올림하여 나타낸 수는 반올림하여 나타내기 전의 수보다 클 수도 있고 작을 수도 있습니다.

6 나누어 주고 남는 양 알아보기

정답과 풀이 12쪽

● 물 21.6 L를 한 사람에게 4 L씩 나누어 줄 때 나누어 줄 수 있는 사람 수와 남는 물의 양 구하기

방법 1 21.6 L에서 4 L씩 빼 보기

$21.6-4-4-4-4-4=1.6$

21.6에서 4를 5번 빼면 1.6이 남습니다.

➡ 나누어 줄 수 있는 사람 수 : 5명

남는 물의 양 : 1.6 L

방법 2 세로로 계산해 보기

$$4)\overline{21.6} \quad \Rightarrow \quad 4)\overline{\begin{array}{r}5 \\ 21.6 \\ 20 \\ \hline 1.6\end{array}}$$

← 사람 수는 소수가 아닌 자연수이므로 몫을 자연수까지만 구합니다.

➡ 나누어 줄 수 있는 사람 수 : 5명

남는 물의 양 : 1.6 L

➕ 보충 개념

・구한 답이 맞는지 확인하는 방법

한 사람이 가지는 물의 양

$$4)\overline{\begin{array}{r}5 \\ 21.6 \\ 20 \\ \hline 1.6\end{array}}$$ 나누어 주는 물의 양

(합계) = (나누어 주는 물의 양) + (남는 물의 양)

= 20+1.6

= 21.6 (L)

➡ 합계가 처음 물의 양과 같으므로 구한 답이 맞습니다.

---

16 ☐ 안에 알맞은 수를 써넣으세요.

(1) $35.7-6-6-6-6-6=$ ☐

(2) 35.7에서 6을 ☐번 덜어 내면 ☐이 남습니다.

2

17 설탕 28.4 kg을 한 봉지에 3 kg씩 나누어 담으려고 합니다. 나누어 담을 수 있는 봉지 수와 남는 설탕의 양을 알아보기 위해 다음과 같이 계산했습니다. ☐ 안에 알맞은 수를 써넣으세요.

$$3)\overline{\begin{array}{r}\boxed{} \\ 28.4 \\ \boxed{} \\ \hline 1.4\end{array}}$$

나누어 담을 수 있는 봉지 수 : ☐봉지

남는 설탕의 양 : ☐ kg

❓ 남는 양의 소수점은 어떻게 찍나요?

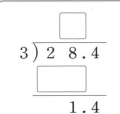

남는 양은 나누는 수보다 클 수 없으므로 남는 양의 소수점은 나누어지는 수의 소수점의 위치와 같게 찍어야 합니다.

18 길이가 37.6 cm인 색 테이프를 6 cm씩 자르려고 합니다. 몇 도막까지 자를 수 있고, 남는 색 테이프는 몇 cm인지 구해 보세요.

(   ), (   )

개념+문제 풀이

1 (소수)÷(소수)(1)

- 자연수의 나눗셈을 이용한 소수의 나눗셈

$$3.84 \div 0.32$$
100배 ↘ ↙ 100배
$$384 \div 32 = 12$$
➡ $3.84 \div 0.32 = 12$

나눗셈에서 나누는 수와 나누어지는 수에 같은 수를 곱하면 몫은 변하지 않습니다.

1 자연수의 나눗셈을 이용하여 □ 안에 알맞은 수를 써넣으세요.

(1) $6.3 \div 0.9 = \boxed{}$
↓
$63 \div 9 = \boxed{}$

(2) $7.56 \div 0.07 = \boxed{}$
↓   ↓
$756 \div 7 = \boxed{}$

2 계산해 보세요.

(1) $7.2 \div 0.8 = \boxed{}$

(2) $0.36 \div 0.06 = \boxed{}$

3 $576 \div 3 = 192$를 이용하여 □ 안에 알맞은 수를 써넣은 후, 계산 방법을 써 보세요.

$$57.6 \div 0.3 = \boxed{}$$

방법

4 철사 25.6 cm를 0.8 cm씩 자른다면 모두 몇 도막이 되는지 구해 보세요.

식 _____

답 _____

서술형
5 조건을 만족하는 나눗셈식을 찾아 계산하고, 이유를 써 보세요.

조건
- $91 \div 13$을 이용하여 풀 수 있습니다.
- 나누는 수와 나누어지는 수를 각각 100배 하면 $91 \div 13$이 됩니다.

식 _____

이유 _____

_____

2 (소수)÷(소수)(2)

- 자릿수가 같은 (소수)÷(소수)의 계산

$$1.61 \div 0.23$$
$$= \frac{161}{100} \div \frac{23}{100}$$
$$= 161 \div 23 = 7$$

$$\begin{array}{r} 7 \\ 0.23{\overline{\smash{\big)}\,1.61}} \\ \underline{1\ 61} \\ 0 \end{array}$$

6 큰 수를 작은 수로 나눈 몫을 빈칸에 써넣으세요.

6.4	51.2

7 계산 결과를 비교하여 ○ 안에 >, =, <를 알맞게 써넣으세요.

(1) $30.6 \div 0.9$ ◯ $83.7 \div 2.7$

(2) $3.64 \div 0.28$ ◯ $5.28 \div 0.48$

8 우유가 10.8 L 있습니다. 우유를 한 병에 0.6 L씩 담는다면 병은 몇 개가 필요할까요?

( )

9 ☐ 안에 알맞은 수를 써넣으세요.

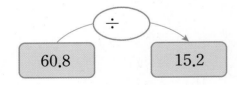

10 ☐ 안에 알맞은 수를 써넣으세요.

☐ × 1.24 = 27.28

서술형

11 원 모양의 호수 둘레를 따라 산책로를 만들었더니 길이가 65.92 m였습니다. 이 산책로에 4.12 m 간격으로 가로등을 세우려고 합니다. 필요한 가로등은 모두 몇 개인지 풀이 과정을 쓰고 답을 구해 보세요. (단, 가로등의 두께는 생각하지 않습니다.)

풀이 ....

....

....

답 ....

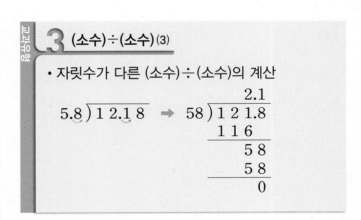

대표유형 3 (소수)÷(소수)⑶

• 자릿수가 다른 (소수)÷(소수)의 계산

12 계산 결과가 같은 것을 찾아 기호를 써 보세요.

ㄱ $4.32 \div 2.4$ ㄴ $4.32 \div 0.24$
ㄷ $43.2 \div 2.4$ ㄹ $432 \div 2.4$

( )

13 ☐ 안에 들어갈 수 있는 자연수를 모두 구해 보세요.

$15.96 \div 4.2 > ☐$

( )

14 가로가 6.4 cm인 직사각형의 넓이가 17.28 cm²입니다. 이 직사각형의 세로는 몇 cm일까요?

(   )

15 어떤 수를 넣으면 □가 곱해져서 나오는 상자가 있습니다. 이 상자에 1.2를 넣었더니 3.12가 나왔다면 □는 얼마일까요?

(   )

16 $9.24 \div 0.3$을 다음과 같이 계산했습니다. 잘못 계산한 곳을 찾아 바르게 계산해 보세요.

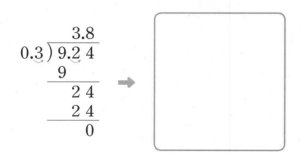

17 집에서 은행까지의 거리는 2.86 km이고, 집에서 약국까지의 거리는 1.3 km입니다. 집에서 은행까지의 거리는 집에서 약국까지의 거리의 몇 배인지 구해 보세요.

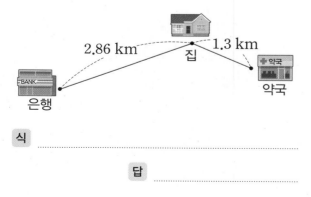

식 _____

답 _____

18 ㉠★㉡ = ㉠÷㉡+3이라고 약속할 때 다음을 계산해 보세요.

$$2.45 ★ 0.7$$

(   )

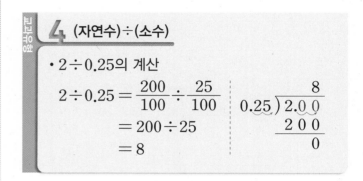

개념 유형

4 (자연수)÷(소수)

• $2 \div 0.25$의 계산

$2 \div 0.25 = \dfrac{200}{100} \div \dfrac{25}{100}$
$= 200 \div 25$
$= 8$

$$\begin{array}{r} 8 \\ 0.25\overline{)2.00} \\ 2\,0\,0 \\ \hline 0 \end{array}$$

19 □ 안에 알맞은 수를 써넣으세요.

$52 \div 6.5 = \boxed{}$
↓   ↓   ↑
$520 \div 65 = \boxed{}$

20 계산 결과를 비교하여 ○ 안에 >, =, <를 알맞게 써넣으세요.

$$36 \div 2.4 \bigcirc 33 \div 1.5$$

21 □ 안에 알맞은 수를 써넣으세요.

(1) $175 \div 7 = \boxed{}$

     $175 \div 0.7 = \boxed{}$

     $175 \div 0.07 = \boxed{}$

(2) $1.92 \div 0.03 = \boxed{}$

     $19.2 \div 0.03 = \boxed{}$

     $192 \div 0.03 = \boxed{}$

22 다음 식에서 ⓒ에 알맞은 수를 구해 보세요.

$$1.95 \div 0.15 = ⓐ \Rightarrow ⓐ \div 2.5 = ⓒ$$

(   )

서술형
23 15÷2.5를 다음과 같이 계산했습니다. 잘못 계산한 곳을 찾아 바르게 계산하고, 이유를 써 보세요.

```
        0.6
    2.5) 1 5.0
         1 5 0
             0
```
⟹

이유 _____

_____

24 설탕 14 kg을 한 상자에 1.75 kg씩 담으려고 합니다. 설탕은 모두 몇 상자가 되는지 구해 보세요.

식 _____

답 _____

25 어떤 수를 2.5로 나누어야 할 것을 잘못하여 2.5를 곱했더니 71이 되었습니다. 어떤 수를 구해 보세요.

(   )

26 한 대각선의 길이가 15.5 cm인 마름모의 넓이가 124 cm²입니다. 이 마름모의 다른 대각선의 길이를 구해 보세요.

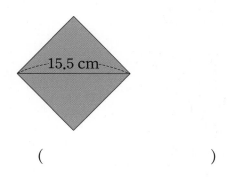

(   )

5 몫을 반올림하여 나타내기

• 몫을 반올림하여 일의 자리까지 나타내기
  ➡ 소수 첫째 자리에서 반올림합니다.
• 몫을 반올림하여 소수 첫째 자리까지 나타내기
  ➡ 소수 둘째 자리에서 반올림합니다.
• 몫을 반올림하여 소수 둘째 자리까지 나타내기
  ➡ 소수 셋째 자리에서 반올림합니다.

27 나눗셈의 몫을 반올림하여 소수 첫째 자리까지 나타내어 보세요.

$$1.94 \div 3.6$$

(   )

28 나눗셈의 몫을 반올림하여 소수 둘째 자리까지 나타내어 보세요.

$$9.44 \div 7$$

(   )

29 계산 결과를 비교하여 ○ 안에 >, =, <를 알맞게 써넣으세요.

> 9.26÷2.3의 몫을 반올림하여
> 소수 첫째 자리까지 나타낸 수

$\bigcirc$ 9.26÷2.3

30 어느 해 8월의 강수량은 464.9 mm이고, 2월의 강수량은 0.7 mm입니다. 8월의 강수량은 2월의 강수량의 몇 배인지 반올림하여 소수 첫째 자리까지 나타내어 보세요.

( )

31 나눗셈의 몫을 반올림하여 소수 첫째 자리까지 나타낸 몫과 소수 둘째 자리까지 나타낸 몫의 차를 구해 보세요.

> 44.7÷2.3

( )

32 15÷3.7의 몫을 구할 때 몫의 소수점 아래 숫자의 규칙을 써 보세요.

규칙

33 다음 몫의 소수 16째 자리 숫자를 구하려고 합니다. 풀이 과정을 쓰고 답을 구해 보세요.

> 8÷5.5

풀이

답

6 나누어 주고 남는 양 알아보기

• 철사 15.7 cm를 4 cm씩 자르면 몇 도막이 되고, 몇 cm가 남는지 구하기

15.7−4−4−4＝3.7
15.7에서 4를 3번 빼면 3.7이 남으므로 3도막이 되고, 3.7 cm가 남습니다.

$$\begin{array}{r} 3 \\ 4\overline{)15.7} \\ \underline{12} \\ 3.7 \end{array}$$

3도막이 되고, 3.7 cm가 남습니다.

[34~35] 콩 20.9 kg을 한 봉지에 6 kg씩 나누어 담으려고 합니다. 나누어 담을 수 있는 봉지 수와 남는 콩은 몇 kg인지 알기 위해 다음과 같이 계산했습니다. 물음에 답하세요.

> 20.9−6−6−6＝ ☐

34 ☐ 안에 알맞은 수를 써넣으세요.

35 계산식을 보고 나누어 담을 수 있는 봉지 수와 남는 콩의 양을 구해 보세요.

봉지 수 ( )
남는 콩의 양 ( )

36 주스 3 L를 컵에 0.4 L씩 나누어 담으려고 합니다. 나누어 담을 수 있는 컵의 수와 남는 주스는 몇 L인지 구해 보세요.

$$0.4 \overline{)3.0}$$
$$2\,8$$

컵의 수 (   )
남는 주스의 양 (   )

37 끈 29.4 m를 한 사람에게 3 m씩 나누어 줄 때 나누어 줄 수 있는 사람 수와 남는 끈은 몇 m인지 알기 위해 다음과 같이 계산했습니다. 잘못 계산한 곳을 찾아 바르게 계산해 보세요.

$$3 \overline{)29.4} \quad \begin{array}{r} 9.8 \\ \hline 27 \\ \hline 24 \\ 24 \\ \hline 0 \end{array}$$

사람 수 : 9명
남는 끈의 길이 : 0.8 m

→ 사람 수 : ☐명
남는 끈의 길이 : ☐ m

서술형
38 반지 한 개를 만드는 데 금 8 g이 필요합니다. 금 47.3 g으로 반지를 몇 개까지 만들 수 있고 남는 금은 몇 g인지 풀이 과정을 쓰고 답을 구해 보세요.

풀이 _____

_____

답 _____ , _____

어떤 수를 구하여 바르게 계산하기

① 어떤 수를 ☐로 하여 잘못 계산한 식을 세웁니다.
② 잘못 계산한 식을 이용하여 ☐를 구합니다.
③ ☐의 값을 이용하여 바르게 계산한 몫을 구합니다.

39 어떤 수를 0.8로 나누어야 할 것을 잘못하여 0.8을 곱했더니 12.8이 되었습니다. 바르게 계산한 몫을 구해 보세요.

(   )

40 어떤 수를 2.52로 나누어야 할 것을 잘못하여 2.52를 어떤 수로 나누었더니 4가 되었습니다. 바르게 계산한 몫을 구해 보세요.

(   )

41 어떤 수를 6.4로 나누었더니 몫이 3.6이었습니다. 어떤 수를 5.1로 나눈 몫을 반올림하여 소수 첫째 자리까지 나타내어 보세요.

(   )

최대·최소 개수 구하기

- 몫을 자연수 부분까지 구한 후 남는 양을 버림하는 경우
  ➡ 실을 수 있는 최대 개수 구하기 등
- 몫을 자연수 부분까지 구한 후 남는 양을 올림하는 경우
  ➡ 모두 담을 때 필요한 병의 개수 구하기 등

42 795.2 kg까지 탈 수 있는 엘리베이터가 있습니다. 이 엘리베이터에 몸무게가 45 kg인 사람이 몇 명까지 탈 수 있나요?

( )

43 68.7 L들이의 욕조에 물을 가득 채우려면 2 L들이의 그릇으로 물을 적어도 몇 번 부어야 할까요?

( )

44 상자 한 개를 묶는 데 끈이 1.56 m 필요합니다. 끈 81.05 m를 남김없이 사용하여 상자를 묶으려면 끈은 적어도 몇 m가 더 필요할까요?

( )

기준을 소수로 고쳐 단위량 구하기

- (1시간 동안 가는 거리)
  = (전체 거리)÷(걸린 시간)
- (1 m의 무게) = (전체 무게)÷(전체 길이)

45 어느 버스가 3시간 30분 동안 370 km를 달렸다고 합니다. 이 버스가 일정한 빠르기로 달렸다면 1시간 동안 달린 거리는 몇 km인지 반올림하여 소수 첫째 자리까지 나타내어 보세요.

( )

46 굵기가 일정한 나무 도막 16 m 22 cm의 무게가 95.18 kg이라고 합니다. 나무 도막 1 m의 무게는 몇 kg인지 반올림하여 소수 둘째 자리까지 나타내어 보세요.

( )

47 기록이 2시간 18분인 어느 마라톤 선수가 일정한 빠르기로 달렸다면 1시간 동안 달린 거리는 몇 km인지 반올림하여 소수 첫째 자리까지 나타내어 보세요. (단, 마라톤의 코스는 42.195 km입니다.)

( )

심화유형 **1**

일정한 간격으로 심은 나무의 수 구하기

길이가 420 m인 도로 양쪽에 2.8 m 간격으로 나무를 심으려고 합니다. 도로의 처음과 끝에도 나무를 심는다면 필요한 나무는 모두 몇 그루일까요? (단, 나무의 두께는 생각하지 않습니다.)

(   )

● **핵심 NOTE**

• (심는 나무의 수) = (나무 사이의 간격의 수) + 1
• 도로 양쪽에 심을 때에는 한쪽에 심는 나무의 수에 2를 곱해야 한다는 것에 주의합니다.

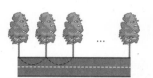

1-1 길이가 0.27 km인 길 양쪽에 6.75 m 간격으로 가로등을 세우려고 합니다. 길의 처음과 끝에도 가로등을 세운다면 필요한 가로등은 모두 몇 개일까요? (단, 가로등의 두께는 생각하지 않습니다.)

(   )

1-2 길이가 419.5 m인 산책로의 한쪽에 15.22 m 간격으로 길이가 1.5 m인 의자를 설치하려고 합니다. 산책로의 처음과 끝에도 의자를 설치한다면 필요한 의자는 모두 몇 개일까요?

(   )

수 카드로 소수의 나눗셈식 만들고 몫 구하기

수 카드 6, 9, 0, 4 를 모두 한 번씩만 사용하여 다음 나눗셈식을 만들려고 합니다. 만들 수 있는 나눗셈식 중에서 몫이 가장 클 때의 몫을 구해 보세요.

(   )

● 핵심 NOTE   • 수 카드로 몫이 가장 큰 나눗셈식 만들기

(가장 큰 수)÷(가장 작은 수)
└─→ 자연수 부분에 작은 수부터 늘어놓기
└─→ 자연수 부분에 큰 수부터 늘어놓기

2-1 수 카드 1, 2, 7, 5, 3 을 모두 한 번씩만 사용하여 다음 나눗셈식을 만들려고 합니다. 만들 수 있는 나눗셈식 중에서 몫이 가장 작을 때의 몫을 구해 보세요.

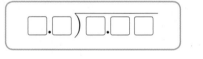

(   )

2-2 수 카드 6, 2, 8, 1, 5 를 모두 한 번씩만 사용하여 (소수 한 자리 수)÷(소수 한 자리 수)의 나눗셈식을 만들려고 합니다. 만들 수 있는 나눗셈식 중에서 몫이 가장 클 때의 몫을 반올림하여 소수 첫째 자리까지 나타내어 보세요.

(   )

심화유형 3

필요한 휘발유의 가격 구하기

휘발유 1.4 L로 15.96 km를 갈 수 있는 자동차가 있습니다. 휘발유 1 L의 가격이 2040원이라면 이 자동차가 74.1 km를 가는 데 필요한 휘발유의 가격은 얼마일까요?

(   )

● 핵심 NOTE

• (휘발유 1 L로 갈 수 있는 거리) = (간 거리) ÷ (사용한 휘발유의 양)
• (■ km를 가는 데 필요한 휘발유의 양) = ■ ÷ (휘발유 1 L로 갈 수 있는 거리)
• (■ km를 가는 데 필요한 휘발유의 가격)
  = (휘발유 1 L의 가격) × (■ km를 가는 데 필요한 휘발유의 양)

3-1 휘발유 1.6 L로 19.84 km를 갈 수 있는 자동차가 지난달에 558 km를 달렸습니다. 지난달 휘발유 1 L의 가격이 2037원이었다면 이 자동차가 지난달에 사용한 휘발유의 가격은 얼마일까요?

(   )

3-2 경유 1.8 L로 19.08 km를 갈 수 있는 승합차가 있습니다. 수빈이네 아버지는 이 승합차를 타고 집에서 61.48 km 떨어진 낚시터를 가는 데 필요한 경유만큼 주유하려고 합니다. 경유 1 L의 가격이 1850원인 주유소에서 주유를 하고 20000원을 냈다면 거스름돈은 얼마를 받아야 할까요?

(   )

배가 가는 데 걸리는 시간 구하기

배에 시동을 걸면 프로펠러의 날개가 회전하면서 물을 뒤로 밀어 내고 동시에 배는 앞으로 나가게 됩니다. 배가 앞으로 나갈 수 있는 빠르기는 강이 흐르는 방향에 따라 달라지는데 강이 흐르는 방향으로 가면 강물의 빠르기만큼 더 빨리 나갈 수 있습니다. 1시간에 16.2 km를 가는 배가 강이 흐르는 방향으로 갈 때 강물이 1시간 45분 동안 21 km를 간다면 배가 42.3 km를 가는 데 걸리는 시간은 몇 시간인지 소수로 구해 보세요.

1단계 강물이 1시간 동안 가는 거리 구하기

2단계 배가 강이 흐르는 방향으로 1시간 동안 가는 거리 구하기

3단계 배가 42.3 km를 가는 데 걸리는 시간 구하기

(   )

● **핵심 NOTE**

1단계 시간을 소수로 나타내어 강물이 한 시간 동안 가는 거리를 구합니다.

2단계 (배가 강이 흐르는 방향으로 한 시간 동안 가는 거리)
= (배가 한 시간 동안 가는 거리) + (강물이 한 시간 동안 가는 거리)입니다.

3단계 배가 강이 흐르는 방향으로 1시간 동안 가는 거리를 이용하여 42.3 km를 가는 데 걸리는 시간을 구합니다.

4-1

배가 강이 흐르는 반대 방향으로 거슬러 가면 강물의 빠르기만큼 더 느리게 나가게 됩니다. 1시간에 35.2 km를 가는 배가 강이 흐르는 반대 방향으로 거슬러 갈 때 강물이 1시간 30분 동안 19.5 km를 간다면 배가 26.64 km를 가는 데 걸리는 시간은 몇 시간인지 소수로 구해 보세요.

(   )

기출 단원 평가 Level ❶

점수

확인

1 보기 와 같이 계산해 보세요.

보기
$$2.7 \div 0.3 = \frac{27}{10} \div \frac{3}{10} = 27 \div 3 = 9$$

$16.8 \div 1.2$

2 ☐ 안에 알맞은 수를 써넣으세요.

(1) $75.6 \div 2.1 = 756 \div \boxed{} = \boxed{}$

(2) $3.84 \div 0.32 = \boxed{} \div 32 = \boxed{}$

3 ☐ 안에 알맞은 수를 써넣으세요.

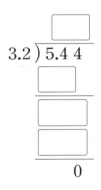

4 계산해 보세요.

(1) $3.3 \overline{)4\,6.2}$

(2) $3.6 \overline{)1\,8}$

5 계산 결과를 비교하여 ○ 안에 >, =, <를 알맞게 써넣으세요.

$$1.61 \div 0.23 \bigcirc 4.96 \div 0.8$$

6 ☐ 안에 알맞은 수를 써넣으세요.

$3.42 \div 0.05 = \boxed{}$

$34.2 \div 0.05 = \boxed{}$

$342 \div 0.05 = \boxed{}$

7 큰 수를 작은 수로 나눈 몫을 빈칸에 써넣으세요.

9.36	3.9

8 빈칸에 알맞은 수를 써넣으세요.

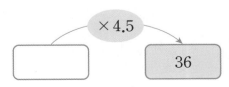

9 다음 식에서 ㉡에 알맞은 수를 구해 보세요.

$$3.64 \div 1.3 = ㉠ \Rightarrow ㉠ \div 1.6 = ㉡$$

(   )

10 밀가루 30 kg을 한 봉지에 1.25 kg씩 담으려고 합니다. 필요한 봉지는 몇 개일까요?

(   )

11 나눗셈의 몫을 소수 셋째 자리까지 구하고, 반올림하여 소수 둘째 자리까지 나타내어 보세요.

$$69.4 \div 4.7$$

소수 셋째 자리까지 구한 몫
(   )
반올림하여 소수 둘째 자리까지 나타낸 몫
(   )

12 식용유 10.35 L를 한 사람에게 3 L씩 나누어 주려고 합니다. 나누어 줄 수 있는 사람 수와 남는 식용유의 양을 구해 보세요.

$$3 \overline{)10.35}$$

사람 수 (   )
남는 식용유의 양 (   )

13 ☐ 안에 들어갈 수 있는 자연수를 모두 구해 보세요.

$$8.32 \div 1.6 > ☐$$

(   )

14 세로가 5.14 cm이고, 넓이가 20.56 cm²인 직사각형이 있습니다. 이 직사각형의 가로는 몇 cm일까요?

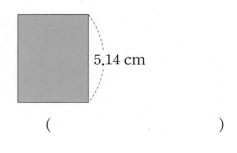
5.14 cm

(   )

15 $9 \div 2.5$를 다음과 같이 계산했습니다. 잘못 계산한 곳을 찾아 바르게 고쳐 보세요.

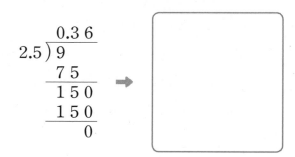

16 수현이의 몸무게는 38.6 kg이고 강아지의 무게는 6.3 kg입니다. 수현이의 몸무게는 강아지의 무게의 몇 배인지 반올림하여 소수 둘째 자리까지 나타내어 보세요.

(   )

17 수 카드를 모두 한 번씩만 사용하여 (자연수) ÷(소수 한 자리 수)를 만들려고 합니다. 만들 수 있는 나눗셈식 중에서 몫이 가장 클 때의 몫을 구해 보세요.

[1] [2] [6] [7] [8]

(   )

18 어떤 수를 4.5로 나누어야 할 것을 잘못하여 곱했더니 1053이 되었습니다. 바르게 계산했을 때의 몫을 구해 보세요.

(   )

19 소수의 나눗셈을 분수의 나눗셈으로 계산한 것입니다. 잘못 계산한 곳을 찾아 바르게 계산하고 이유를 써 보세요.

이유 _____

20 지우가 산 사과주스는 1.3 L당 1040원이고, 주영이가 산 사과주스는 0.8 L당 760원입니다. 같은 양의 사과주스의 가격을 비교하면 누가 산 사과주스가 더 저렴한지 풀이 과정을 쓰고 답을 구해 보세요.

풀이 _____

답 _____

기출 단원 평가 Level ❷

1 ☐ 안에 알맞은 수를 써넣으세요.

(1) $4.9 \div 0.7 = \dfrac{\boxed{}}{10} \div \dfrac{\boxed{}}{10}$

$= \boxed{} \div \boxed{} = \boxed{}$

(2) $5.92 \div 7.4 = \dfrac{\boxed{}}{100} \div \dfrac{\boxed{}}{100}$

$= \boxed{} \div \boxed{}$

$= \boxed{}$

2 ☐ 안에 알맞은 수를 써넣으세요.

(1) $28 \div 7 = 4 \ \Rightarrow \ 28 \div 0.07 = \boxed{}$

(2) $91 \div 13 = 7 \ \Rightarrow \ 91 \div 1.3 = \boxed{}$

3 가장 큰 수를 가장 작은 수로 나눈 몫을 구해 보세요.

| 6.48 | 1.24 | 7.44 |

(   )

4 계산 결과를 비교하여 ○ 안에 >, =, <를 알맞게 써넣으세요.

(1) $48 \div 0.6 \ \bigcirc \ 48 \div 0.06$

(2) $7.42 \div 0.14 \ \bigcirc \ 742 \div 0.14$

5 ■ = 153, ● = 1.7일 때 다음을 계산해 보세요.

| ■ ÷ ● |

(   )

6 ★에 알맞은 수를 구해 보세요.

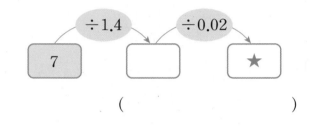

$7 \xrightarrow{\div 1.4} \boxed{} \xrightarrow{\div 0.02} \boxed{\ ★\ }$

(   )

7 나눗셈의 몫이 같은 것끼리 이어 보세요.

$7 \div 0.14$ •

$70 \div 0.14$ •

$7 \div 1.4$ •

• $0.7 \div 0.14$

• $70 \div 1.4$

8 몫을 반올림하여 소수 둘째 자리까지 나타내어 보세요.

| $25.8 \div 9$ |

(   )

9 계산 결과를 비교하여 ○ 안에 >, =, <를 알맞게 써넣으세요.

> 10.3÷4.5의 몫을 반올림하여 소수 첫째 자리까지 나타낸 수

○ 10.3÷4.5

10 길이가 92.9 m인 철사를 2 m씩 자르려고 합니다. 철사를 몇 도막까지 자를 수 있고, 남는 철사는 몇 m일까요?

( ), ( )

11 □ 안에 알맞은 수를 써넣으세요.

79.8÷□ = 21

12 ㉠★㉡ = (㉠÷1.4)+(㉡÷3.8)이라고 약속할 때 다음을 계산해 보세요.

> 5.88★152

( )

13 넓이가 47.88 cm²인 삼각형 모양으로 자른 색종이가 있습니다. 이 색종이의 밑변의 길이가 12.6 cm일 때 높이는 몇 cm일까요?

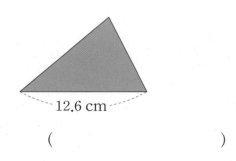

12.6 cm

( )

14 어느 행사장에서 도자기 체험 행사를 하기 위해 고령토 232 kg을 준비했습니다. 한 사람이 꽃병 한 개를 만드는 데 2.5 kg씩 사용한다면 몇 명까지 체험을 할 수 있나요?

( )

15 나눗셈의 몫의 소수 이십째 자리 숫자를 구해 보세요.

> 84.6÷2.2

( )

16 쌀 84.5 kg을 한 봉지에 5 kg씩 나누어 담으면 한 봉지에 7 kg씩 나누어 담을 때보다 몇 봉지가 더 필요할까요? (단, 한 봉지가 되지 않는 것은 담지 않습니다.)

(   )

17 기차가 2시간 12분 동안 333 km를 달렸습니다. 이 기차가 일정한 빠르기로 달렸다면 1시간 동안 달린 거리는 몇 km인지 반올림하여 일의 자리까지 나타내어 보세요.

(   )

18 휘발유 2.3 L로 31.05 km를 갈 수 있는 자동차가 지난달에 513 km를 달렸습니다. 지난달 휘발유 1 L의 가격이 2025원이었다면 이 자동차가 지난달에 사용한 휘발유의 가격은 얼마일까요?

(   )

19 길이가 324 m인 도로 양쪽에 2.4 m 간격으로 나무를 심으려고 합니다. 도로의 처음과 끝에도 나무를 심는다면 필요한 나무는 모두 몇 그루인지 풀이 과정을 쓰고 답을 구해 보세요. (단, 나무의 두께는 생각하지 않습니다.)

풀이

답

20 어떤 수를 36.7로 나누어야 할 것을 잘못하여 36.7을 어떤 수로 나누었더니 5가 되었습니다. 바르게 계산한 몫은 얼마인지 풀이 과정을 쓰고 답을 구해 보세요.

풀이

답

사고력이 반짝

● 규칙에 따라 숫자를 쓸 때 마지막 삼각형의 빈칸에 알맞은 수를 써넣으세요.

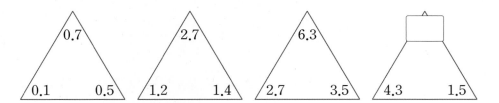

공간과 입체

3

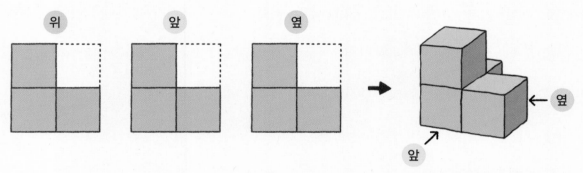

위　앞　옆

옆 →

↗ 앞

쌓기나무의 개수 : 4개

보는 방향에 따라 다르게 보여!

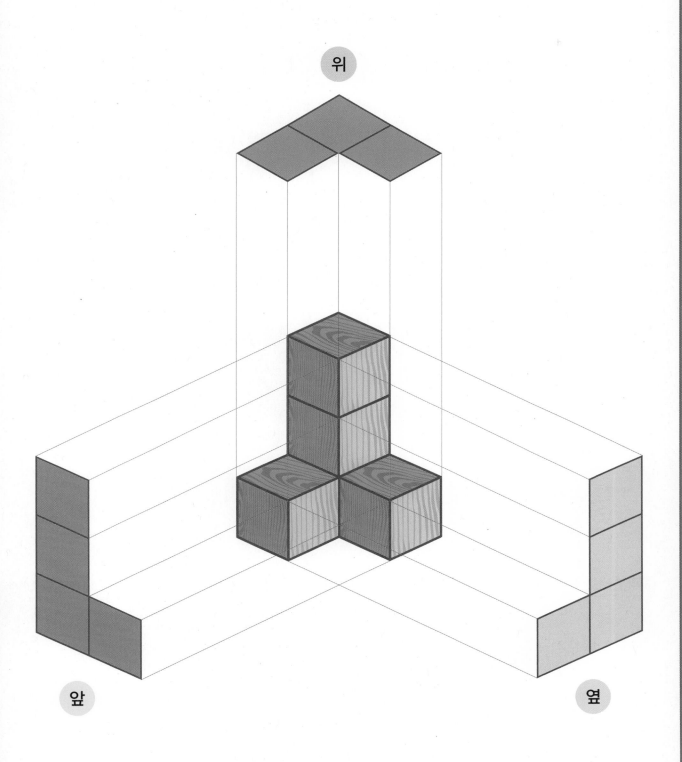

1 어느 방향에서 보았는지 알아보기

개념 강의

● 여러 방향에서 본 모양 알아보기

①에서 찍은 모양	②에서 찍은 모양	③에서 찍은 모양	④에서 찍은 모양

1 오른쪽과 같이 과일을 놓고 가, 나, 다, 라 방향에서 사진을 찍을 때 나올 수 없는 사진을 찾아 ○표 하세요.

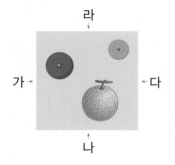

(   )   (   )   (   )   (   )

2 ㉠과 ㉡은 각각 어느 방향에서 찍은 사진인지 골라 써 보세요.

앞

위
앞
오른쪽
왼쪽

㉠

㉡

(   )   (   )

▶ 사진에 있는 미끄럼틀과 시소의 방향과 위치를 살펴봅니다.

2 쌓은 모양과 쌓기나무의 개수 알아보기(1)

● **쌓은 모양을 만드는 데 필요한 쌓기나무의 개수 구하기**

가   나

가 모양을 만드는 데 필요한 쌓기나무는 7개이지만 나 모양을 만드는 데 필요한 쌓기나무는 8개보다 더 많이 필요할 수 있습니다.

➡ 필요한 쌓기나무의 수를 구하기 위해서는 위에서 본 모양이 함께 주어져야 합니다.

● **쌓은 모양과 위에서 본 모양을 보고 쌓기나무의 개수 구하기**

위에서 본 모양

➡ 주어진 모양과 똑같이 쌓는 데 필요한 쌓기나무는 8개입니다.

➕ **보충 개념**

· 나에서는 쌓기나무 모양 뒤에 숨겨진 쌓기나무 2개가 있을 수 있습니다.

· 쌓기나무로 쌓은 모양과 위에서 본 모양이 서로 같으면 쌓기나무가 뒤에 숨겨진 경우는 없습니다.

---

3 쌓기나무로 쌓은 모양을 보고 위에서 본 모양을 그렸습니다. 관계있는 것끼리 이어 보세요.

·   ·   ·

·   ·   ·

4 주어진 모양과 똑같이 쌓는 데 필요한 쌓기나무의 개수를 구해 보세요.

위에서 본 모양

(   )

❓ **쌓기나무로 쌓은 모양과 위에서 본 모양을 같이 나타내는 이유는 무엇일까요?**

뒤에 숨겨진 쌓기나무를 나타내고, 쌓은 모양이 한 가지만 나올 수 있게 하기 위해서입니다.

3. 공간과 입체 **61**

3 쌓은 모양과 쌓기나무의 개수 알아보기(2)

● 쌓기나무로 쌓은 모양을 보고 위, 앞, 옆에서 본 모양 그리기

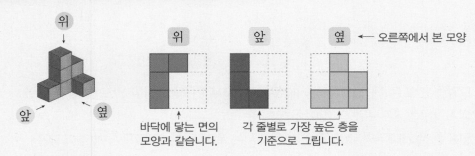

위 | 앞 | 옆 ← 오른쪽에서 본 모양

바닥에 닿는 면의
모양과 같습니다.

각 줄별로 가장 높은 층을
기준으로 그립니다.

● 위, 앞, 옆에서 본 모양을 보고 쌓은 쌓기나무의 개수 구하기

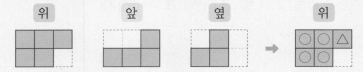

쌓은 모양

- 위에서 본 모양을 보면 1층의 쌓기나무는 5개입니다.
- 앞에서 본 모양을 보면 ○ 부분은 쌓기나무가 각각 1개이고, △ 부분은 2개입니다.
- 옆에서 본 모양으로 쌓기나무를 쌓으면 오른쪽과 같습니다.
➡ 1층에 5개, 2층에 1개이므로 똑같은 모양으로 쌓는 데 필요한 쌓기나무는 6개입니다.

5 쌓기나무로 쌓은 모양과 위에서 본 모양입니다. 앞과 옆에서 본 모양을
각각 그려 보세요.

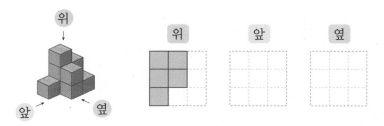

6 쌓기나무로 쌓은 모양을 위, 앞, 옆에서 본 모양입니다. 똑같은 모양으로
쌓는 데 필요한 쌓기나무의 개수를 구해 보세요.

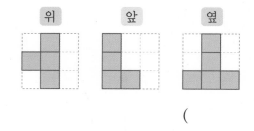

( )

? 쌓은 모양을 나타내는 데 다섯
방향에서 본 모양이 모두 필요한
가요?

모두 필요하지 않습니다. 위와
아래, 앞과 뒤, 오른쪽과 왼쪽의
모양은 서로 대칭이므로 다섯 방
향을 모두 확인할 필요없이 위,
앞, 오른쪽 옆에서 본 모양만 나
타내도 됩니다.

4 쌓은 모양과 쌓기나무의 개수 알아보기(3)

● 쌓기나무로 쌓은 모양을 보고 위에서 본 모양에 수를 써서 나타내기

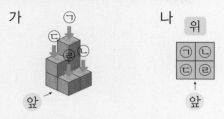

- 가는 쌓은 모양의 각 자리에 기호를 붙인 것이고, 나는 쌓은 모양을 위에서 본 모양의 각 자리에 기호를 붙인 것입니다.
- 각 자리에 쌓인 쌓기나무의 수를 세어 보면 ㉠에는 3개, ㉡에는 1개, ㉢에는 2개, ㉣에는 1개가 쌓여 있습니다.
- 따라서 똑같은 모양으로 쌓는 데 필요한 쌓기나무는 7개입니다.

● 위에서 본 모양에 수를 쓰는 방법으로 쌓은 모양 알아보기

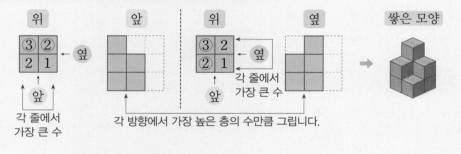

---

7 쌓기나무로 쌓은 모양을 보고 위에서 본 모양에 수를 써넣으세요.

(1)

(2)

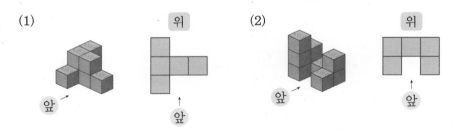

8 쌓기나무로 쌓은 모양을 보고 위에서 본 모양에 수를 썼습니다. 옆에서 본 모양을 그려 보세요.

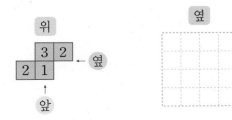

> **❓ 위에서 본 모양에 수를 쓰는 방법의 좋은 점은 무엇일까요?**
>
> 사용된 쌓기나무의 수를 한 가지 경우로만 알 수 있으므로 쌓은 모양을 정확하게 알 수 있습니다.

5 쌓은 모양과 쌓기나무의 개수 알아보기(4)

● 쌓기나무로 쌓은 모양을 보고 층별로 나타낸 모양 그리기

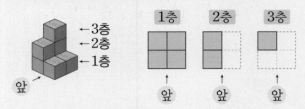

➡ 층별로 나타낸 모양을 보면 쌓은 모양을 알 수 있습니다.

● 층별로 나타낸 모양을 보고 쌓은 모양과 쌓기나무의 개수 구하기

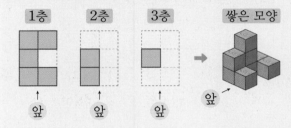

— 각 층에 사용된 쌓기나무의 수는 층별로 나타낸 모양에서 색칠된 수와 같습니다.
— 따라서 1층에 5개, 2층에 2개, 3층에 1개이므로 똑같은 모양으로 쌓는 데 필요한 쌓기나무는 8개입니다.

⊕ 보충 개념
• 층별로 나타낸 모양을 그릴 때 위에서 본 모양과 같은 위치에 있는 층은 같은 위치에 그림을 그려야 합니다.

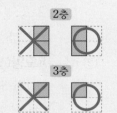
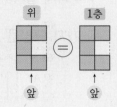

• 위에서 본 모양과 1층에서 본 모양은 서로 같습니다.

9 쌓기나무 9개로 쌓은 모양을 보고 1층과 2층 모양을 각각 그려 보세요.

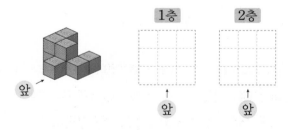

10 쌓기나무로 쌓은 모양과 1층 모양을 보고 2층과 3층 모양을 각각 그려 보세요.

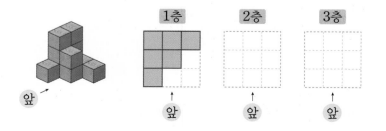

? 층별로 나타낸 모양의 좋은 점은 무엇일까요?

층별로 나타낸 모양대로 쌓기나무를 쌓으면 쌓은 모양이 하나로 만들어지므로 층별로 나타낸 모양을 보고 쌓은 모양을 알 수 있습니다.

6 여러 가지 모양 만들기

● 쌓기나무 **4**개로 만들 수 있는 서로 다른 모양 찾기

① 모양에 쌓기나무 1개를 더 붙여서 만들 수 있는 서로 다른 모양은

, , 으로 3가지입니다.

② 모양에 쌓기나무 1개를 더 붙여서 만들 수 있는 서로 다른 모양은

같은 모양

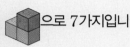, , , , , , 으로 7가지입니다.

➡ 따라서 쌓기나무 4개로 만들 수 있는 서로 다른 모양은 모두 8가지입니다.

● 두 가지 모양을 사용하여 다양한 모양 만들기

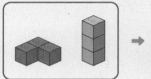 →

보충 개념

• 쌓기나무 4개로 만들 수 있는 모양은 쌓기나무 3개로 만들 수 있는 모양에 쌓기나무를 1개 더 붙여 가며 만들면 빠뜨리지 않고 찾을 수 있습니다.

• 쌓기나무로 만든 모양을 뒤집거나 돌려서 모양이 같으면 같은 모양입니다.

---

11 모양에 쌓기나무 1개를 붙여서 만들 수 있는 모양이 아닌 것을 모두 찾아 기호를 써 보세요.

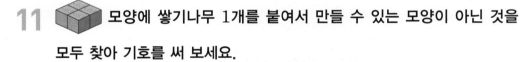

가 나 다 라

( )

▶ 먼저 1층으로 만들 수 있는 모양을 찾은 다음, 2층으로 만들 수 있는 모양을 찾아봅니다.

12 쌓기나무 모양 두 가지를 사용하여 만들 수 있는 새로운 모양을 모두 찾아 기호를 써 보세요.

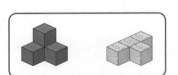

가 나 다 라

( )

▶ 하나의 모양이 들어갈 수 있는 곳을 찾고 나머지 모양이 들어갈 수 있는지 찾아봅니다.

기본에서 응용으로

개념+문제 풀이

1 어느 방향에서 보았는지 알아보기

• 여러 방향에서 본 모양 알아보기

라
가 → [그림] ← 다
나
가   나
다   라

2 쌓은 모양과 쌓기나무의 개수 알아보기(1)

• 쌓은 모양과 위에서 본 모양을 보고 쌓기나무의 개수 구하기

쌓기나무로 쌓은 모양과 위에서 본 모양이 같으므로 보이지 않는 곳에 쌓기나무가 놓일 수는 없습니다.
→ 1층이 4개, 2층이 2개이므로 주어진 모양과 똑같이 쌓는 데 필요한 쌓기나무는 6개입니다.

---

1 ㉠과 ㉡은 각각 어느 방향에서 찍은 사진인지 골라 써 보세요.

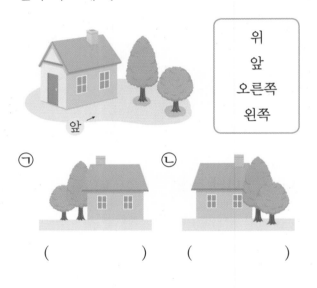

앞

위
앞
오른쪽
왼쪽

㉠   ㉡

(   )   (   )

2 영우는 조형물 사진을 찍었습니다. 각 사진을 찍은 위치를 찾아 기호를 써 보세요.

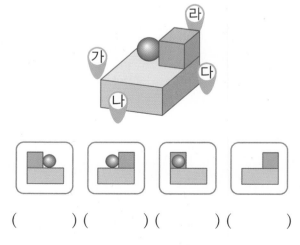

(   ) (   ) (   ) (   )

---

3 쌓기나무를 보기 와 같은 모양으로 쌓았습니다. 돌렸을 때 보기 와 같은 모양을 만들 수 없는 것을 찾아 기호를 써 보세요.

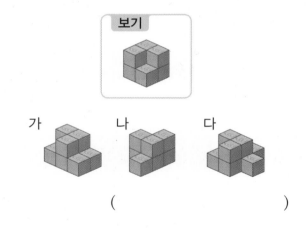

(   )

서술형
4 오른쪽 쌓기나무의 개수를 민정이는 9개, 현우는 7개라고 답하였습니다. 민정이와 현우가 답한 쌓기나무의 개수가 서로 다른 이유를 써 보세요.

이유 ···

5 쌓기나무 10개로 쌓은 모양을 보고 위에서 본 모양을 그려 보세요.

위에서 본 모양

6 주어진 모양과 똑같이 쌓는 데 필요한 쌓기나무의 개수를 구해 보세요.

(1)

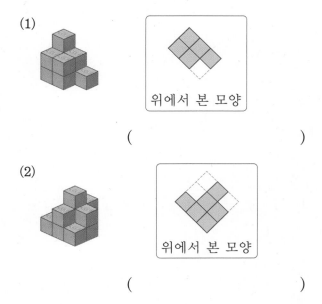

위에서 본 모양

( )

(2)

위에서 본 모양

( )

7 쌓기나무로 쌓은 모양과 위에서 본 모양이 다음과 같을 때 쌓기나무의 개수가 다른 하나를 찾아 기호를 써 보세요.

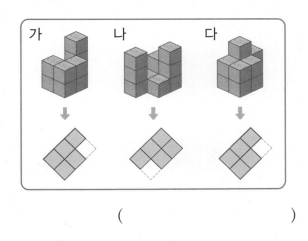

가   나   다

( )

8 지민이는 쌓기나무를 15개 가지고 있습니다. 다음 모양과 똑같이 만들고 남은 쌓기나무는 몇 개인지 구해 보세요.

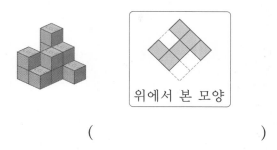

위에서 본 모양

( )

3 쌓은 모양과 쌓기나무의 개수 알아보기 (2)

• 쌓기나무로 쌓은 모양을 보고 위, 앞, 옆에서 본 모양 그리기

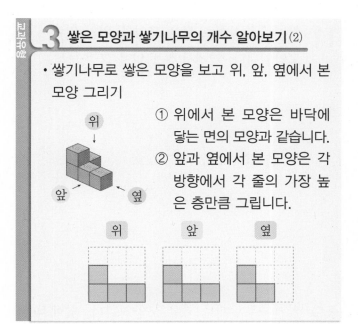

위
앞   옆

① 위에서 본 모양은 바닥에 닿는 면의 모양과 같습니다.
② 앞과 옆에서 본 모양은 각 방향에서 각 줄의 가장 높은 층만큼 그립니다.

위   앞   옆

9 쌓기나무로 쌓은 모양과 위에서 본 모양입니다. 앞과 옆에서 본 모양을 각각 그려 보세요.

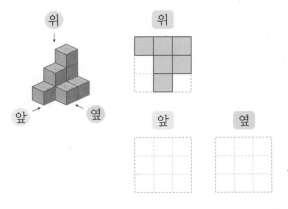

위
앞   옆

위

앞   옆

10 쌓기나무로 쌓은 모양을 위, 앞, 옆에서 본 모양입니다. 똑같은 모양으로 쌓는 데 필요한 쌓기나무는 몇 개일까요?

위   앞   옆

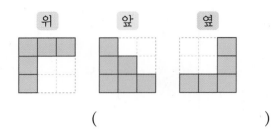

(   )

11 쌓기나무 8개로 쌓은 모양을 위와 앞에서 본 모양입니다. 옆에서 본 모양을 그려 보세요.

위   앞   옆

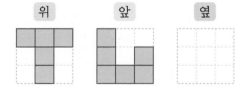

12 쌓기나무 8개로 쌓은 모양입니다. 옆에서 본 모양이 같은 것을 찾아 기호를 써 보세요.

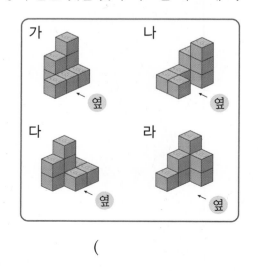

(   )

13 쌓기나무를 붙여서 만든 모양을 구멍이 있는 상자에 넣으려고 합니다. 상자에 넣을 수 없는 모양을 찾아 기호를 써 보세요.

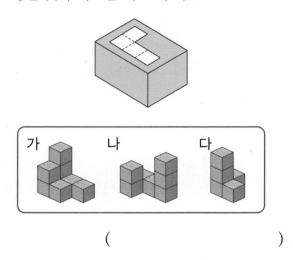

(   )

4 쌓은 모양과 쌓기나무의 개수 알아보기(3)

• 쌓기나무로 쌓은 모양을 보고 위에서 본 모양에 수를 써서 나타내기

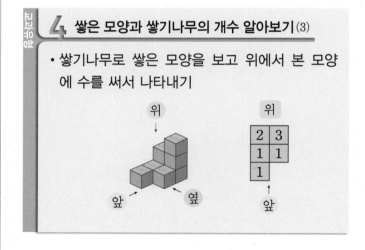

14 쌓기나무로 쌓은 모양을 보고 오른쪽과 같이 위에서 본 모양에 수를 썼습니다. 쌓기나무로 쌓은 모양을 찾아 기호를 써 보세요.

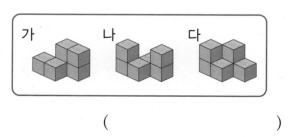

(   )

15 쌓기나무로 쌓은 모양을 보고 위에서 본 모양에 수를 썼습니다. 관계있는 것끼리 이어 보세요.

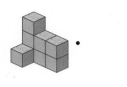

•

•

•

•

•

•

16 쌓기나무로 쌓은 모양을 위, 앞, 옆에서 본 모양입니다. 물음에 답하세요.

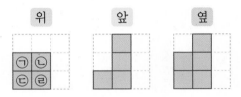

(1) ㉠과 ㉢에 쌓인 쌓기나무는 각각 몇 개일까요?

㉠ (   ), ㉢ (   )

(2) ㉡과 ㉣에 쌓인 쌓기나무는 몇 개일까요?

㉡ (   ), ㉣ (   )

(3) 똑같은 모양으로 쌓는 데 필요한 쌓기나무는 몇 개일까요?

(   )

17 쌓기나무로 쌓은 모양을 보고 위에서 본 모양에 수를 썼습니다. 쌓기나무 13개로 모양을 만들었을 때 앞에서 본 모양을 그려 보세요.

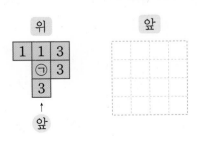

18 쌓기나무를 11개씩 사용하여 조건을 만족하도록 쌓았을 때 위에서 본 모양에 수를 쓰는 방법으로 나타내어 보세요.

> **조건**
> • 가와 나의 쌓은 모양은 서로 다릅니다.
> • 위에서 본 모양이 서로 같습니다.
> • 앞에서 본 모양이 서로 같습니다.
> • 옆에서 본 모양이 서로 같습니다.

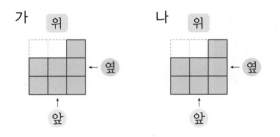

5 쌓은 모양과 쌓기나무의 개수 알아보기(4)

• 쌓기나무로 쌓은 모양을 보고 층별로 나타낸 모양 그리기

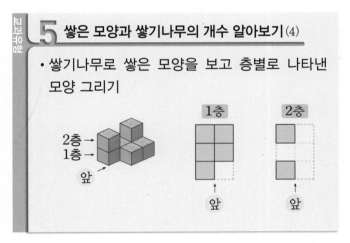

19 쌓기나무로 쌓은 모양을 층별로 나타낸 모양을 보고 쌓은 모양을 찾아 기호를 써 보세요.

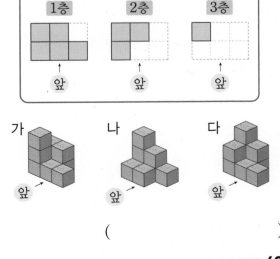

(   )

20 오른쪽 그림은 쌓기나무로 쌓은 모양을 보고 위에서 본 모양에 수를 쓴 것입니다. 2층에 놓인 쌓기나무는 몇 개일까요?

( )

21 쌓기나무로 쌓은 모양을 층별로 나타낸 모양을 보고 위에서 본 모양에 수를 쓰는 방법으로 나타내고, 똑같은 모양으로 쌓는 데 필요한 쌓기나무의 개수를 구해 보세요.

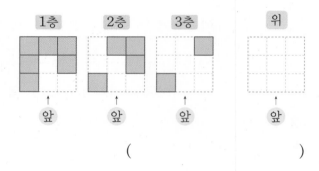

( )

22 쌓기나무로 쌓은 모양을 층별로 나타낸 모양을 보고 앞에서 본 모양을 그려 보고, 똑같은 모양으로 쌓는 데 필요한 쌓기나무의 개수를 구해 보세요.

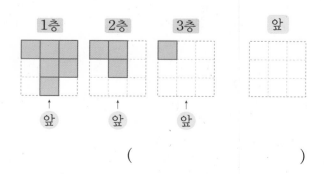

( )

23 쌓기나무로 1층 위에 2층과 3층을 쌓으려고 합니다. 1층 모양을 보고 2층과 3층으로 알맞은 모양을 각각 찾아 기호를 써 보세요.

( ) ( )

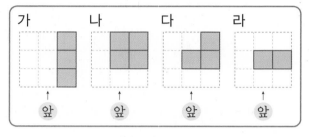

6 여러 가지 모양 만들어 보기

• 쌓기나무 3개로 만들 수 있는 모양

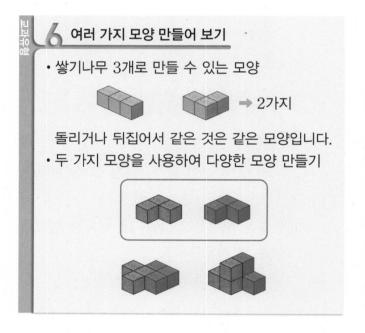

돌리거나 뒤집어서 같은 것은 같은 모양입니다.
• 두 가지 모양을 사용하여 다양한 모양 만들기

24 모양에 쌓기나무 1개를 붙여서 만들 수 있는 모양을 모두 찾아 기호를 써 보세요.

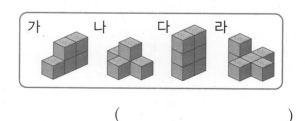

( )

25 뒤집거나 돌렸을 때 오른쪽과 같은 모양이 되는 것을 찾아 ○표 하세요.

(   ) (   ) (   )

26 가, 나, 다 모양 중에서 두 가지 모양을 사용하여 새로운 모양을 만들었습니다. 사용한 두 가지 모양을 찾아 기호를 써 보세요.

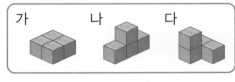

(   )

27 쌓기나무를 4개씩 붙여서 만든 두 가지 모양을 사용하여 새로운 모양을 만들었습니다. 어떻게 만들었는지 구분하여 색칠해 보세요.

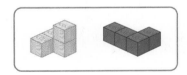

(1)    (2)

28 쌓기나무를 4개씩 붙여서 만든 세 가지 모양을 사용하여 새로운 모양을 만들었습니다. 어떻게 만들었는지 구분하여 색칠해 보세요.

실전유형

쌓기나무로 쌓은 모양의 겉넓이 구하기

• 한 모서리의 길이가 1 cm인 쌓기나무로 쌓은 모양의 겉넓이 구하기

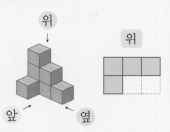

(위와 아래에 있는 면의 수) $= 4 \times 2 = 8$(개)

(앞과 뒤에 있는 면의 수) $= 6 \times 2 = 12$(개)

(오른쪽과 왼쪽 옆에 있는 면의 수)

$\quad = 4 \times 2 = 8$(개)

쌓기나무 1개의 한 면의 넓이 : 1 cm^2

➡ 쌓기나무로 쌓은 모양의 겉넓이는

$\quad 8 + 12 + 8 = 28$ (cm^2)입니다.

[29~30] 한 모서리의 길이가 1 cm인 쌓기나무로 쌓은 모양의 겉넓이를 구하려고 합니다. 물음에 답하세요.

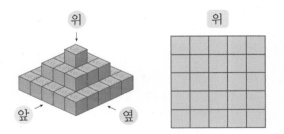

29 쌓기나무의 각 방향에 있는 면의 수를 빈칸에 알맞게 써넣으세요.

방향	위와 아래	앞과 뒤	오른쪽과 왼쪽
면의 수(개)			

30 쌓기나무로 쌓은 모양의 겉넓이는 몇 cm^{2}일까요?

(   )

1 ## 빼내거나 더 쌓았을 때 위, 앞, 옆에서 본 모양 그리기

쌓기나무 9개로 쌓은 모양입니다. ㉠의 자리에 쌓기나무를 2개 더 쌓았을 때 위에서 본 모양을 그려 보세요.

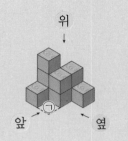

● **핵심 NOTE** • 쌓기나무의 수를 이용하여 뒤에 숨겨진 쌓기나무가 있는지 확인합니다.

• ㉠의 자리에 쌓기나무를 더 쌓았을 때의 모양을 생각하여 위에서 본 모양을 그립니다.

1-1 쌓기나무 10개로 쌓은 모양입니다. ㉠의 자리에 쌓기나무를 3개 더 쌓았을 때 앞에서 본 모양을 그려 보세요.

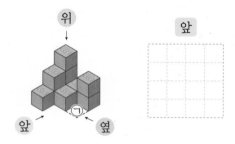

1-2 쌓기나무 13개로 쌓은 모양입니다. 빨간색 쌓기나무 3개를 빼냈을 때 옆에서 본 모양을 그려 보세요.

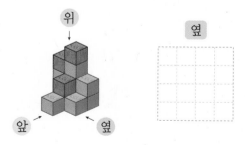

심화유형 2 쌓기나무를 더 쌓아 정육면체 모양 만들기

쌓기나무를 쌓은 모양과 위에서 본 모양이 오른쪽과 같을 때 쌓기나무를 더 쌓아서 가장 작은 정육면체를 만들려고 합니다. 더 필요한 쌓기나무는 몇 개일까요?

위에서 본 모양

(   )

● 핵심 NOTE
- 정육면체는 모든 모서리의 길이가 같으므로 가로, 세로, 높이 중 가장 긴 쪽을 한 모서리로 정합니다.
- (더 필요한 쌓기나무의 수) = (정육면체 모양의 쌓기나무의 수) — (쌓인 쌓기나무의 수)

2-1

쌓기나무를 쌓은 모양과 위에서 본 모양이 오른쪽과 같을 때 쌓기나무를 더 쌓아서 가장 작은 정육면체를 만들려고 합니다. 더 필요한 쌓기나무는 몇 개일까요?

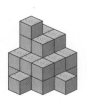

위에서 본 모양

(   )

2-2

쌓기나무를 쌓은 모양과 위에서 본 모양이 왼쪽과 같습니다. 만든 모양에 쌓기나무를 더 쌓아서 오른쪽과 같은 정육면체 모양의 상자 안에 빈틈없이 넣으려고 합니다. 더 필요한 쌓기나무는 몇 개일까요? (단, 상자 안에 들어 있는 쌓기나무는 생각하지 않습니다.)

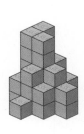

위에서 본 모양

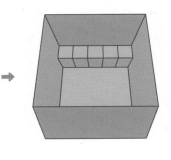

(   )

심화유형 **3** 위, 앞, 옆에서 본 모양을 이용하여 최대, 최소로 쌓을 수 있는 쌓기나무의 개수 구하기

위, 앞, 옆에서 본 모양이 다음과 같은 쌓기나무 모양을 만들려고 합니다. 쌓기나무를 최대로 사용할 때 필요한 쌓기나무는 몇 개인지 구해 보세요.

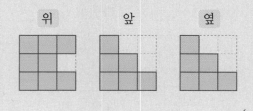

( )

● **핵심 NOTE** • 위에서 본 모양의 각 자리에 앞과 옆에서 본 모양을 이용하여 알 수 있는 쌓기나무의 수를 먼저 씁니다.
• 각 줄의 가장 높은 층수를 생각하면서 최대 또는 최소로 쌓을 수 있는 쌓기나무의 수를 알아봅니다.

3-1 위, 앞, 옆에서 본 모양이 다음과 같은 쌓기나무 모양을 만들려고 합니다. 쌓기나무를 최대로 사용할 때 필요한 쌓기나무는 몇 개인지 구해 보세요.

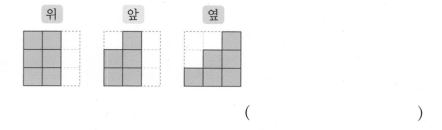

( )

3-2 위, 앞, 옆에서 본 모양이 다음과 같은 쌓기나무 모양을 만들려고 합니다. 쌓기나무를 최대로 사용할 때와 최소로 사용할 때 필요한 쌓기나무 수의 차를 구해 보세요.

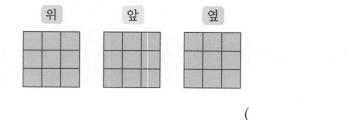

( )

빛을 비출 때 그림자의 모양이 바뀌지 않는 쌓기나무 찾기

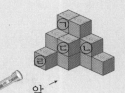

빛은 똑바로 나아가는 성질이 있는데 이것을 빛의 직진이라고 합니다. 빛이 직진하다가 물체를 만나면 더 이상 나아가지 못하고 물체와 같은 모양의 그림자가 생기게 됩니다. 오른쪽과 같이 쌓기나무 14개로 만든 모양의 앞에서 빛을 비출 때 ㉠~㉣ 중에서 하나를 빼내어도 그림자의 모양이 바뀌지 않는 쌓기나무를 모두 찾아 기호를 써 보세요.

1단계 쌓기나무를 빼내기 전 앞에서 빛을 비출 때 생기는 그림자의 모양 알기

....

....

2단계 쌓기나무를 빼낸 후 앞에서 빛을 비출 때 생기는 그림자의 모양을 알고 그림자의 모양이 바뀌지 않는 쌓기나무 찾기

㉠을 빼낼 때

㉡을 빼낼 때

㉢을 빼낼 때

㉣을 빼낼 때

( )

● **핵심 NOTE**

1단계 앞에서 본 모양을 이용하여 그림자의 모양을 그립니다.

2단계 쌓기나무를 한 개씩 빼내었을 때 앞에서 본 모양을 이용하여 그림자의 모양을 그리고 처음 모양과 같은 모양인 쌓기나무를 찾습니다.

3

4-1 오른쪽과 같이 쌓기나무 15개로 만든 모양을 옆에서 빛을 비출 때 ㉠~㉤ 중에서 하나를 빼내어도 그림자의 모양이 바뀌지 않는 쌓기나무를 모두 찾아 기호를 써 보세요.

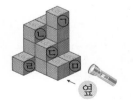

( )

기출 단원 평가 Level ❶

1 주어진 모양과 똑같이 쌓는 데 필요한 쌓기나무의 개수를 구해 보세요.

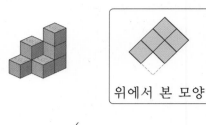

위에서 본 모양

( )

[2~4] 쌓기나무로 쌓은 모양과 이를 위에서 본 모양입니다. 물음에 답하세요.

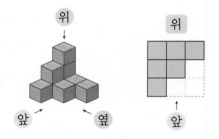

2 위에서 본 모양에 수를 쓰는 방법으로 나타내어 보세요.

3 똑같은 모양으로 쌓는 데 필요한 쌓기나무의 개수를 구해 보세요.

( )

4 앞과 옆에서 본 모양을 각각 그려 보세요.

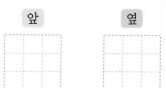

5 쌓기나무로 쌓은 모양을 보고 위에서 본 모양에 수를 썼습니다. 앞에서 본 모양을 그려 보세요.

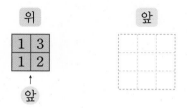

6 오른쪽 그림은 쌓기나무 8개로 쌓은 모양입니다. 이 모양을 앞에서 본 모양을 찾아 기호를 써 보세요.

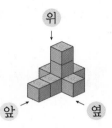

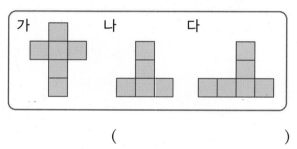

( )

[7~8] 쌓기나무 4개로 쌓은 모양을 보고 물음에 답하세요.

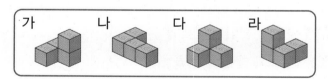

7 뒤집거나 돌렸을 때 가 모양과 같은 모양을 찾아 기호를 써 보세요.

( )

8 모양에 쌓기나무 1개를 붙여서 만들 수 있는 모양을 찾아 기호를 써 보세요.

( )

9 오른쪽 그림은 쌓기나무로 쌓은 모양을 보고 위에서 본 모양에 수를 쓴 것입니다. 옆에서 본 모양을 찾아 기호를 써 보세요.

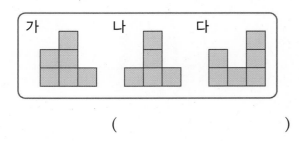

( )

10 쌓기나무로 쌓은 모양을 보고 위에서 본 모양이 될 수 있는 것을 모두 찾아 기호를 써 보세요.

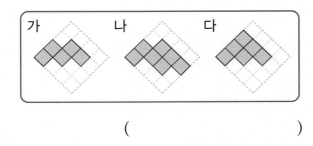

( )

[11~12] 쌓기나무로 쌓은 모양을 층별로 나타낸 모양을 보고 물음에 답하세요.

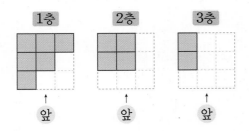

11 똑같은 모양으로 쌓는 데 필요한 쌓기나무는 몇 개일까요?

( )

12 옆에서 본 모양을 그려 보세요.

옆

13 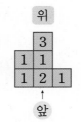 모양에 쌓기나무 1개를 붙여서 만들 수 있는 모양을 두 가지 그려 보세요.

14 쌓기나무 7개로 쌓은 모양을 위와 앞에서 본 모양입니다. 옆에서 본 모양을 그려 보세요.

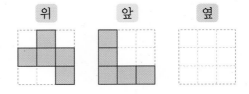

15 쌓기나무로 쌓은 모양을 층별로 나타낸 모양을 보고 쌓은 모양을 그려 보세요.

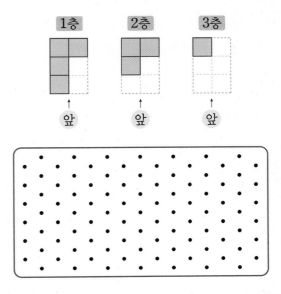

16 위, 앞, 옆에서 본 모양이 다음과 같이 되도록 쌓기나무를 쌓았을 때 위에서 본 모양의 각 칸에 쌓기나무의 수를 써넣으세요.

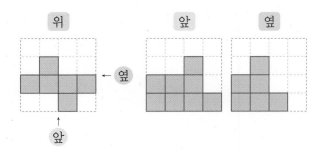

17 위, 앞, 옆에서 본 모양이 각각 다음과 같은 쌓기나무 모양을 찾아 기호를 써 보세요.

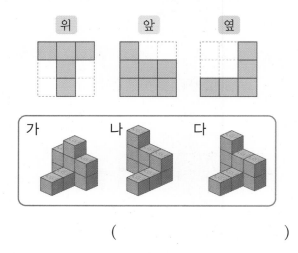

(   )

18 쌓기나무 8개로 주어진 조건을 만족하는 모양을 만들려고 합니다. 위에서 본 모양을 그린 다음 수를 써넣으세요.

> **조건**
> • 2층에는 쌓기나무가 3개 있습니다.
> • 위에서 본 모양은 정사각형입니다.
> • 3층짜리 모양입니다.

위

19 진선이와 태호가 쌓기나무를 쌓은 모양과 이를 위에서 본 모양입니다. 쌓기나무를 더 많이 사용한 사람은 누구인지 풀이 과정을 쓰고 답을 구해 보세요.

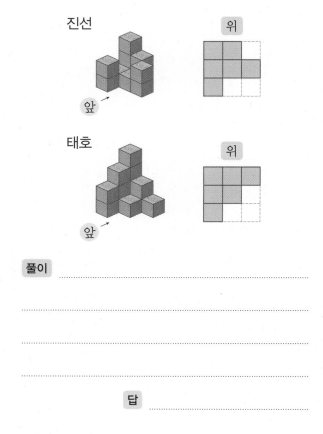

풀이 _____

_____

_____

_____

답 _____

20 오른쪽은 쌓기나무 10개로 쌓은 모양입니다. ㉠ 부분에 쌓기나무를 더 쌓아 앞에서 본 모양이 변하지 않게 하려고 합니다. 최대 몇 개까지 쌓을 수 있는지 풀이 과정을 쓰고 답을 구해 보세요.

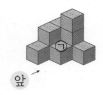

풀이 _____

_____

_____

답 _____

기출 단원 평가 Level ❷

1 쌓기나무 10개를 이용하여 쌓은 모양입니다. 위에서 본 모양에 수를 쓰는 방법으로 나타내어 보세요.

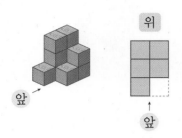

2 주어진 모양과 똑같이 쌓는 데 필요한 쌓기나무의 개수를 구해 보세요.

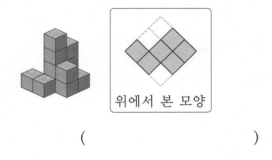

위에서 본 모양

( )

3 쌓기나무로 쌓은 모양과 1층 모양을 보고, 2층과 3층 모양을 그려 보세요.

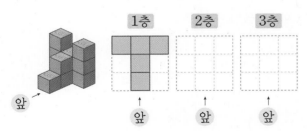

4 쌓기나무 6개로 쌓은 모양입니다. 앞에서 본 모양이 다른 하나를 찾아 기호를 써 보세요.

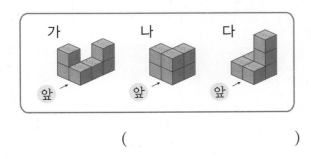

( )

5 쌓기나무로 쌓은 모양과 1층 모양을 보고, 틀린 설명을 찾아 기호를 써 보세요.

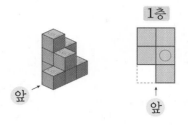

> ㉠ 1층에 쌓은 쌓기나무는 5개입니다.
> ㉡ ○ 부분에 쌓은 쌓기나무는 3개입니다.
> ㉢ 똑같은 모양으로 쌓는 데 필요한 쌓기나무는 9개입니다.

( )

6 오른쪽 그림은 쌓기나무 7개로 쌓은 모양을 어느 방향에서 본 것인지 써 보세요.

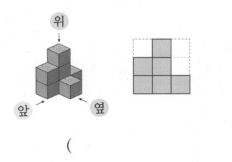

( )

7 쌓기나무로 쌓은 모양을 보고 위에서 본 모양에 수를 썼습니다. 앞과 옆에서 본 모양을 각각 그려 보세요.

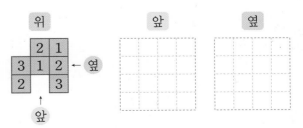

8 뒤집거나 돌렸을 때 모양이 같은 것끼리 이어 보세요.

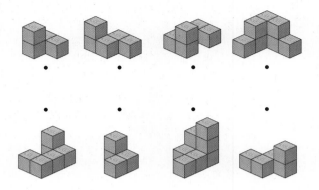

9 쌓기나무로 쌓은 모양을 위, 앞, 옆에서 본 모양입니다. 똑같은 모양으로 쌓는 데 필요한 쌓기나무는 몇 개일까요?

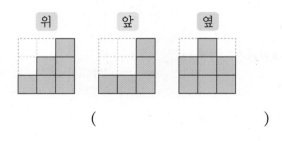

(   )

10 쌓기나무로 1층 위에 2층과 3층을 쌓으려고 합니다. 1층 모양을 보고 2층과 3층으로 알맞은 모양을 각각 찾아 기호를 써 보세요.

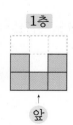

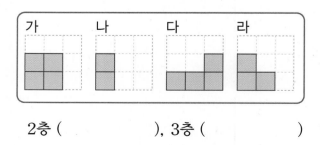

2층 (   ), 3층 (   )

11 현주는 쌓기나무를 20개 가지고 있습니다. 다음 모양과 똑같이 만들고 남은 쌓기나무는 몇 개일까요?

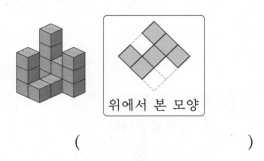

위에서 본 모양

(   )

12 오른쪽 그림은 쌓기나무로 쌓은 모양을 보고 위에서 본 모양에 수를 쓴 것입니다. 3층에 놓인 쌓기나무는 몇 개일까요?

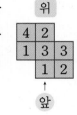

(   )

13 다음 쌓기나무 모양의 ㉠과 ㉡ 자리에 쌓기나무를 하나씩 더 쌓은 후 옆에서 본 모양을 그려 보세요.

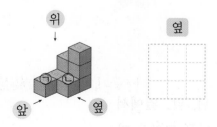

14 똑같은 쌓기나무 모양 두 가지를 사용하여 다음과 같은 모양을 만들었습니다. 어떤 모양의 쌓기나무를 사용하였는지 나누어 보세요.

15 쌓기나무로 쌓은 모양을 위, 앞, 옆에서 본 모양이 모두 오른쪽과 같을 때 쌓기나무는 몇 개일까요?

( )

16 쌓기나무 모양 두 가지를 붙여서 새로운 모양을 만들었습니다. 두 가지 색의 색연필로 구분하여 색칠해 보세요.

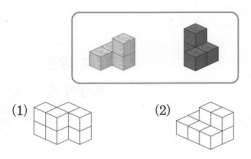

(1) (2)

17 쌓기나무 11개로 쌓은 모양입니다. ㉠의 자리에 쌓기나무를 3개 더 쌓았을 때 옆에서 본 모양을 그려 보세요.

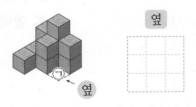

18 위, 앞, 옆에서 본 모양이 다음과 같은 쌓기나무 모양을 만들려고 합니다. 최대로 사용할 때와 최소로 사용할 때 필요한 쌓기나무의 개수를 각각 구해 보세요.

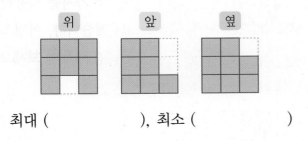

위   앞   옆

최대 ( ), 최소 ( )

술술 서술형

19 다음 모양에 쌓기나무를 더 쌓아 가장 작은 정육면체 모양을 만들려고 합니다. 더 필요한 쌓기나무는 몇 개인지 풀이 과정을 쓰고 답을 구해 보세요.

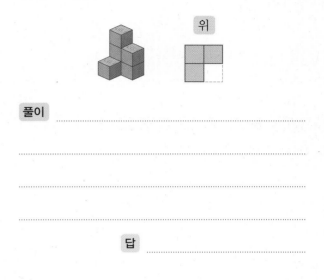

위

풀이 _____

_____

_____

답 _____

20 한 모서리의 길이가 1 cm인 쌓기나무로 다음 그림과 같이 쌓았습니다. 쌓은 모양의 겉넓이는 몇 cm^2인지 풀이 과정을 쓰고 답을 구해 보세요.

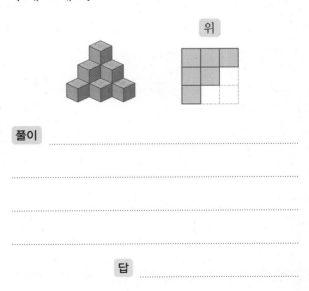

위

풀이 _____

_____

_____

답 _____

3

비례식과 비례배분

4

1000원 : 5000원

↑

1 : 5

↓

100 : 500

비율이 같은 두 비를 하나의 식으로 나타낼 수 있어!

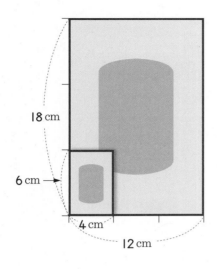

18 cm

6 cm →

4 cm

12 cm

4 : 6	12 : 18
가로　세로	가로　세로

$$\frac{4}{6} = \frac{2}{3}$$　　$$\frac{12}{18} = \frac{2}{3}$$

비는 다른데 비율은 같네!

비례식으로 나타내자!

$$4 : 6 = 12 : 18$$

1 비의 성질 알아보기

● 비 3 : 2 에서 기호 ' : ' 앞에 있는 3을 전항, 뒤에 있는 2를 후항이라고 합니다.

● **비의 성질**(1) : 비의 전항과 후항에 0이 아닌 같은 수를 곱하여도 비율은 같습니다.

$$\overset{\times 3}{9 : 4 \;\;\Rightarrow\;\; 27 : 12}$$
$$\times 3$$

● **비의 성질**(2) : 비의 전항과 후항을 0이 아닌 같은 수로 나누어도 비율은 같습니다.

$$\overset{\div 4}{16 : 24 \;\;\Rightarrow\;\; 4 : 6}$$
$$\div 4$$

➕ 보충 개념

비의 전항과 후항에 각각 0을 곱하면 0 : 0이 되므로 0을 곱할 수 없습니다.

---

1 비의 성질을 이용하여 비율이 같은 비를 찾아 이어 보세요.

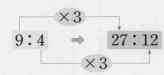

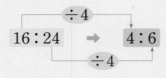

・ 3 : 2

・ 6 : 10

・ 8 : 28

2 비의 전항과 후항에 0이 아닌 같은 수를 곱하여 비율이 같은 비를 2개 써 보세요.

4 : 3 ➡ ....

❓ 비의 전항과 후항을 왜 0으로 나눌 수 없나요?

8 ÷ 0 = □라고 하면
□ × 0 = 8이 되는 □가 없으므로 어떤 수도 0으로 나눌 수 없습니다.

3 비의 전항과 후항을 0이 아닌 같은 수로 나누어 비율이 같은 비를 2개 써 보세요.

20 : 50 ➡ ....

간단한 자연수의 비로 나타내기

정답과 풀이 27쪽

● **소수의 비를 간단한 자연수의 비로 나타내기**

전항과 후항에 각각 10, 100, 1000…을 곱합니다.

$$0.4 : 0.5 \Rightarrow (0.4 \times 10) : (0.5 \times 10) \Rightarrow 4 : 5 \leftarrow \text{비의 성질 1}$$

각 항이 소수 한 자리 수이므로 10을 곱합니다.

● **분수의 비를 간단한 자연수의 비로 나타내기**

전항과 후항에 각각 두 분모의 공배수를 곱합니다.

$$\frac{1}{3} : \frac{1}{5} \Rightarrow (\frac{1}{3} \times 15) : (\frac{1}{5} \times 15) \Rightarrow 5 : 3 \leftarrow \text{비의 성질 1}$$

3과 5의 최소공배수인 15를 곱합니다.

● **자연수의 비를 간단한 자연수의 비로 나타내기**

전항과 후항을 각각 두 수의 공약수로 나눕니다.

$$8 : 12 \Rightarrow (8 \div 4) : (12 \div 4) \Rightarrow 2 : 3 \leftarrow \text{비의 성질 2}$$

8과 12의 최대공약수인 4로 나눕니다.

➕ 보충 개념

· (분수) : (소수)를 간단한 자연수의 비로 나타내기

분수를 소수로 나타내거나 소수를 분수로 나타내어 계산합니다.

$\frac{1}{5} : 0.7 \Rightarrow 0.2 : 0.7$

$\Rightarrow (0.2 \times 10) : (0.7 \times 10)$

$\Rightarrow 2 : 7$

$\frac{1}{5} : 0.7 \Rightarrow \frac{1}{5} : \frac{7}{10}$

$\Rightarrow (\frac{1}{5} \times 10) : (\frac{7}{10} \times 10)$

$\Rightarrow 2 : 7$

---

4 ☐ 안에 알맞은 수를 써넣어 간단한 자연수의 비로 나타내어 보세요.

(1) $\frac{1}{5} : \frac{3}{4}$ 4 : ☐

× ☐

(2) 54 : 48   9 : ☐

÷ ☐

5 $1\frac{3}{4} : 2.1$을 간단한 자연수의 비로 나타내려고 합니다. ☐ 안에 알맞은 수를 써넣으세요.

① 대분수를 가분수로, 소수를 분수로 나타냅니다.

$$1\frac{3}{4} : 2.1 \Rightarrow \frac{\boxed{}}{4} : 2.1 \Rightarrow \frac{\boxed{}}{4} : \frac{\boxed{}}{10}$$

② 전항과 후항에 4와 10의 공배수를 곱합니다.

$$(\frac{\boxed{}}{4} \times 20) : (\frac{\boxed{}}{10} \times \boxed{}) \Rightarrow \boxed{} : \boxed{}$$

③ 전항과 후항을 35와 42의 공약수로 나눕니다.

$$(\boxed{} \div 7) : (\boxed{} \div \boxed{}) \Rightarrow \boxed{} : \boxed{}$$

➡ 대분수의 비를 간단한 자연수의 비로 나타낼 때에는 먼저 대분수를 가분수로 나타내어야 합니다.

3 비례식 알아보기

● **비례식** : 비율이 같은 두 비를 기호 '='를 사용하여 나타낸 식

3 : 2의 비율 ➡ $\dfrac{3}{2}$

9 : 6의 비율 ➡ $\dfrac{9}{6} = \dfrac{3}{2}$

비율이 같습니다. ➡ $\underline{3 : 2 = 9 : 6}$

↳ 비례식

● **비례식의 항**

비례식 3 : 2 = 9 : 6에서 바깥쪽에 있는 3과 6을 외항, 안쪽에 있는 2와 9를 내항이라고 합니다.

외항
$3 : 2 = 9 : 6$
내항

+ 보충 개념

• **비례식을 이용하여 비의 성질 나타내기**

3 : 2는 전항과 후항에 3을 곱한 9 : 6과 비율이 같습니다.

×3
$3 : 2 = 9 : 6$
×3

15 : 40은 전항과 후항을 5로 나눈 3 : 8과 비율이 같습니다.

÷5
$15 : 40 = 3 : 8$
÷5

6 비례식 2 : 5 = 8 : 20에서 외항과 내항을 모두 찾아 써 보세요.

외항 (   ), 내항 (   )

7 비율이 같은 두 비를 찾아 비례식을 세워 보세요.

⊙ 3 : 5   ⓒ 25 : 15   ⓒ 12 : 5   ⓔ 18 : 30

(   )

8 비례식이 옳지 <u>않은</u> 것을 찾아 기호를 써 보세요.

⊙ 1 : 5 = 3 : 15   ⓒ 7 : 2 = 35 : 8   ⓒ 6 : 30 = 2 : 10

(   )

▶ '='를 사용하여 나타낸 두 비의 비율이 같은지 알아봅니다.

4 비례식의 성질 알아보기

● 비례식의 성질

$$3 : 2 = 6 : 4 \rightarrow \begin{cases} \text{외항의 곱} : 3 \times 4 = 12 \\ \text{내항의 곱} : 2 \times 6 = 12 \end{cases}$$

3×4

2×6

> 비례식에서 외항의 곱과 내항의 곱은 같습니다.

● 비례식에서 □의 값 구하기

비례식 $3 : 7 = 6 : □$에서 □의 값 구하기

– 외항의 곱 : $3 \times □$
– 내항의 곱 : 7×6

→ 외항의 곱과 내항의 곱은 같으므로

$3 \times □ = 7 \times 6, \; 3 \times □ = 42, \; □ = 14$

➕ 보충 개념

외항의 곱과 내항의 곱이 같지 않으면 비례식이 옳지 않습니다.

$$3 : 5 = 12 : 9$$

$3 \times 9 = 27$

$5 \times 12 = 60$

➡ 비례식이 옳지 않습니다.

---

9 비례식에서 외항의 곱과 내항의 곱을 구해 보세요.

$$2.4 : 0.9 = 8 : 3$$

외항의 곱 (   )

내항의 곱 (   )

▶ 외항의 곱은 비례식의 바깥쪽에 있는 두 수의 곱이고, 내항의 곱은 비례식의 안쪽에 있는 두 수의 곱입니다.

10 비례식의 성질을 이용하여 ■의 값을 구하려고 합니다. □ 안에 알맞은 수를 써넣으세요.

$$6 : 10 = 9 : ■$$

$6 \times ■$

$10 \times □$

$6 \times ■ = 10 \times □$

$6 \times ■ = □$

$■ = □ \div 6$

$■ = □$

? 비의 성질을 이용하여 모르는 값을 구하면 안 되나요?

비의 성질을 이용하여 구할 수도 있습니다. 하지만 곱하는 수가 자연수가 아닌 경우에는 계산이 복잡하므로 비례식의 성질을 이용해서 푸는 것이 더 쉽습니다.

11 비례식의 성질을 이용하여 □ 안에 알맞은 수를 써넣으세요.

(1) $5 : 6 = □ : 24$

(2) $4 : 9 = 16 : □$

(3) $8 : □ = 56 : 77$

(4) $□ : 2 = 125 : 50$

5 비례식의 활용

3분 동안에 20 L의 물이 나오는 수도꼭지가 있습니다. 이 수도꼭지로 140 L의 물을 받으려면 몇 분 동안 받아야 하는지 구해 보세요.

① 물을 받은 시간과 받은 물의 양 사이의 비 구하기

➡ (물을 받은 시간) : (받은 물의 양) = 3 : 20

② 140 L의 물을 받을 때 걸리는 시간을 □분이라 하고, 비례식 세우기

➡ 3 : 20 = □ : 140

③ 비례식의 성질을 이용하여 □의 값 구하기

➡ 3 × 140 = 20 × □, 20 × □ = 420, □ = 21

④ 답 구하기

➡ 21분 동안 받아야 합니다.

보충 개념

• 비의 성질을 이용하여 □의 값 구하는 방법

$$\overset{\times 7}{\overbrace{3 : 20 = \square : 140}}$$
$$\underset{\times 7}{}$$

따라서 □ = 3 × 7 = 21입니다.

---

12 가로와 세로의 비가 5 : 4인 직사각형 모양의 달력을 만들려고 합니다. 가로가 25 cm일 때 세로는 몇 cm로 해야 하는지 구해 보세요.

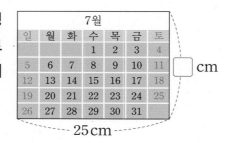

(1) 달력의 세로를 □ cm로 놓고 비례식을 세워 보세요.

식 _____

(2) 달력의 세로는 몇 cm로 해야 할까요?

(   )

---

13 일정한 빠르기로 3시간 동안 240 km를 가는 자동차가 있습니다. 같은 빠르기로 560 km를 가는 데 걸리는 시간은 몇 시간인지 구해 보세요.

(1) 560 km를 가는 데 걸리는 시간을 □시간으로 놓고 비례식을 세워 보세요.

식 _____

(2) 560 km를 가는 데 걸리는 시간은 몇 시간일까요?

(   )

비례식은 한 가지 방법으로만 세울 수 있나요?

비례식은 여러 가지 방법으로 세울 수 있습니다. 이때 같은 항을 나타내는 수끼리는 쓰는 순서도 같아야 함에 주의합니다.

3 : 20 = □ : 140,
□ : 140 = 3 : 20,
3 : □ = 20 : 140…

6 비례배분해 보기

● 비례배분 : 전체를 주어진 비로 배분하는 것

● **비례배분하는 방법**

   귤 15개를 2 : 3으로 나누어 가지는 방법

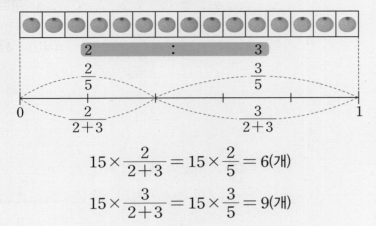

$$15 \times \frac{2}{2+3} = 15 \times \frac{2}{5} = 6(개)$$

$$15 \times \frac{3}{2+3} = 15 \times \frac{3}{5} = 9(개)$$

⊕ 보충 개념

• 전체 ■를 가 : 나 = ● : ▲로 비례배분하기

$$가 = ■ \times \frac{●}{●+▲}$$

$$나 = ■ \times \frac{▲}{●+▲}$$

14 태호와 영주가 공책 40권을 7 : 3으로 나누어 가지려고 합니다. ☐ 안에 알맞은 수를 써넣으세요.

(1) 태호와 영주는 공책을 각각 전체의 몇 분의 몇씩 가지게 될까요?

태호 : $\dfrac{\boxed{}}{7+3} = \dfrac{\boxed{}}{\boxed{}}$, 영주 : $\dfrac{\boxed{}}{7+3} = \dfrac{\boxed{}}{\boxed{}}$

(2) 태호와 영주는 공책을 각각 몇 권씩 나누어 가지게 될까요?

태호 : $40 \times \dfrac{\boxed{}}{\boxed{}} = \boxed{}$(권), 영주 : $40 \times \dfrac{\boxed{}}{\boxed{}} = \boxed{}$(권)

15 45를 2 : 7로 나누어 보세요.

(,   )

16 사탕 21개를 성호와 수현이에게 3 : 4로 나누어 줄 때 수현이가 갖게 되는 사탕은 몇 개일까요?

(   )

❓ ● : ▲로 비례배분할 때 왜 분모 가 ●+▲가 되나요?

전체를 1로 보면 ●+▲로 나누 었을 때 각각 그중의 ●만큼, ▲ 만큼 갖는다는 뜻입니다. 따라서 각각의 몫은 전체의 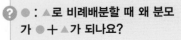  만큼이 됩니다.

기본에서 응용으로

1 비의 성질

비의 전항과 후항에 0이 아닌 같은 수를 곱하거나 비의 전항과 후항을 0이 아닌 같은 수로 나누어도 비율은 같습니다.

$2 : 3 \Rightarrow 4 : 6$ (×2, ×2) $8 : 12 \Rightarrow 2 : 3$ (÷4, ÷4)

1 □ 안에 공통으로 들어갈 수 <u>없는</u> 수는 어느 것일까요? (   )

$$7 : 9 \Rightarrow (7 \times \square) : (9 \times \square)$$

① 0   ② 1   ③ 2
④ 3   ⑤ 100

2 비의 성질을 이용하여 □ 안에 알맞은 수를 써넣으세요.

72 : 30   ÷□   12 : □   ÷□

3 4 : 7과 비율이 같은 자연수의 비 중에서 후항이 35보다 작은 비를 모두 써 보세요.

(   )

4 가로와 세로의 비가 3 : 2와 비율이 같은 그림을 찾아 기호를 모두 써 보세요.

가   8 cm   6 cm
나   12 cm   8 cm
다   16 cm   12 cm
라   24 cm   16 cm

(   )

서술형

5 가로와 세로의 비가 5 : 8이고, 가로가 150 cm인 직사각형의 넓이는 몇 cm² 인지 구하려고 합니다. 풀이 과정을 쓰고 답을 구해 보세요.

풀이 _____

_____

_____

답 _____

2 간단한 자연수의 비로 나타내기

- (소수) : (소수)
  ➡ 전항과 후항에 10, 100, 1000…을 곱합니다.
- (분수) : (분수)
  ➡ 전항과 후항에 두 분모의 공배수를 곱합니다.
- (자연수) : (자연수)
  ➡ 전항과 후항을 두 수의 공약수로 나누면 간단하게 나타낼 수 있습니다.

6 간단한 자연수의 비로 나타내어 보세요.

(1) $0.4 : \dfrac{1}{6}$ ➡ (   )

(2) $1\dfrac{2}{3} : 2\dfrac{3}{5}$ ➡ (   )

7 비 $\dfrac{4}{9} : \dfrac{7}{15}$ 을 간단한 자연수의 비로 나타내었을 때 전항과 후항의 합을 구해 보세요.

(   )

8 직각삼각형의 밑변의 길이가 21 cm일 때 밑변의 길이와 높이의 비를 간단한 자연수의 비로 나타내어 보세요.

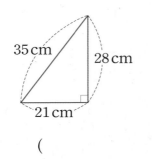

35 cm   28 cm   21 cm

(   )

9 비율이 0.6인 간단한 자연수의 비를 구해 보세요. (단, 각 항의 수는 10보다 작습니다.)

(   )

10 $3\dfrac{1}{2} : 1.2$ 를 간단한 자연수의 비로 나타내려고 합니다. 다음 두 가지 방법으로 나타내어 보세요.

전항을 소수로 바꾸어 나타내기	
후항을 분수로 바꾸어 나타내기	

11 같은 양의 타자를 치는 데 희정이는 12분, 수민이는 20분이 걸렸습니다. 각각 일정한 빠르기로 타자를 칠 때 희정이와 수민이가 1분 동안에 친 타자 수의 비를 간단한 자연수의 비로 나타내어 보세요.

(   )

12 비 $\dfrac{\square}{5} : \dfrac{9}{4}$ 를 간단한 자연수의 비로 나타내면 16 : 45입니다. $\square$ 안에 알맞은 수를 구해 보세요.

(   )

서술형
13 진우와 소영이가 다음과 같이 매실주스를 만들었습니다. 두 사람이 매실주스를 만들 때 사용한 매실 원액과 물의 비를 간단한 자연수의 비로 나타내고 두 매실주스의 진하기를 비교해 보세요.

진우	매실 원액 0.3 L에 물 0.8 L를 넣었어.
소영	매실 원액 $\dfrac{3}{10}$ 컵에 물 $\dfrac{4}{5}$ 컵을 넣었어.

진우 (   ), 소영 (   )

비교

3 비례식

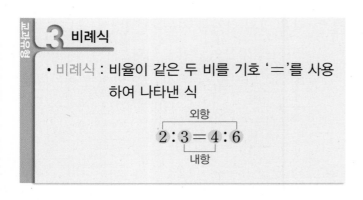

• 비례식 : 비율이 같은 두 비를 기호 '='를 사용
  하여 나타낸 식

외항
$2 : 3 = 4 : 6$
내항

14 비율이 같은 두 비를 찾아 비례식을 세워 보세요.

$$2 : 5 \qquad 6 : 10 \qquad 8 : 15 \qquad \frac{1}{5} : \frac{1}{2}$$

□ : □ = □ : □

15 두 비율을 보고 비례식으로 나타내어 보세요.

(1) $\dfrac{2}{15} = \dfrac{4}{30}$ ➡ (   )

(2) $\dfrac{3}{5} = \dfrac{9}{15}$ ➡ (   )

16 비례식이 바르게 적힌 표지판을 따라가면 나오
는 곳을 찾아 기호를 써 보세요.

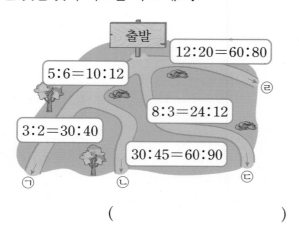

출발

$12 : 20 = 60 : 80$
$5 : 6 = 10 : 12$
$8 : 3 = 24 : 12$ ㄹ
$3 : 2 = 30 : 40$
$30 : 45 = 60 : 90$
ㄱ   ㄴ   ㄷ

(   )

17 선우와 민영이가 비례식에 대해 말한 것입니
다. 틀리게 말한 사람의 이름을 쓰고, 바르게
고쳐 보세요.

선우	비례식 $2 : 5 = 8 : 20$에서 외항은 2와 20이고, 내항은 5와 8입니다.
민영	두 비 $5 : 3$과 $10 : 9$는 비율이 같으므로 $5 : 3 = 10 : 9$로 나타낼 수 있습니다.

이름 (   )

바르게 고치기

4 비례식의 성질

• 비례식에서 외항의 곱과 내항의 곱은 같습니다.

외항의 곱 : $2 \times 21 = 42$
$2 : 7 = 6 : 21$
내항의 곱 : $7 \times 6 = 42$

18 옳은 비례식을 찾아 ○표 하세요.

$10 : 3 = 50 : 30$ (   )

$\dfrac{1}{9} : \dfrac{4}{9} = 1 : 4$ (   )

$0.8 : 1.2 = 4 : 3$ (   )

19 비례식에서 $28 \times \square$의 값을 구해 보세요.

$$16 : 28 = \square : 7$$

(   )

20 비례식에서 □ 안에 알맞은 수를 찾아 이어 보세요.

$$\frac{2}{3} : □ = \frac{1}{2} : 9$$ •

$$□ : 0.4 = 25 : 1$$ •

• 10

• 12

• 20

21 □ 안에 들어갈 수가 가장 큰 비례식을 찾아 기호를 써 보세요.

㉠ $3 : 5 = 12 : □$
㉡ $4.2 : 3 = □ : 5$
㉢ $2\frac{2}{5} : \frac{4}{9} = □ : 5$

(   )

22 비례식에서 내항의 곱이 12일 때 ㉠+㉡의 값을 구해 보세요.

$$㉠ : \frac{4}{5} = ㉡ : 4$$

(   )

23 수 카드 중에서 4장을 골라 비례식을 1개 만들어 보세요.

3   5   8   12   14   20

(   )

비교

5 비례식의 활용

① 구하려는 것을 □로 놓고 비례식을 세웁니다.
② 비례식의 성질을 이용하여 □를 구합니다.
③ 답이 맞는지 확인합니다.

24 밀가루와 물을 5 : 3의 비로 섞어 밀가루 반죽을 하려고 합니다. 밀가루를 30컵 넣었다면 물은 몇 컵을 넣어야 할까요?

(   )

25 500 mL 주스 3병은 2400원입니다. 주스 9병을 사려면 얼마가 필요할까요?

(   )

26 어느 은행에서는 1년 동안 10000원을 예금하면 이자가 500원이라고 합니다. 이 은행에 1년 동안 1250000원을 예금하면 이자는 얼마일까요?

(   )

27 KTX는 우리나라의 고속열차로 1시간에 300 km를 달릴 수 있습니다. KTX가 일정한 빠르기로 750 km를 가는 데 걸리는 시간은 몇 시간 몇 분일까요?

(   )

28 사과가 4개에 5000원입니다. 사과 20개의 가격은 얼마인지 비의 성질과 비례식의 성질을 이용하여 두 가지 방법으로 설명해 보세요.

비의 성질

....

....

....

비례식의 성질

....

....

....

6 비례배분

- 비례배분 : 전체를 주어진 비로 배분하는 것
  전체를 ㉮ : ㉯ = ■ : ▲로 비례배분하기
  $$㉮ = (전체) \times \frac{■}{■ + ▲}, \quad ㉯ = (전체) \times \frac{▲}{■ + ▲}$$

29 길이가 36 m인 색 테이프를 다윤이와 정우에게 5 : 1로 나누어 줄 때 두 사람이 가지게 되는 색 테이프는 각각 몇 m인지 구해 보세요.

다윤 (   )

정우 (   )

30 언니와 수현이가 어머니의 생신에 15000원짜리 케이크를 사려고 합니다. 언니와 수현이가 3 : 2로 돈을 낸다면 언니와 수현이는 각각 얼마씩 내야 할까요?

언니 (   )

수현 (   )

31 한 가지 물질이 다른 물질에 고르게 섞여 있는 혼합물을 용액이라고 합니다. 진수는 소금물 용액 400 g을 만들기 위해 소금과 물을 3 : 5로 섞었습니다. 소금은 몇 g을 넣었는지 구해 보세요.

(   )

32 어느 날 낮과 밤의 길이가 7 : 5라면 밤은 몇 시간인지 구해 보세요.

(   )

33 색종이 90묶음을 학생 수의 비에 따라 두 반에 나누어 주려고 합니다. 두 반의 학생 수가 다음과 같을 때 색종이를 각각 몇 묶음씩 나누어 주어야 할까요?

1반	2반
20명	25명

1반 (   )

2반 (   )

34 서진이와 윤서는 길이가 1800 m인 길의 양 끝에서 마주 보고 달리다가 서로 만났습니다. 서진이와 윤서의 빠르기가 5 : 4라면 서진이와 윤서는 각각 몇 m씩 달렸을까요?

서진 (   )

윤서 (   )

35 가로와 세로의 비가 7 : 4이고 둘레가 110 cm 인 직사각형이 있습니다. 직사각형의 세로는 몇 cm인지 풀이 과정을 쓰고 답을 구해 보세요.

풀이 _____

_____

답 _____

36 삼각형 ㄱㄴㄷ의 넓이가 99 cm²일 때 삼각형 ㄱㄹㄷ의 넓이는 몇 cm²일까요?

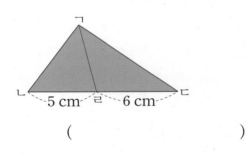

5 cm   6 cm

(   )

37 청소를 잘하면 칭찬붙임 딱지를 한 장씩 받습니다. 유라와 승현이가 $\frac{1}{3} : \frac{1}{7}$ 의 비로 칭찬붙임 딱지를 모두 70장 모았습니다. 유라는 승현이보다 몇 장 더 많이 모았을까요?

(   )

실전유형 길이의 비와 넓이의 비를 이용한 비례식의 활용

- 높이가 같고 밑변의 길이의 비가 ● : ★인 두 삼각형의 넓이의 비 → ● : ★
- 한 변의 길이의 비가 ■ : ▲인 두 정사각형의 넓이의 비 → (■ × ■) : (▲ × ▲)

38 세로가 같은 두 직사각형 가와 나의 가로의 비는 9 : 4입니다. 가의 넓이가 36 cm²일 때 나의 넓이는 몇 cm²일까요?

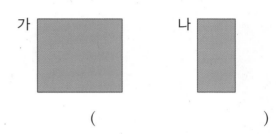

가   나

(   )

39 오른쪽 그림에서 삼각형 ㄱㄴㄹ과 삼각형 ㄱㄹㄷ의 넓이의 비는 5 : 4입니다. 선분 ㄷㄹ의 길이가 12 cm일 때 선분 ㄴㄹ의 길이는 몇 cm일까요?

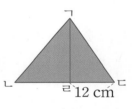

12 cm

(   )

40 두 정사각형 가와 나의 넓이의 비는 1 : 4이고, 정사각형 가의 한 변의 길이는 2 cm입니다. 정사각형 나의 한 변의 길이는 몇 cm일까요?

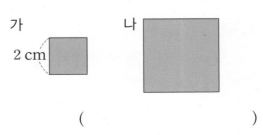

가   나

2 cm

(   )

실전유형 **두 곱셈식을 간단한 자연수의 비로 나타내기**

(외항의 곱) = (내항의 곱)을 거꾸로 이용하여 비례식으로 나타낸 후 간단한 자연수의 비로 나타냅니다.

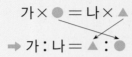

41 다음을 보고 ㉮ : ㉯를 간단한 자연수의 비로 나타내어 보세요.

$$㉮ \times \frac{2}{3} = ㉯ \times \frac{1}{5}$$

(   )

42 다음을 보고 ㉮ : ㉯의 비율을 분수로 나타내어 보세요.

$$㉮ \times \frac{3}{5} = ㉯ \times \frac{1}{10}$$

(   )

43 ㉮의 $\frac{7}{10}$배인 수와 ㉯의 2.1배인 수가 같을 때 ㉮와 ㉯의 비를 간단한 자연수의 비로 나타내어 보세요.

(   )

실전유형 **비례배분을 이용하여 전체의 양 구하기**

① 전체의 양을 ☐라고 합니다.
② ☐를 사용하여 조건에 맞는 식을 세웁니다.
③ ☐의 값을 구합니다.

44 사탕을 민지와 보라가 4 : 3으로 나누어 가졌습니다. 보라가 가진 사탕이 75개라면 처음에 있던 사탕은 몇 개일까요?

(   )

45 투호는 항아리에 화살을 던져 넣는 전통 놀이입니다. 은수와 지호가 화살을 던졌더니 4 : 5의 비로 들어갔고, 지호가 던져 들어간 화살은 25개입니다. 두 사람이 넣은 화살은 모두 몇 개일까요?

(   )

46 선물을 사기 위해 준호와 민수가 $\frac{3}{4} : \frac{5}{12}$로 돈을 모았습니다. 준호가 모은 돈이 3600원일 때 두 사람이 모은 돈은 모두 얼마일까요?

(   )

심화유형 **1**

두 도형의 넓이의 비 구하기

두 원 ㉮와 ㉯가 오른쪽 그림과 같이 겹쳐져 있습니다. 겹쳐진 부분의 넓이는 ㉮의 $\frac{1}{2}$이고, ㉯의 $\frac{3}{5}$입니다. ㉮와 ㉯의 넓이의 비를 간단한 자연수의 비로 나타내어 보세요.

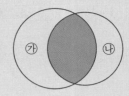

(   )

● **핵심 NOTE** 두 도형의 겹쳐진 부분의 넓이가 같음을 이용하여 곱셈식을 만들고 비례식으로 나타냅니다.

㉮ × ■ = ㉯ × ▲ ➡ ㉮ : ㉯ = ▲ : ■

(외항의 곱) = (내항의 곱)

1-1 두 원 ㉮와 ㉯가 오른쪽 그림과 같이 겹쳐져 있습니다. 겹쳐진 부분의 넓이는 ㉮의 $\frac{2}{3}$이고, ㉯의 $\frac{1}{5}$입니다. ㉮와 ㉯의 넓이의 비를 간단한 자연수의 비로 나타내어 보세요.

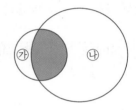

(   )

1-2 사각형 ㉮와 삼각형 ㉯가 오른쪽 그림과 같이 겹쳐져 있습니다. 겹쳐진 부분의 넓이는 ㉮의 $\frac{3}{8}$이고, ㉯의 $\frac{1}{2}$입니다. ㉮의 넓이가 32 cm^2일 때 ㉯의 넓이를 구해 보세요.

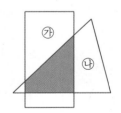

(   )

4

톱니 수에 따른 회전수의 비 알아보기

오른쪽 그림과 같이 맞물려 돌아가는 두 톱니바퀴 ㉮와 ㉯가 있습니다. ㉮의 톱니는 20개이고, ㉯의 톱니는 16개입니다. 톱니바퀴 ㉮와 ㉯의 회전수의 비를 간단한 자연수의 비로 나타내어 보세요.

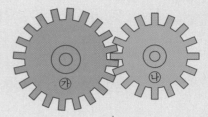

(   )

● 핵심 NOTE
 • 두 톱니바퀴는 한 개씩 맞물려 돌아가므로 서로 맞물린 전체 톱니 수는 같습니다.
 • 톱니 수의 비가 ▲ : ■인 두 톱니바퀴의 회전수의 비는 ■ : ▲입니다.

2-1 오른쪽 그림과 같이 맞물려 돌아가는 두 톱니바퀴 ㉮와 ㉯가 있습니다. ㉮의 톱니는 48개이고, ㉯의 톱니는 32개입니다. 톱니바퀴 ㉮와 ㉯의 회전수의 비를 간단한 자연수의 비로 나타내어 보세요.

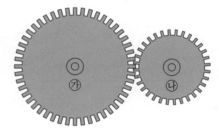

(   )

2-2 오른쪽 그림과 같이 서로 맞물려 돌아가는 두 톱니바퀴 ㉮와 ㉯가 있습니다. ㉮의 톱니는 12개이고, ㉯의 톱니는 30개입니다. 톱니바퀴 ㉮가 25바퀴 도는 동안 톱니바퀴 ㉯는 몇 바퀴를 돌까요?

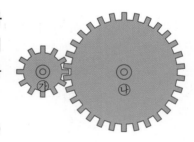

(   )

심화유형 **3** 비로 나타내어 비례배분 활용하기

갑과 을 두 사람이 각각 200만 원, 50만 원을 투자하여 얻은 이익금을 투자한 금액의 비로 나누어 가졌습니다. 갑이 이익금으로 48만 원을 받았다면 두 사람이 받은 이익금은 모두 얼마일까요?

(   )

● **핵심 NOTE**

• 비의 성질을 이용하여 투자한 금액을 간단한 자연수의 비로 나타냅니다.

• 전체의 양을 □라고 하여 조건에 맞는 비례배분 식을 세웁니다.

3-1 A와 B 두 사람이 각각 25시간, 15시간 동안 일을 하여 받은 쌀을 일한 시간의 비로 나누어 가졌습니다. A가 받은 쌀이 160 kg이라면 두 사람이 받은 쌀은 모두 몇 kg일까요?

(   )

3-2 혜미와 정윤이가 밤을 각각 48 kg, 30 kg 주웠습니다. 이 밤을 팔아서 얻은 이익금을 주운 밤의 무게의 비로 나누어 가졌습니다. 정윤이가 받은 이익금이 10만 원이라면 혜미가 받은 이익금은 정윤이가 받은 이익금보다 얼마 더 많을까요?

(   )

4

축척에 따른 실제 거리 구하기

축척은 실제 거리를 지도 위에 축소하여 표시하였을 때의 축소 비율입니다. 예를 들어 지도의 축척이 1 : 25000이면 지도 위에서 1 cm는 실제로 25000 cm를 나타냅니다. 오른쪽은 축척이 1 : 40000인 지도입니다. 공원 입구에서 지하철역까지 실제 거리는 몇 m인지 구해 보세요.

1단계 지도 위에서 거리가 1 cm일 때 실제 거리는 몇 m인지 구하기

2단계 공원 입구에서 지하철역까지의 실제 거리는 몇 m인지 구하기

(   )

● 핵심 NOTE
1단계 축척을 이용하여 지도 위에서 1 cm가 나타내는 실제 거리를 구합니다.
2단계 지도 위에서의 거리를 이용하여 비례식을 세운 후 공원 입구에서 지하철역까지의 실제 거리를 구합니다.

4-1 오른쪽은 축척이 1 : 80000인 지도입니다. A 해수욕장과 B 해수욕장 사이의 실제 거리는 몇 m일까요?

(   )

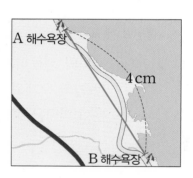

기출 단원 평가 Level ❶

1 비례식에서 외항과 내항을 찾아 써 보세요.

$$6:21 = 2:7$$

외항 (   )
내항 (   )

2 비율이 같은 두 비를 찾아 비례식을 세워 보세요.

$$1:4 \quad 3:4 \quad 5:8 \quad 12:16$$

(   )

3 비의 성질을 이용하여 ☐ 안에 알맞은 수를 써넣으세요.

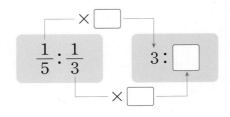

4 옳은 비례식을 찾아 기호를 써 보세요.

㉠ $1:3 = 2:9$ ㉡ $10:7 = 200:14$
㉢ $\dfrac{5}{9} : \dfrac{7}{9} = 7:5$ ㉣ $1.8:1.5 = 6:5$

(   )

5 ☐ 안에 알맞은 수를 써넣어 간단한 자연수의 비로 나타내어 보세요.

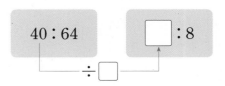

6 비례식에서 $11 \times \square$의 값을 구해 보세요.

$$3:11 = \square : 44$$

(   )

7 비의 성질을 이용하여 $15:40$과 비율이 같은 비를 2개 써 보세요.

(   )

8 비 $\dfrac{5}{8} : \dfrac{1}{3}$을 간단한 자연수의 비로 나타내었을 때 전항과 후항의 합을 구해 보세요.

(   )

9 비례식에서 □ 안에 알맞은 수를 써넣으세요.

(1) $63 : \boxed{} = 9 : 4$

(2) $3.6 : 8.4 = \boxed{} : 7$

10 형과 동생이 먹은 사탕의 비는 $4 : 5$입니다. 동생이 15개를 먹었을 때 형은 몇 개를 먹었는지 구해 보세요.

(   )

11 수 카드 중 4장을 골라 비례식을 만들어 보세요.

$$\boxed{3} \quad \boxed{6} \quad \boxed{7} \quad \boxed{12} \quad \boxed{14} \quad \boxed{30}$$

(   )

12 비례식에서 내항의 곱이 10일 때 $\bigcirc + \bigcirc$의 값을 구해 보세요.

$$\bigcirc : \frac{2}{3} = \bigcirc : 2$$

(   )

13 바닷물 $5\,\mathrm{L}$를 증발시켜 소금 $115\,\mathrm{g}$을 얻었습니다. 바닷물 $14\,\mathrm{L}$를 증발시키면 소금 몇 g을 얻을 수 있나요?

(   )

14 다음을 보고 ㉮ : ㉯를 간단한 자연수의 비로 나타내어 보세요.

$$㉮ \times \frac{2}{3} = ㉯ \times \frac{1}{5}$$

(   )

15 사다리꼴의 윗변의 길이와 아랫변의 길이의 비가 $3 : 5$일 때 사다리꼴의 넓이를 구해 보세요.

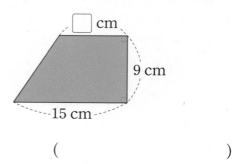

(   )

16 비례식에서 □ 안에 알맞은 수를 구해 보세요.

$$5 : (7 + \square) = 20 : 60$$

(   )

17 설탕과 물의 비가 3 : 12인 설탕물 350 g이 있습니다. 이 설탕물에 녹아 있는 설탕의 양은 몇 g일까요?

(   )

18 지혜네 밭에서 생산한 콩의 양에 대한 팥의 양의 비율은 $\dfrac{10}{7}$입니다. 콩의 생산량이 840 kg일 때 팥의 생산량은 몇 kg일까요?

(   )

술술 서술형

19 연필 48자루를 지우와 소진이가 5 : 7로 나누어 가졌습니다. 누가 연필을 몇 자루 더 많이 가졌는지 풀이 과정을 쓰고 답을 구해 보세요.

풀이

답   ,

20 1시간 30분 동안 일정한 빠르기로 180 km를 가는 기차가 있습니다. 이 기차가 350 km를 가는 데 몇 분이 걸리는지 구하려고 합니다. 풀이 과정을 쓰고 답을 구해 보세요.

풀이

답

기출 단원 평가 Level ❷

1 지우개 3개의 값은 600원이고, 지우개 9개의 값은 1800원입니다. 다음은 지우개의 개수와 가격을 비례식으로 나타낸 것입니다. ☐ 안에 알맞은 수를 써넣으세요.

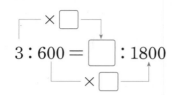

$$3 : 600 = \boxed{} : 1800$$

2 간단한 자연수의 비로 나타내어 보세요.

(1) $2.8 : 8$ ➡ (   )

(2) $5\frac{5}{6} : 7$ ➡ (   )

3 $3 : 7$과 비례식으로 나타낼 수 있는 비를 모두 고르세요. (   )

① $7 : 3$ ② $\frac{1}{3} : \frac{1}{7}$ ③ $1 : 2\frac{1}{3}$

④ $12 : 21$ ⑤ $9 : 21$

4 간단한 자연수의 비로 나타내었을 때 $5 : 2$가 아닌 것을 찾아 기호를 써 보세요.

> ㉠ $1 : 0.4$ ㉡ $\frac{1}{4} : \frac{1}{5}$ ㉢ $25 : 10$

(   )

5 비례식에서 외항의 곱이 120일 때 ㉠에 알맞은 수를 구해 보세요.

> $4 : 5 = ㉠ : ㉡$

(   )

6 비의 성질을 이용하여 ㉠, ㉡에 알맞은 수를 각각 구해 보세요.

> $7 : 4 = ㉠ : 36$ $5 : ㉡ = 35 : 56$

㉠ (   ), ㉡ (   )

7 오른쪽 삼각형의 밑변의 길이와 높이의 비를 간단한 자연수의 비로 나타내어 보세요.

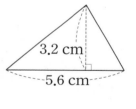

(   )

8 비례식에서 ☐ 안에 들어갈 수가 가장 큰 것을 찾아 기호를 써 보세요.

> ㉠ $2 : 9 = \boxed{} : 63$
>
> ㉡ $150 : 85 = 30 : \boxed{}$
>
> ㉢ $9 : \boxed{} = \frac{2}{7} : 1\frac{5}{9}$

(   )

9 색종이 150장을 주호와 영우에게 3 : 2로 나누어 주려고 합니다. 영우는 몇 장을 가져야 할지 다음과 같이 계산했을 때 잘못 계산한 부분을 찾아 바르게 계산해 보세요.

➡

10 비 $\dfrac{\square}{3} : \dfrac{7}{8}$ 을 간단한 자연수의 비로 나타내면 16 : 21입니다. $\square$ 안에 알맞은 수를 구해 보세요.

( )

11 휘발유 3 L로 24 km를 가는 자동차가 있습니다. 이 자동차에 휘발유 2 L를 넣으면 몇 km를 갈 수 있는지 구해 보세요.

( )

12 같은 일을 하는 데 우영이는 7일, 세미는 6일이 걸렸습니다. 우영이와 세미가 하루에 한 일의 양을 간단한 자연수의 비로 나타내어 보세요.

( )

13 조건에 맞게 비례식을 완성해 보세요.

> 조건
> • 비율은 $\dfrac{2}{5}$ 입니다.
> • 내항의 곱은 40입니다.

$\square$: 20 = $\square$: $\square$

14 하민이는 청동기시대 무덤인 고인돌의 모형을 만들려고 합니다. 모형과 실물의 크기의 비가 1 : 50이 되도록 만들 때 실제 고인돌의 높이가 1.5 m라면 모형의 높이는 몇 cm로 해야 할까요?

( )

15 어머니 생신 선물로 34000원짜리 장갑을 사려고 합니다. 지우와 동생이 $\dfrac{3}{4} : \dfrac{2}{3}$ 로 나누어 돈을 내기로 했다면 지우는 얼마를 내야 할까요?

( )

16 직선 가와 나는 서로 평행합니다. 직사각형과 삼각형의 넓이의 비를 간단한 자연수의 비로 나타내어 보세요.

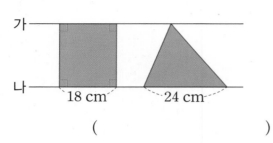

(　　　　　　　　)

17 어느 공장에서 기계의 톱니바퀴들이 맞물려 돌아가고 있습니다. 그중 톱니바퀴 ㉮의 톱니는 42개이고, 톱니바퀴 ㉯의 톱니는 54개입니다. 톱니바퀴 ㉮와 ㉯의 회전수의 비를 간단한 자연수의 비로 나타내어 보세요.

(　　　　　　　　)

18 선우와 태영이가 각각 15시간, 12시간 동안 일을 하여 돈을 받았습니다. 이 돈을 두 사람이 일한 시간의 비로 나누었더니 선우가 받은 돈이 10만 원이었습니다. 두 사람이 받은 돈은 모두 얼마일까요?

(　　　　　　　　)

19 두 직사각형 ㉮와 ㉯가 다음과 같이 겹쳐져 있습니다. 겹쳐진 부분의 넓이는 ㉮의 $\frac{1}{3}$이고, ㉯의 $\frac{2}{5}$입니다. ㉮와 ㉯의 넓이의 비를 간단한 자연수의 비로 나타내려고 합니다. 풀이 과정을 쓰고 답을 구해 보세요.

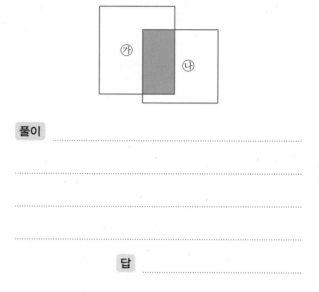

풀이

답

20 가로와 세로의 비가 7 : 5이고 둘레가 72 cm인 직사각형이 있습니다. 이 직사각형의 넓이는 몇 cm²인지 풀이 과정을 쓰고 답을 구해 보세요.

풀이

답

사고력이 반짝

● 왼쪽과 오른쪽의 관계를 보고 빈칸에 알맞은 그림을 넣어 완성해 보세요.

보기

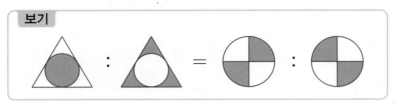

원의 넓이

5

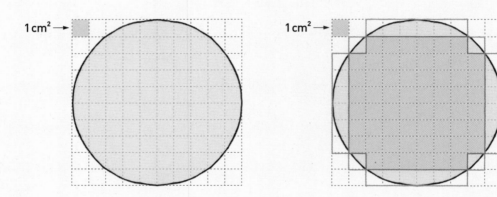

(파란색 모눈의 넓이) < (원의 넓이) < (빨간색 선 안쪽 모눈의 넓이)

원의 지름을 알면 둘레와 넓이를 구할 수 있어!

● 원의 둘레: 원주

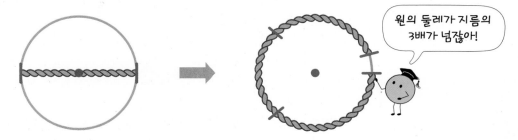

원주율: 원의 지름에 대한 원주의 비율

$$(\text{원주율}) = (\text{원주}) \div (\text{지름}) = \frac{(\text{원주})}{(\text{지름})} \Rightarrow \text{약 } 3.14$$

$$(\text{원주}) = (\text{원주율}) \times (\text{지름})$$

● 원의 넓이

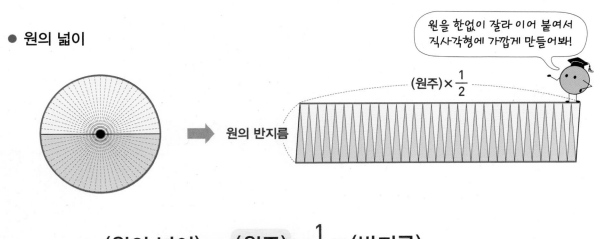

$$(\text{원의 넓이}) = (\text{원주}) \times \frac{1}{2} \times (\text{반지름})$$

$$= (\text{원주율}) \times (\text{지름}) \times \frac{1}{2} \times (\text{반지름})$$

$$= (\text{반지름}) \times (\text{반지름}) \times (\text{원주율})$$

1 원주와 지름의 관계 알아보기

개념 강의

- 원주 : 원의 둘레
  – 원의 지름이 길어지면 원주도 길어집니다.

- **지름과 원주의 길이 비교하기**

(정육각형의 둘레)
= (원의 지름) × 3
➡ (원주) > (정육각형의 둘레)

(정사각형의 둘레)
= (원의 지름) × 4
➡ (원주) < (정사각형의 둘레)

따라서 (원의 지름) × 3 < (원주)이고, (원주) < (원의 지름) × 4입니다.

원주
원의 지름
원의 반지름
원의 중심

⊕ **보충 개념**

원을 한 바퀴 굴렸을 때 굴러간 거리는 원주와 같습니다.

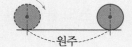

원주

---

1 원에 지름과 원주를 표시해 보세요.

원의 지름은 원의 중심을 지나는 가장 긴 선분이고, 원주는 원의 둘레입니다.

2 한 변의 길이가 2 cm인 정육각형, 지름이 4 cm인 원, 한 변의 길이가 4 cm인 정사각형을 보고 물음에 답하세요.

2 cm
4 cm

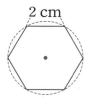
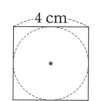

(1) 정육각형의 둘레를 구하고 원의 지름의 몇 배인지 써 보세요.

(   ), (   )

(2) 정사각형의 둘레를 구하고 원의 지름의 몇 배인지 써 보세요.

(   ), (   )

(3) ☐ 안에 알맞은 수를 써넣으세요.

(원의 지름) × ☐ < (원주)

(원주) < (원의 지름) × ☐

❓ **원의 지름과 원주 사이에는 어떤 관계가 있나요?**

지름이 길어지면 원주도 길어지고, 원주가 길어지면 지름도 길어집니다.

2 원주율 알아보기

● 원주와 지름의 관계

원	원주(cm)	지름(cm)	(원주)÷(지름)
가	6.28	2	3.14
나	12.56	4	3.14
다	31.4	10	3.14

— 원의 크기에 상관없이 원주와 지름의 관계는 변하지 않습니다.

— 원주는 지름의 약 3배입니다.

● 원주율 : 원의 지름에 대한 원주의 비율

$$(원주율) = (원주) ÷ (지름)$$

— 원주율을 소수로 나타내면 3.1415926535897932⋯와 같이 끝없이 이어집니다. 따라서 필요에 따라 3, 3.1, 3.14 등으로 어림하여 사용하기도 합니다.

보충 개념

• 원주와 지름을 측정하는 방법

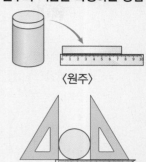

〈원주〉

〈지름〉

---

3 원에 대해 바르게 말한 사람을 찾아 이름을 써 보세요.

> 주은 : 원주는 반지름의 약 3배입니다.
> 영민 : 지름은 원을 지나는 선분 중 가장 짧은 선분입니다.
> 선우 : 원주율은 원주를 지름으로 나눈 값입니다.

(   )

4 접시의 원주와 지름을 재어 보았습니다. 물음에 답하세요.

원주 : 18.85 cm

지름 : 6 cm

(1) (원주)÷(지름)을 반올림하여 주어진 자리까지 나타내어 보세요.

반올림하여 소수 첫째 자리까지	반올림하여 소수 둘째 자리까지

(2) 원주율을 어림하여 사용하는 이유를 써 보세요.

? **원주율로 왜 3.14를 사용하게 되었나요?**

수가 너무 길어지면 계산할 때 시간이 많이 걸리므로 최대한 차이를 줄이면서 짧은 수를 생각하다가 소수 셋째 자리 수 1을 반올림하기로 한 것입니다. 이 수로 계산을 해도 99 % 이상 정확한 값을 얻을 수 있기 때문입니다.

3 원주와 지름 구하기

● **지름을 알 때 원주율을 이용하여 원주 구하기**

$$(원주율) = (원주) \div (지름) \rightarrow (원주) = (지름) \times (원주율)$$
$$= (반지름) \times 2 \times (원주율)$$

— 지름이 10 cm인 원의 원주 구하기 (원주율 : 3)

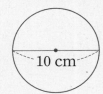

$$(원주) = (지름) \times (원주율)$$
$$= 10 \times 3$$
$$= 30 (cm)$$

● **원주를 알 때 원주율을 이용하여 지름 구하기**

$$(원주율) = (원주) \div (지름) \rightarrow (지름) = (원주) \div (원주율)$$

— 원주가 12.56 cm인 원의 지름 구하기 (원주율 : 3.14)

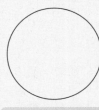

$$(지름) = (원주) \div (원주율)$$
$$= 12.56 \div 3.14$$
$$= 4 (cm)$$

원주 : 12.56 cm

• 원주율을 이용하여 반지름 구하기

$$(반지름)$$
$$= (지름) \div 2$$
$$= (원주) \div (원주율) \div 2$$

---

5 원주를 구하려고 합니다. ☐ 안에 알맞은 수를 써넣으세요. (원주율 : 3.1)

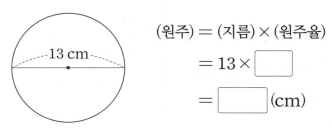

$$(원주) = (지름) \times (원주율)$$
$$= 13 \times \boxed{}$$
$$= \boxed{} (cm)$$

6 원주가 다음과 같을 때 ☐ 안에 알맞은 수나 말을 써넣으세요.

(원주율 : 3.1)

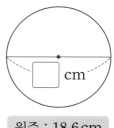

$$(원주) \div (지름) = (원주율)$$
$$\rightarrow (지름) = (\boxed{}) \div (\boxed{})$$
$$= \boxed{} \div \boxed{} = \boxed{} (cm)$$

원주 : 18.6 cm

4 원의 넓이 어림하기

● 다각형으로 원의 넓이 어림하기

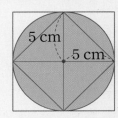 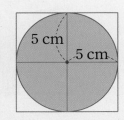

(원 안의 정사각형의 넓이)<(원의 넓이)<(원 밖의 정사각형의 넓이)

마름모 ← $(10 \times 10 \div 2) \, \text{cm}^2 <$ (원의 넓이) $< (10 \times 10) \, \text{cm}^2$

➔ $50 \, \text{cm}^2 <$ (원의 넓이) $< 100 \, \text{cm}^2$

● 모눈종이를 이용하여 원의 넓이 어림하기

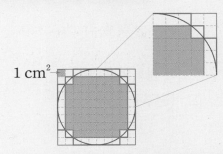

$1 \, \text{cm}^2$

(주황색 모눈의 수)<(원의 넓이)<(초록색 선 안쪽 모눈의 수)

$\underline{60개} <$ (원의 넓이) $< \underline{88개}$

$(15 \times 4)개$ ← ➔ $(22 \times 4)개$

➔ $60 \, \text{cm}^2 <$ (원의 넓이) $< 88 \, \text{cm}^2$

보충 개념

원의 넓이는 원 안에 그릴 수 있는 가장 큰 정사각형의 넓이보다 크고, 원 밖에 그릴 수 있는 가장 작은 정사각형의 넓이보다 작습니다.

원을 4등분하여 모눈의 수를 세면 더 쉽게 구할 수 있습니다.

---

7 반지름이 6 cm인 원의 넓이는 얼마인지 어림해 보려고 합니다. ☐ 안에 알맞은 수를 써넣으세요.

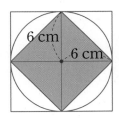 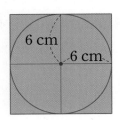

(원 안의 정사각형의 넓이)

= ☐ × ☐ ÷ 2

= ☐ (cm^2)

(원 밖의 정사각형의 넓이)

= ☐ × ☐

= ☐ (cm^2)

☐ $\text{cm}^2 <$ (원의 넓이) $<$ ☐ cm^2

▶ 정사각형은 마름모이므로 넓이를 구할 때
(한 대각선의 길이) × (다른 대각선의 길이) ÷ 2를 계산하면 됩니다.

❓ 원의 넓이는 얼마로 어림하는 것이 좋을까요?

원의 넓이는 원 안의 다각형의 넓이와 원 밖의 다각형의 넓이 사이의 값으로 어림할 수 있습니다.

5 원의 넓이 구하는 방법 알아보기

원을 한없이 잘게 잘라 이어 붙이면 점점 직사각형에 가까워지는 도형이 됩니다.

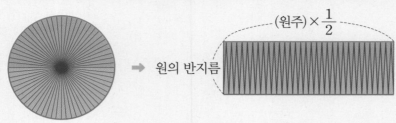

(원의 넓이) = (원주) × $\frac{1}{2}$ × (반지름)

$\qquad$ = (원주율) × (지름) × $\frac{1}{2}$ × (반지름)

$\qquad$ = (반지름) × (반지름) × (원주율)

➕ 보충 개념

• (원의 넓이)
= (반지름) × (반지름) × (원주율)
➡ (반지름) × (반지름)
= (원의 넓이) ÷ (원주율)

8 원을 한없이 잘게 잘라 이어 붙여 직사각형 모양으로 만들었습니다. ☐ 안에 알맞은 수를 써넣고, 원의 넓이를 구해 보세요. (원주율 : 3)

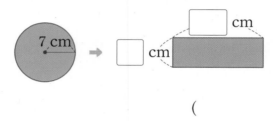

($\qquad$)

▶ 원의 넓이는 직사각형의 넓이를 구하는 방법으로 구할 수 있습니다.

9 원의 지름을 이용하여 원의 넓이를 구해 보세요. (원주율 : 3.14)

지름(cm)	반지름(cm)	원의 넓이 구하는 식	원의 넓이(cm^2)
10			
18			

10 원의 넓이를 구해 보세요. (원주율 : 3.1)

(1)
(2)

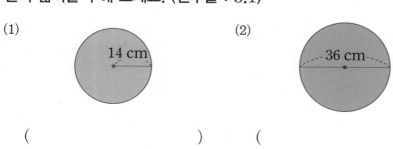

($\qquad$) ($\qquad$)

6 여러 가지 원의 넓이 구하기

● 색칠한 부분의 넓이 구하기 (원주율 : 3.14)

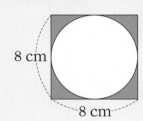

(색칠한 부분의 넓이)
= (정사각형의 넓이) − (원의 넓이)
= $8 \times 8 - 4 \times 4 \times 3.14$
= $64 - 50.24$
= $13.76 (cm^2)$

⊕ 보충 개념

• 원의 넓이 비교하기

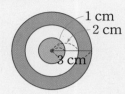

반지름이 2배, 3배, ...로 늘어나면 원의 넓이는 4배, 9배, ...로 늘어납니다.

---

11 색칠한 부분의 넓이를 구하려고 합니다. 물음에 답하세요. (원주율 : 3.1)

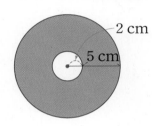

(1) 큰 원의 넓이는 몇 cm^2일까요?

(   )

(2) 작은 원의 넓이는 몇 cm^2일까요?

(   )

(3) 색칠한 부분의 넓이는 몇 cm^2일까요?

(   )

▶ 원의 넓이를 구하려면 반지름을 알아야 합니다.

---

12 색칠한 부분의 넓이를 구해 보세요. (원주율 : 3.14)

(1)

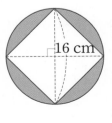

(2)

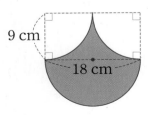

(   )   (   )

기본에서 응용으로

1 원주와 지름의 관계

- 원주 : 원의 둘레

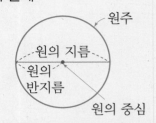

- 원의 지름이 길어지면 원주도 길어집니다.
- 원주는 원의 지름의 3배보다 길고, 원의 지름의 4배보다 짧습니다.

1 원에 대한 설명이 맞으면 ○표, 틀리면 ×표 하세요.

(1) 원의 둘레를 원주라고 합니다.
( )

(2) 원주와 지름의 길이는 같습니다.
( )

(3) 작은 원일수록 원주가 깁니다.
( )

2 지름이 2 cm인 원의 원주와 가장 비슷한 길이를 찾아 기호를 써 보세요.

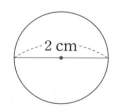

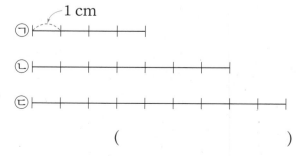

( )

3 원주가 가장 긴 원을 찾아 기호를 써 보세요.

┌─────────────────────┐
│ ㉠ 지름이 10 cm인 원 │
│ ㉡ 반지름이 4 cm인 원 │
│ ㉢ 반지름이 6 cm인 원 │
└─────────────────────┘

( )

2 원주율

- 원주율 : 원의 지름에 대한 원주의 비율

$$(원주율) = (원주) \div (지름)$$

- 원주율을 소수로 나타내면 3.1415926535897932…와 같이 끝없이 이어집니다. 따라서 필요에 따라 3, 3.1, 3.14 등으로 어림하여 사용하기도 합니다.

4 그림에 대한 설명으로 맞으면 ○표, 틀리면 ×표 하세요.

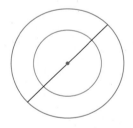

(1) 초록색 원의 원주율은 빨간색 원의 원주율보다 큽니다. ( )

(2) 초록색 원의 원주는 검은색 선분의 길이의 약 3배입니다. ( )

5 빈칸에 알맞은 수를 써넣으세요.

원주(cm)	지름(cm)	(원주)÷(지름)
28.26	9	
47.1	15	

6 원주율에 대해 잘못 말한 사람은 누구일까요?

연우: 원의 지름이 길어질수록 원주율도 커져.

재원: 아니야. 원주율은 원의 크기에 상관없이 일정해.

( )

7 병뚜껑을 일직선으로 한 바퀴 굴린 것입니다. 병뚜껑의 원주는 지름의 몇 배일까요?

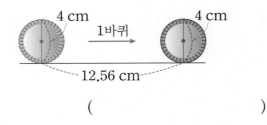

4 cm   1바퀴   4 cm
12.56 cm

( )

8 지원이는 지름이 28 cm인 쟁반의 둘레를 재어 보니 87.96 cm였습니다. 쟁반의 둘레는 지름의 몇 배인지 반올림하여 소수 둘째 자리까지 나타내어 보세요.

( )

9 크기가 다른 원이 있습니다. 각 원의 (원주)÷(지름)을 비교하여 ○ 안에 >, =, <를 알맞게 써넣으세요.

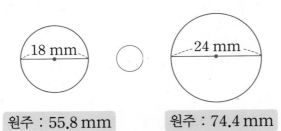

18 mm   ○   24 mm

원주 : 55.8 mm   원주 : 74.4 mm

---

3 원주와 지름 구하기

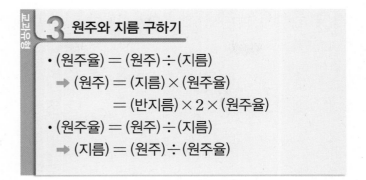

• (원주율) = (원주)÷(지름)
  ➡ (원주) = (지름)×(원주율)
         = (반지름)×2×(원주율)
• (원주율) = (원주)÷(지름)
  ➡ (지름) = (원주)÷(원주율)

10 원주를 구해 보세요. (원주율 : 3.14)

(1)

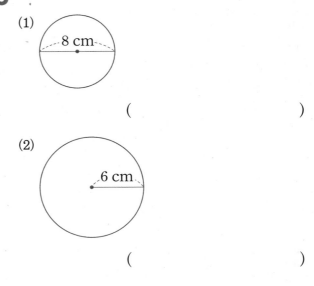

8 cm

( )

(2)

6 cm

( )

11 지름과 원주의 관계를 이용하여 표를 완성해 보세요.

원주율	지름(cm)	원주(cm)
3		21
3.14	11	

12 원주가 62.8 cm인 원 모양의 쟁반이 있습니다. 이 쟁반의 지름과 반지름을 각각 구해 보세요. (원주율 : 3.14)

지름 ( )
반지름 ( )

13 큰 원의 원주를 구해 보세요. (원주율 : 3.1)

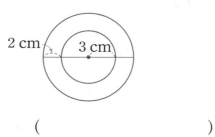

(   )

14 더 큰 원을 찾아 기호를 써 보세요.

(원주율 : 3.1)

> ㉠ 원주가 186 cm인 원
> ㉡ 지름이 50 cm인 원

(   )

15 길이가 93 cm인 종이 띠를 겹치지 않게 남김 없이 이어 붙여서 원을 만들었습니다. 만들어진 원의 지름을 구해 보세요. (원주율 : 3.1)

(   )

서술형
16 끈으로 반지름이 70 cm인 원 한 개를 만들려고 합니다. 필요한 끈은 적어도 몇 cm인지 풀이 과정을 쓰고 답을 구해 보세요.

(원주율 : 3.1)

풀이

_____

_____

_____

_____

답 _____

17 작은 원의 원주는 49.6 cm 입니다. 두 원의 반지름의 합을 구해 보세요.

(원주율 : 3.1)

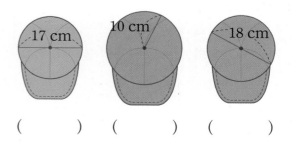

(   )

18 호재는 모자를 사러 갔습니다. 호재의 머리 둘레가 약 53 cm일 때 호재의 머리가 들어갈 수 있는 모자에 모두 ○표 하세요. (원주율 : 3)

(   )   (   )   (   )

---

4 원의 넓이 어림하기

① 원 안에 그릴 수 있는 가장 큰 정사각형의 넓이 구하기
② 원 밖에 그릴 수 있는 가장 작은 정사각형의 넓이 구하기
③ ①과 ② 사이의 값으로 원의 넓이 어림하기

---

19 반지름이 9 cm인 원의 넓이를 어림하려고 합니다. □ 안에 알맞은 수를 써넣으세요.

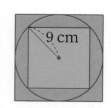

> 원의 넓이는 원 안의 정사각형의 넓이
> ☐ cm²보다 크고, 원 밖의 정사각형의 넓이 ☐ cm²보다 작습니다.
> → ☐ cm² < (원의 넓이)
> < ☐ cm²

20 ☐ 안에 알맞은 수를 써넣으세요.

(1)

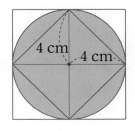

☐ cm² < (원의 넓이) < ☐ cm²

(2)

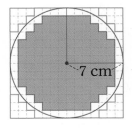

☐ cm² < (원의 넓이) < ☐ cm²

21 정육각형의 넓이를 이용하여 원의 넓이를 어림하려고 합니다. 물음에 답하세요.

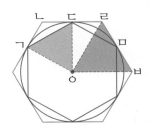

(1) 삼각형 ㄱㅇㄷ의 넓이가 42 cm²이면 원 안의 정육각형의 넓이는 몇 cm²일까요?

( )

(2) 삼각형 ㄹㅇㅂ의 넓이가 56 cm²이면 원 밖의 정육각형의 넓이는 몇 cm²일까요?

( )

(3) 원의 넓이는 몇 cm²라고 어림할 수 있나요?

( )

5 원의 넓이 구하는 방법

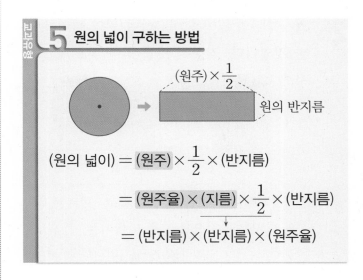

(원의 넓이) = (원주) × $\frac{1}{2}$ × (반지름)

= (원주율) × (지름) × $\frac{1}{2}$ × (반지름)

= (반지름) × (반지름) × (원주율)

22 원의 넓이를 구해 보세요. (원주율 : 3.14)

( )

23 그림과 같이 컴퍼스를 벌려 원을 그렸습니다. 그린 원의 넓이를 구해 보세요. (원주율 : 3.1)

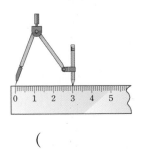

( )

24 정사각형과 원의 넓이의 차를 구해 보세요.

(원주율 : 3.14)

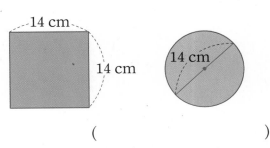

( )

25 직사각형의 넓이를 이용하여 원의 넓이를 구한 것입니다. 잘못된 곳을 찾아 바르게 고쳐 보세요. (원주율 : 3)

> 직사각형의 가로는 원주와 같고, 세로는 원의 반지름과 같으므로 원의 넓이는
> $5 \times 2 \times 3 \times 5 = 150 \, (\mathrm{cm}^2)$입니다.

바르게 고치기

----

26 반원의 넓이를 구해 보세요. (원주율 : 3.1)
┌── 원을 반으로 자른 도형

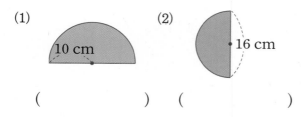

(1) 10 cm

(2) 16 cm

(   ) (   )

27 다음과 같이 원 안에 대각선의 길이가 28 cm인 정사각형을 그렸습니다. 원의 넓이는 몇 cm^2일까요? (원주율 : 3)

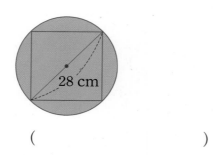

28 cm

(   )

28 민주는 엄마와 함께 팬 케이크를 만들려고 합니다. 원 모양의 프라이팬의 내부 바닥면의 크기가 다음과 같을 때 어떤 프라이팬을 사용해야 가장 큰 팬 케이크를 만들 수 있는지 기호를 써 보세요. (원주율 : 3.1)

> ㉠ 반지름이 6 cm인 프라이팬
> ㉡ 지름이 14 cm인 프라이팬
> ㉢ 원주가 55.8 cm인 프라이팬
> ㉣ 넓이가 310 cm^2인 프라이팬

(   )

29 다음과 같은 직사각형 안에 그릴 수 있는 가장 큰 원의 넓이는 몇 cm^2일까요?

(원주율 : 3.14)

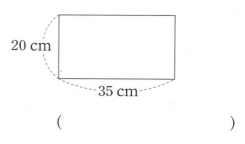

20 cm

35 cm

(   )

30 원의 넓이가 147 cm^2일 때 ☐ 안에 알맞은 수를 써넣으세요. (원주율 : 3)

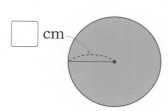

☐ cm

31 소고는 타악기의 하나로 손잡이가 달린 작은 북입니다. 소고의 한쪽 원 모양의 면의 둘레가 69.08 cm일 때 한 면의 넓이는 몇 cm² 일까요? (원주율 : 3.14)

(   )

6 여러 가지 원의 넓이

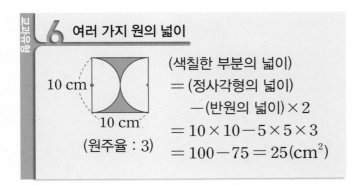

(색칠한 부분의 넓이)
= (정사각형의 넓이)
  − (반원의 넓이)×2
= 10×10−5×5×3
= 100−75 = 25(cm²)

(원주율 : 3)

32 원 나의 반지름은 원 가의 반지름의 3배입니다. 원 나의 넓이는 원 가의 넓이의 몇 배인지 구해 보세요. (원주율 : 3)

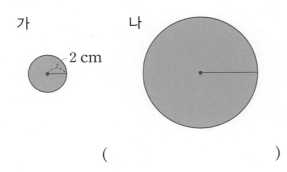

가   나

(   )

33 색칠한 부분의 넓이를 구해 보세요. (원주율 : 3.1)

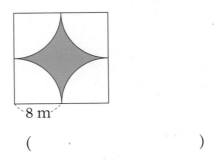

(   )

34 색칠한 부분의 넓이를 구해 보세요. (원주율 : 3)

(1)
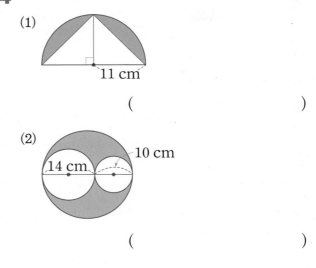

(   )

(2)

(   )

35 다음과 같은 모양의 운동장의 넓이를 구해 보세요. (원주율 : 3.14)

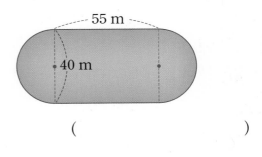

(   )

36 태극 문양에서 빨간색 부분의 넓이를 구해 보세요. (원주율 : 3)

(   )

원이 굴러간 거리로 원의 회전수 구하기

원이 ■바퀴 굴러간 거리는 원주의 ■배와 같습니다.

(원주율 : 3.14)

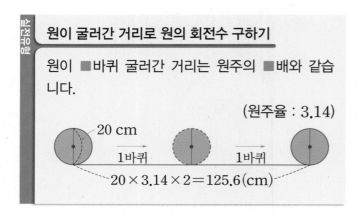

$$20 \times 3.14 \times 2 = 125.6 \, (cm)$$

37 민아는 집에서 도서관까지의 거리를 알아보기 위해 반지름이 0.2 m인 굴렁쇠를 굴렸더니 300바퀴가 굴러갔습니다. 집에서 도서관까지의 거리는 몇 m일까요? (원주율 : 3.1)

( )

38 반지름이 50 cm인 훌라후프를 몇 바퀴 굴렸더니 앞으로 15 m만큼 굴러갔습니다. 훌라후프를 몇 바퀴 굴린 것일까요? (원주율 : 3)

( )

39 수현이는 바퀴의 지름이 25 cm인 외발자전거를 타고 4 m 65 cm를 달렸습니다. 외발자전거의 바퀴는 몇 바퀴 굴러간 것일까요?

(원주율 : 3.1)

( )

색칠한 부분의 둘레 구하기

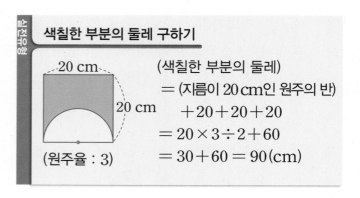

(색칠한 부분의 둘레)
= (지름이 20 cm인 원주의 반)
  +20+20+20
= 20 × 3 ÷ 2 + 60
= 30 + 60 = 90 (cm)

(원주율 : 3)

40 색칠한 부분의 둘레를 구해 보세요. (원주율 : 3)

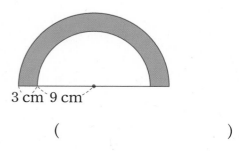

( )

41 색칠한 부분의 둘레를 구해 보세요. (원주율 : 3)

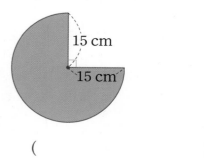

( )

42 두 도형에서 색칠한 부분의 둘레의 차를 구해 보세요. (원주율 : 3)

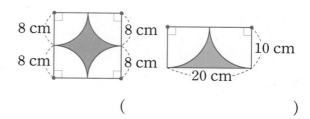

( )

원의 일부분의 넓이와 둘레 구하기

심화유형 **1**

오른쪽은 왼쪽 원의 일부분입니다. 오른쪽 도형의 넓이를 구해 보세요. (원주율 : 3.14)

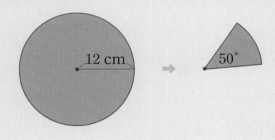

(   )

● 핵심 **NOTE**   원의 일부분의 넓이가 원의 넓이의 몇 분의 몇인지 알아봅니다.

1-1   오른쪽은 왼쪽 원의 일부분입니다. 오른쪽 도형의 넓이를 구해 보세요. (원주율 : 3.14)

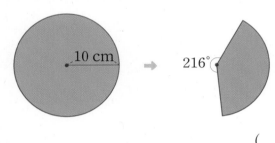

(   )

1-2   오른쪽은 왼쪽 원의 일부분입니다. 오른쪽 도형의 둘레를 구해 보세요. (원주율 : 3.1)

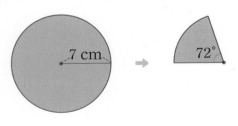

(   )

2 여러 가지 원에서 색칠한 부분의 둘레 구하기

오른쪽 정사각형에서 색칠한 부분의 둘레는 몇 cm일까요?

(원주율 : 3.1)

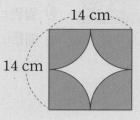

(   )

● 핵심 NOTE   색칠한 부분의 둘레에 있는 선분 또는 곡선 부분의 길이를 합한 것은 어떤 도형의 둘레와 같은지

알아봅니다.

┌ (색칠한 부분을 둘러싸고 있는 곡선 부분의 길이의 합) = (지름이 14 cm인 원의 원주)
└ (색칠한 부분을 둘러싸고 있는 선분의 길이의 합) = (정사각형의 둘레)

2-1

오른쪽 정사각형에서 색칠한 부분의 둘레는 몇 cm일까요?

(원주율 : 3.1)

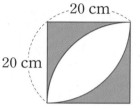

(   )

2-2

오른쪽 도형에서 색칠한 부분의 둘레는 몇 cm일까요? (원주율 : 3)

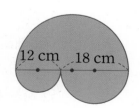

(   )

심화유형 **3** 둥근 통을 묶는 데 사용한 끈의 길이 구하기

한 밑면의 넓이가 254.34 cm²인 둥근 통 2개를 다음과 같이 끈으로 묶었습니다. 끈을 묶는 매듭의 길이는 생각하지 않을 때 사용한 끈의 길이는 몇 cm일까요? (원주율 : 3.14)

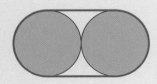

( )

● **핵심 NOTE** (사용한 끈의 길이) = (곡선 부분의 길이의 합) + (선분의 길이의 합)
= (원 한 개의 원주) + (선분의 길이의 합)

3-1 한 밑면의 넓이가 363 cm²인 둥근 통 2개를 다음과 같이 끈으로 묶었습니다. 끈을 묶는 매듭의 길이는 생각하지 않을 때 사용한 끈의 길이는 몇 cm일까요? (원주율 : 3)

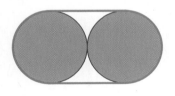

( )

3-2 마트에서 캔 뚜껑의 넓이가 77.5 cm²인 통조림 캔 4개를 오른쪽 그림과 같이 테이프로 묶어 팔고 있습니다. 테이프를 겹쳐지지 않게 붙였다면 사용한 테이프의 길이는 몇 cm일까요? (원주율 : 3.1)

( )

과녁의 넓이 구하기

양궁은 일정한 거리에 떨어져 있는 과녁을 향해 화살을 쏘아 맞힌 결과로 승패를 겨루는 경기입니다. 양궁의 과녁은 중심이 같으면서 크기가 다른 5개 또는 10개의 원으로 되어 있고 원의 중심에서 벗어날수록 점수가 적어집니다. 오른쪽 과녁판에서 10점짜리 원의 지름이 8 cm이고, 각 원의 반지름은 안에 있는 원의 반지름보다 4 cm씩 더 길다고 할 때 화살을 한 번 쏘아 9점 이상을 받을 수 있는 부분의 넓이를 구해 보세요. (원주율 : 3.14)

1단계 9점 이상을 받을 수 있는 부분의 원의 반지름 구하기

....

2단계 9점 이상을 받을 수 있는 부분의 넓이 구하기

....

(　　　　　　　　　)

● 핵심 NOTE

1단계 9점 이상을 받을 수 있는 부분은 9점이거나 9점보다 높은 점수를 맞힐 수 있는 부분이므로 두 번째로 작은 원의 반지름을 구합니다.

2단계 9점 이상을 받을 수 있는 부분의 원의 반지름을 이용하여 넓이를 구합니다.

4-1 지영이네 학교 운동회에서 콩 주머니로 오른쪽 과녁을 맞히는 게임을 하였습니다. 가장 작은 원의 지름은 6 cm이고, 각 원의 반지름은 안에 있는 원의 반지름보다 5 cm씩 더 길다고 할 때 콩 주머니를 한 번 던져 6점 이상을 받을 수 있는 부분의 넓이는 몇 cm^2일까요?

(원주율 : 3.1)

(　　　　　　　　　)

기출 단원 평가 Level ❶

1 원주와 지름의 관계를 나타낸 표입니다. 빈칸에 알맞은 수를 써넣으세요.

원주(cm)	지름(cm)	원주율
18.84	6	
47.1	15	

2 원주를 구해 보세요. (원주율 : 3.14)

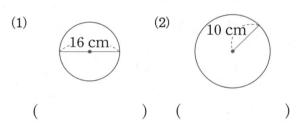

(1)
16 cm

(2)
10 cm

( ) ( )

3 원의 지름을 구해 보세요. (원주율 : 3.14)

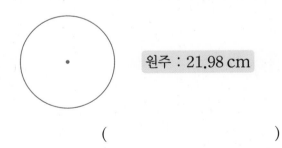

원주 : 21.98 cm

( )

4 원을 한없이 잘게 잘라 이어 붙여 직사각형 모양으로 만들었습니다. ☐ 안에 알맞은 수를 써넣으세요. (원주율 : 3.1)

8 cm → ☐ cm

($\boxed{} \times 3.1 \times \frac{1}{2}$) cm

5 반지름이 12 cm인 원의 넓이를 어림하려고 합니다. ☐ 안에 알맞은 수를 써넣으세요.

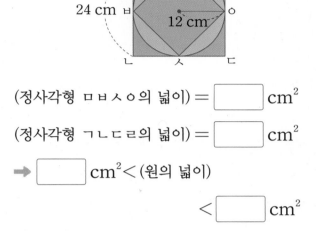

24 cm
12 cm

(정사각형 ㅁㅂㅅㅇ의 넓이) = ☐ cm²

(정사각형 ㄱㄴㄷㄹ의 넓이) = ☐ cm²

➡ ☐ cm² < (원의 넓이)

< ☐ cm²

6 원의 넓이를 구해 보세요. (원주율 : 3)

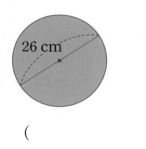

26 cm

( )

7 두 원의 원주의 차를 구해 보세요. (원주율 : 3.1)

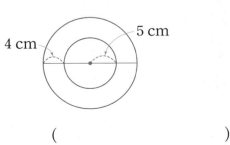

4 cm
5 cm

( )

8 더 큰 원을 찾아 기호를 써 보세요.

(원주율 : 3.14)

> ㉠ 지름이 45 cm인 원
> ㉡ 원주가 157 cm인 원

(   )

9 도형의 둘레를 구해 보세요. (원주율 : 3.1)

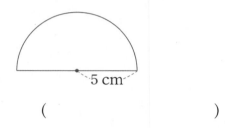

            5 cm

(   )

10 길이가 81.64 cm인 끈을 남김없이 사용하여 가장 큰 원을 만들었습니다. 만든 원의 반지름은 몇 cm일까요? (원주율 : 3.14)

(   )

11 반원의 넓이를 구해 보세요. (원주율 : 3.14)

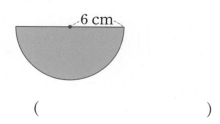

         6 cm

(   )

12 원주가 큰 원부터 차례로 기호를 써 보세요.

(원주율 : 3.14)

> ㉠ 반지름이 7 cm인 원
> ㉡ 지름이 13 cm인 원
> ㉢ 원주가 53.38 cm인 원

(   )

13 그림과 같은 정사각형 안에 그릴 수 있는 가장 큰 원의 넓이를 구해 보세요. (원주율 : 3)

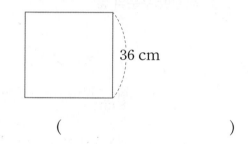

           36 cm

(   )

14 반지름이 30 cm인 원의 둘레에 5 cm 간격으로 점을 찍으려고 합니다. 모두 몇 개의 점을 찍을 수 있는지 구해 보세요. (원주율 : 3)

(   )

15 반지름이 35 cm인 원 모양의 바퀴 자를 사용하여 집에서 학교까지의 거리를 재었더니 바퀴가 120바퀴 돌았습니다. 집에서 학교까지의 거리는 몇 m인지 구해 보세요. (원주율 : 3.14)

(   )

16 작은 원 한 개의 원주가 31.4 cm일 때 큰 원의 원주를 구해 보세요. (원주율 : 3.14)

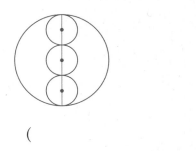

(   )

17 색칠한 부분의 넓이를 구해 보세요. (원주율 : 3)

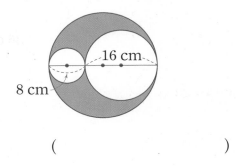

(   )

18 노란색 원의 원주는 55.8 cm입니다. 반지름이 5 cm씩 늘어나도록 원을 그려 과녁판을 만들었을 때 파란색 부분의 넓이를 구해 보세요.

(원주율 : 3.1)

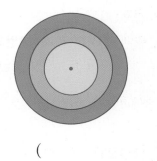

(   )

19 큰 바퀴의 원주는 47.1 cm이고, 큰 바퀴의 지름은 작은 바퀴의 지름의 3배입니다. 작은 바퀴의 원주는 몇 cm인지 풀이 과정을 쓰고 답을 구해 보세요. (원주율 : 3.14)

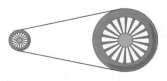

풀이 ....

....

....

....

답 ....

20 정사각형 모양 피자와 원 모양 피자의 가격이 같다면 어느 피자를 선택해야 더 이득이 되는지 넓이를 이용하여 구하려고 합니다. 풀이 과정을 쓰고 답을 구해 보세요. (원주율 : 3.14)

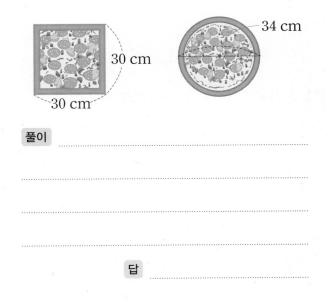

풀이 ....

....

....

....

답 ....

기출 단원 평가 Level ❷

점수 _____

확인 _____

1 원주와 원주율에 대한 설명으로 틀린 것을 모두 고르세요. (　　　)

① 원의 둘레를 원주라고 합니다.
② 원이 커지면 원주율도 커집니다.
③ (원주) = (지름) × (원주율)입니다.
④ 원주는 지름의 약 3~4배입니다.
⑤ 원주율은 원주에 대한 원의 지름의 비율입니다.

2 굴렁쇠가 한 바퀴 굴러간 모습입니다. 굴렁쇠의 지름을 구해 보세요. (원주율 : 3.1)

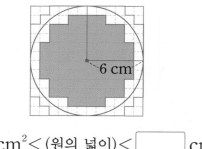

-------204.6 cm-------

(　　　　　　　)

3 반지름이 6 cm인 원의 넓이를 어림하려고 합니다. ☐ 안에 알맞은 수를 써넣으세요.

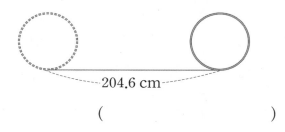

6 cm

☐ cm² < (원의 넓이) < ☐ cm²

4 원을 한없이 잘게 잘라 이어 붙여 직사각형 모양으로 만들었습니다. 원의 넓이를 구해 보세요.

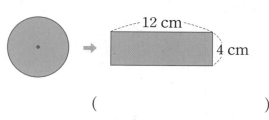

12 cm

4 cm

(　　　　　　　)

5 두 원의 지름의 차를 구해 보세요. (원주율 : 3)

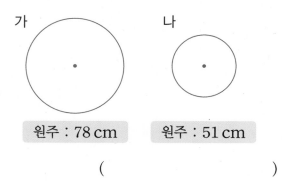

가　　　　　나

원주 : 78 cm　　　원주 : 51 cm

(　　　　　　　)

6 지호는 컴퍼스를 11 cm만큼 벌려서 원을 그렸습니다. 지호가 그린 원의 원주를 구해 보세요. (원주율 : 3.1)

(　　　　　　　)

7 직사각형과 원의 넓이의 합을 구해 보세요.
(원주율 : 3.1)

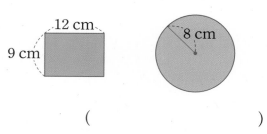

12 cm

9 cm

8 cm

(　　　　　　　)

8 가장 큰 원의 기호를 쓰고, 넓이를 구해 보세요. (원주율 : 3.1)

　㉠ 지름이 16 cm인 원
　㉡ 원주가 52.7 cm인 원
　㉢ 반지름이 9 cm인 원

(　　　　　　), (　　　　　　)

9 원주가 66 cm인 원 모양의 접시가 있습니다. 이 접시의 넓이를 구해 보세요. (원주율 : 3)

(   )

10 작은 원의 원주는 43.96 cm입니다. 두 원의 반지름의 차를 구해 보세요. (원주율 : 3.14)

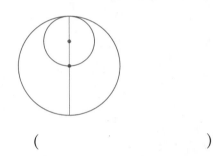

(   )

11 원 가는 반지름이 5 cm이고, 원 나는 반지름이 20 cm입니다. 원 나의 원주와 원의 넓이는 원 가의 원주와 원의 넓이의 각각 몇 배인지 구해 보세요. (원주율 : 3.1)

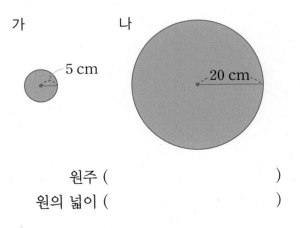

원주 (   )

원의 넓이 (   )

12 원의 넓이가 다음과 같을 때 □ 안에 알맞은 수를 써넣으세요. (원주율 : 3)

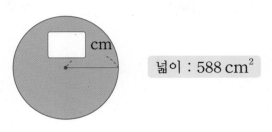

넓이 : 588 cm²

13 원주가 74.4 cm인 피자를 밑면이 정사각형 모양인 직육면체 모양의 상자에 담으려고 합니다. 상자의 밑면의 한 변의 길이는 적어도 몇 cm이어야 하는지 구해 보세요. (원주율 : 3.1)

(   )

14 지구의 반지름은 약 6400 km입니다. 지상에서 1000 km 떨어진 인공위성이 원궤도로 공전한다고 할 때 인공위성이 한 바퀴 돈 거리를 구해 보세요. (원주율 : 3.1)

(   )

15 색칠한 부분의 둘레를 구해 보세요.

(원주율 : 3.1)

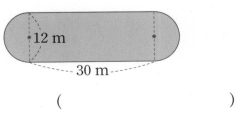

(   )

16 색칠한 부분의 넓이를 구해 보세요.

(원주율 : 3.1)

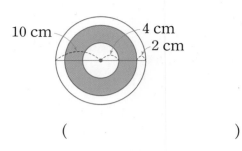

(   )

17 직사각형에서 색칠한 부분의 둘레를 구해 보세요.

(원주율 : 3.14)

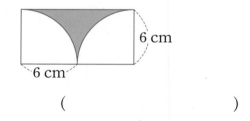

(   )

18 한 밑면의 넓이가 198.4 cm²인 둥근 통 3개를 다음과 같이 끈으로 묶었습니다. 끈을 묶은 매듭의 길이는 생각하지 않을 때 사용한 끈의 길이는 몇 cm일까요?

(원주율 : 3.1)

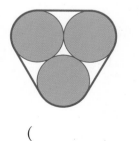

(   )

19 주영이는 반지름이 28 cm인 굴렁쇠를 거리가 672 cm인 길을 따라 처음부터 끝까지 굴리려고 합니다. 굴렁쇠는 모두 몇 바퀴 굴러가게 되는지 풀이 과정을 쓰고 답을 구해 보세요. (원주율 : 3)

풀이 _____

_____

_____

_____

답 _____

20 꽃밭의 넓이는 몇 m²인지 풀이 과정을 쓰고 답을 구해 보세요. (원주율 : 3.1)

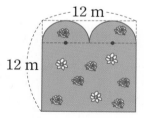

풀이 _____

_____

_____

_____

답 _____

사고력이 반짝

● 규칙에 맞게 빈칸에 알맞은 그림을 그려 넣어 보세요.

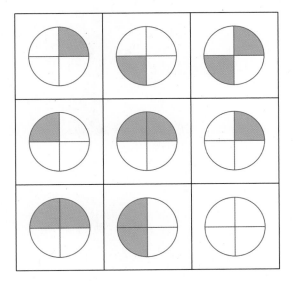

*최상위 사고력 2A 147쪽을 활용하였습니다.

원기둥, 원뿔, 구

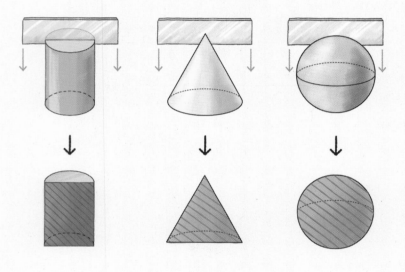

원기둥, 원뿔, 구

직사각형, 직각삼각형, 반원을 돌려!

	원기둥	원뿔	구
	밑면 / 직사각형 / 높이 / 옆면	원뿔의 꼭짓점 / 직각삼각형 / 높이 / 옆면 / 모선 / 밑면	반원 / 구의 중심 / 구의 반지름
위에서 본 모양			
앞에서 본 모양			
옆에서 본 모양			

1 원기둥 알아보기

개념 강의

● 원기둥 : 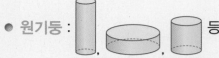 등과 같은 입체도형

→ 위와 아래에 있는 면이 서로 평행하고 합동인 원으로 이루어진 입체도형

● **원기둥의 구성 요소**
  - **밑면** : 서로 평행하고 합동인 두 면
  - **옆면** : 두 밑면과 만나는 굽은 면 ← 굴리면 일직선으로 잘 굴러갑니다.
  - **높이** : 두 밑면에 수직인 선분의 길이

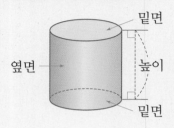
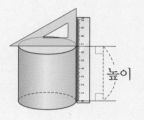

밑면

옆면

높이

밑면

높이

➕ 보충 개념

• **원기둥 이해하기**

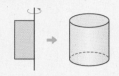

직사각형 모양의 종이를 한 변을 기준으로 돌리면 원기둥이 만들어집니다.

• **위와 앞에서 본 모양**

┌ 위에서 본 모양 : 원
└ 앞에서 본 모양 : 직사각형

---

1 원기둥을 모두 찾아 기호를 써 보세요.

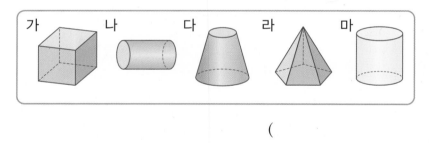

가   나   다   라   마

(   )

2 보기 에서 ☐ 안에 알맞은 말을 찾아 써넣으세요.

보기
높이 옆면 밑면

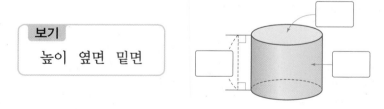

▶ 밑면은 밑에 있는 면이라기보다 기본이 되는 면입니다.

3 직사각형 모양의 종이를 한 변을 기준으로 돌린 것입니다. 어떤 입체도형이 되는지 쓰고, 겨냥도를 완성해 보세요.

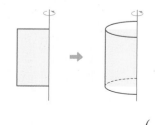

(   )

❓ 원기둥과 각기둥의 차이점은 무엇일까요?

원기둥의 밑면은 원이고, 각기둥의 밑면은 다각형입니다. 또, 각기둥에는 꼭짓점과 모서리가 있지만 원기둥에는 없습니다. 그리고 원기둥에는 굽은 면이 있지만 각기둥에는 굽은 면이 없습니다.

2 원기둥의 전개도 알아보기

정답과 풀이 45쪽

● **원기둥의 전개도** : 원기둥을 잘라서 펼쳐 놓은 그림

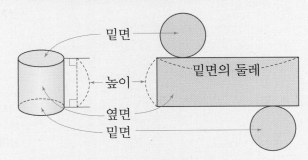

밑면

높이 · 밑면의 둘레

옆면

밑면

- 원기둥의 전개도에서 옆면의 모양은 직사각형이고, 밑면의 모양은 원입니다.
  └→ 두 밑면은 합동
- 밑면의 둘레는 옆면의 가로와 같습니다.
- 원기둥의 높이는 옆면의 세로와 같습니다.

보충 개념

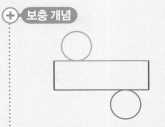

➡ 같은 색깔의 선은 접었을 때 서로 맞닿으므로 길이가 같습니다.

---

4 원기둥의 전개도를 보고 물음에 답하세요.

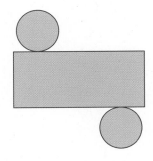

⑴ 원기둥의 높이와 같은 길이의 선분을 빨간색 선으로 표시해 보세요.

⑵ 밑면의 둘레와 같은 길이의 선분을 파란색 선으로 표시해 보세요.

5 원기둥의 전개도를 바르게 그린 사람은 누구인지 이름을 써 보세요.

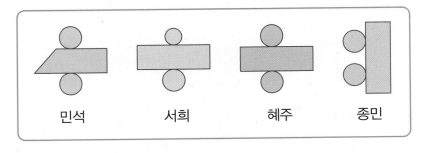

| 민석 | 서희 | 혜주 | 종민 |

(   )

? 다음 전개도로 원기둥을 만들 수 없는 이유는 무엇일까요?

원기둥은 두 밑면이 서로 평행하므로 두 밑면은 옆면인 직사각형의 위와 아래에 있어야 해요.
위 전개도는 밑면이 한쪽에 나란히 서로 겹쳐지는 위치에 있으므로 원기둥을 만들 수 없습니다.

3 원뿔 알아보기

● 원뿔 :  등과 같은 입체도형

└─ 평평한 면이 원이고 옆을 둘러싼 면이
굽은 면인 뿔 모양의 입체도형

● 원뿔의 구성 요소

  – 밑면 : 평평한 면
  – 옆면 : 옆을 둘러싼 굽은 면 ← 굴리면 제자리에서 원을 그리며 구릅니다.
  – 원뿔의 꼭짓점 : 뾰족한 부분의 점
  – 모선 : 꼭짓점과 밑면인 원의 둘레의 한 점을 이은 선분
  – 높이 : 꼭짓점에서 밑면에 수직인 선분의 길이

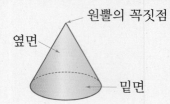

원뿔의 꼭짓점
옆면
밑면

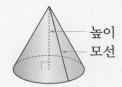

높이
모선

6 원뿔을 모두 찾아 기호를 써 보세요.

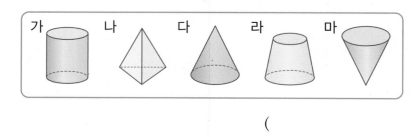

가 나 다 라 마

(   )

7 보기 에서 ☐ 안에 알맞은 말을 찾아 써넣으세요.

보기

옆면   원뿔의 꼭짓점

모선   밑면   높이

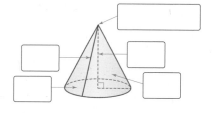

8 직각삼각형 모양의 종이를 한 변을 기준으로 돌린 것입니다. 어떤 입체도형이 되는지 쓰고, 겨냥도를 완성해 보세요.

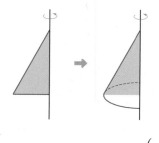

(   )

4. 구 알아보기

정답과 풀이 46쪽

- 구 :  등과 같은 입체도형

- **구의 구성 요소**
  - 구의 중심 : 구에서 가장 안쪽에 있는 점
  - 구의 반지름 : 구의 중심에서 구의 겉면의 한 점을 이은 선분

- **원기둥, 원뿔, 구의 비교**

구분			
같은 점	굽은 면으로 둘러싸여 있습니다.		
	기둥 모양	뿔 모양	공 모양
다른 점	• 위에서 본 모양 : 원 • 앞, 옆에서 본 모양 : 직사각형	• 위에서 본 모양 : 원 • 앞, 옆에서 본 모양 : 삼각형	• 위, 앞, 옆에서 본 모양 : 원

⊕ 보충 개념

- **구 이해하기**

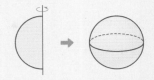

반원 모양의 종이를 지름을 기준으로 돌리면 구 모양이 만들어집니다.

- **위와 앞에서 본 모양**

┌ 위에서 본 모양 : 원
└ 앞에서 본 모양 : 원
➡ 구는 어느 방향에서 보아도 모양이 같습니다.

[9~11] 반원 모양의 종이를 오른쪽과 같이 지름을 기준으로 돌렸습니다. 물음에 답하세요.

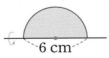
6 cm

9 반원 모양의 종이를 돌려 만들 수 있는 입체도형을 찾아 기호를 써 보세요.

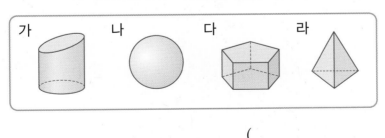
가   나   다   라

(   )

10 반원 모양의 종이를 돌려 만든 입체도형의 반지름은 몇 cm일까요?

(   )

11 반원 모양의 종이를 돌려 만든 입체도형에서 각 부분의 이름을 □ 안에 써넣으세요.

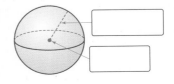

❓ 공 모양은 어떤 도형을 돌려서 만들어진 걸까요?

반원을 돌려 만들어지는 입체도형이 공 모양인 구입니다.
반원의 중심은 구의 중심이 되고 반원의 반지름은 구의 반지름이 됩니다.

1 원기둥

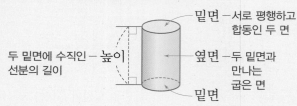

- 원기둥 : 둥근기둥 모양의 도형

밑면 — 서로 평행하고 합동인 두 면

두 밑면에 수직인 — 높이
선분의 길이

옆면 — 두 밑면과 만나는 굽은 면

밑면

1 원기둥은 어느 것일까요? (   )

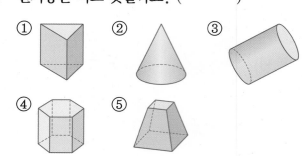

① ② ③ ④ ⑤

2 원기둥에서 밑면을 모두 찾아 색칠해 보세요.

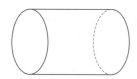

3 원기둥의 밑면의 수와 옆면의 수는 각각 몇 개인지 써 보세요.

밑면 (   )
옆면 (   )

4 직사각형 모양의 종이를 한 바퀴 돌려 만든 입체도형의 밑면의 지름은 몇 cm일까요?

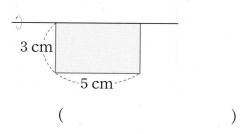

3 cm

5 cm

(   )

5 원기둥에 대한 설명으로 <u>틀린</u> 것은 어느 것일까요? (   )

① 두 밑면은 서로 수직입니다.
② 두 밑면의 모양은 합동인 원입니다.
③ 한 원기둥에서 높이는 항상 일정합니다.
④ 옆면은 두 밑면과 만나는 굽은 면입니다.
⑤ 두 밑면에 수직인 선분의 길이는 높이입니다.

6 다음 입체도형은 원기둥이 아닙니다. 그 이유를 써 보세요.

이유 _____

_____

7 원기둥 모형을 관찰하며 나눈 대화를 보고 밑면의 지름과 높이를 구해 보세요.

위에서 본 모양은 반지름이 4 cm인 원이야.

앞에서 본 모양은 정사각형이야.

밑면의 지름 (   )
높이 (   )

서술형

8 두 입체도형의 같은 점과 다른 점을 각각 한 가지씩 써 보세요.

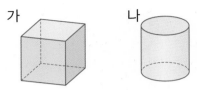

가   나

같은 점 _____

_____

다른 점 _____

_____

개념 **2 원기둥의 전개도**

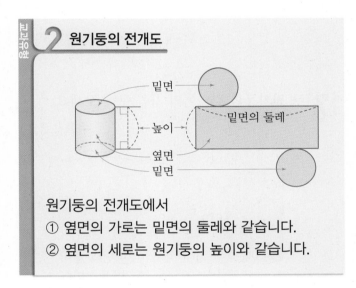

밑면
높이
밑면의 둘레
옆면
밑면

원기둥의 전개도에서
① 옆면의 가로는 밑면의 둘레와 같습니다.
② 옆면의 세로는 원기둥의 높이와 같습니다.

9 원기둥 모양의 상자를 잘라 펼쳐서 전개도를 만든 것입니다. 물음에 답하세요.

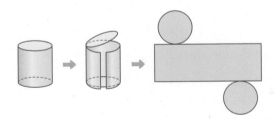

(1) 전개도에서 밑면의 모양은 어떤 도형이고 몇 개일까요?
(_____), (_____)

(2) 전개도에서 옆면의 모양은 어떤 도형이고 몇 개일까요?
(_____), (_____)

10 오른쪽 그림이 원기둥의 전개도가 아닌 이유를 써 보세요.

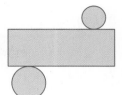

이유 _____

11 원기둥과 전개도를 보고 □ 안에 알맞은 수를 써넣으세요. (원주율 : 3.1)

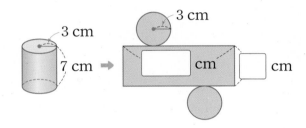

3 cm
7 cm
3 cm
cm
cm

12 오른쪽 원기둥의 전개도를 그리고 밑면의 반지름과 옆면의 가로, 세로의 길이를 나타내어 보세요. (원주율 : 3)

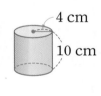

4 cm
10 cm

13 민우는 원기둥 모양의 상자를 만들기 위해 전개도를 그리려고 합니다. 민우가 그릴 전개도에서 옆면의 세로를 5 cm로 할 때 옆면의 가로는 몇 cm인지 구해 보세요. (원주율 : 3.14)

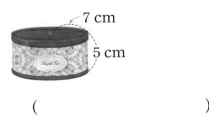

7 cm
5 cm

(_____)

원기둥의 겉넓이 구하기

- 원기둥의 겉넓이는 두 밑면의 넓이의 합과 옆면의 넓이의 합으로 구할 수 있습니다.

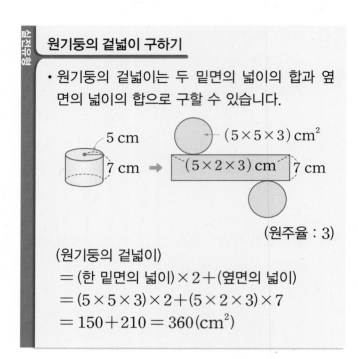

(원주율 : 3)

(원기둥의 겉넓이)
= (한 밑면의 넓이)×2+(옆면의 넓이)
= (5×5×3)×2+(5×2×3)×7
= 150+210 = 360(cm²)

14 원기둥의 전개도를 보고 겉넓이를 구하려고 합니다. 물음에 답하세요. (원주율 : 3)

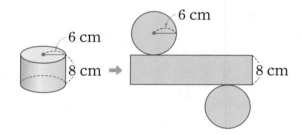

(1) 한 밑면의 넓이를 구해 보세요.
( )

(2) 옆면의 넓이를 구해 보세요.
( )

(3) 원기둥의 겉넓이를 구해 보세요.
( )

15 오른쪽 원기둥의 겉넓이를 구해 보세요. (원주율 : 3.1)

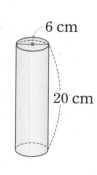

( )

16 원기둥의 전개도를 접었을 때 만들어지는 원기둥의 겉넓이를 구해 보세요. (원주율 : 3)

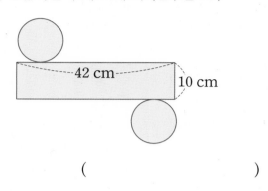

( )

17 두 원기둥의 겉넓이의 차를 구해 보세요.

(원주율 : 3.1)

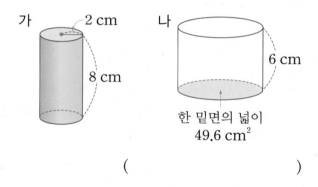

한 밑면의 넓이
49.6 cm²

( )

18 직사각형 모양의 종이를 세로를 기준으로 오른쪽과 같이 돌렸을 때 만들어지는 입체도형의 겉넓이를 구해 보세요. (원주율 : 3)

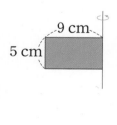

( )

3 원뿔

• 원뿔 : 둥근 뿔 모양의 도형

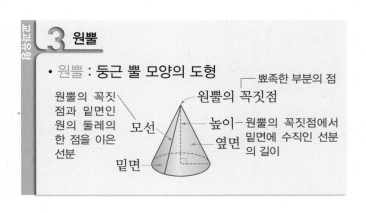

원뿔의 꼭짓점과 밑면인 원의 둘레의 한 점을 이은 선분 — 모선

원뿔의 꼭짓점 — 뾰족한 부분의 점

높이 — 원뿔의 꼭짓점에서 밑면에 수직인 선분의 길이

옆면

밑면

19 원뿔은 어느 것일까요? (   )

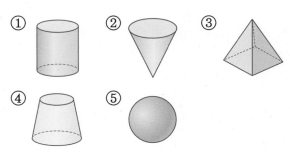

20 다음 그림은 원뿔의 무엇을 재고 있는 것인지 써 보세요.

(1)   (2)

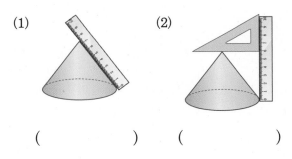

(   ) (   )

21 직각삼각형 모양의 종이를 한 변을 기준으로 돌려 만든 입체도형을 보고 밑면의 지름과 높이를 각각 구해 보세요.

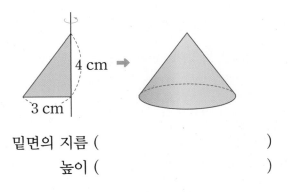

4 cm

3 cm

밑면의 지름 (   )

높이 (   )

22 오른쪽 원뿔에서 선분 ㄱㄴ과 길이가 같은 선분을 모두 써 보세요.

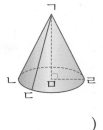

(   )

23 원뿔에 대한 설명으로 옳은 것을 모두 고르세요. (   )

① 밑면이 2개입니다.
② 꼭짓점이 있습니다.
③ 밑면의 모양이 원입니다.
④ 옆면은 평평한 면입니다.
⑤ 모선의 수는 무수히 많습니다.

24 다음 도형이 원뿔이 아닌 이유를 써 보세요.

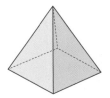

이유 _____

_____

25 오른쪽 원뿔에서 모선의 길이와 높이는 각각 몇 cm인지 구해 보세요.

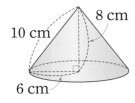

8 cm
10 cm
6 cm

모선의 길이 (   )

높이 (   )

26 모양과 크기가 같은 원뿔에 대해 설명한 것입니다. 맞으면 ○표, 틀리면 ×표 하세요.

 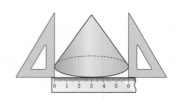

(1) 밑면은 반지름이 3 cm인 원입니다.
( )

(2) 모선의 길이는 5 cm이고 모선의 길이는 항상 높이보다 짧습니다. ( )

27 원기둥과 원뿔 중 어느 도형의 높이가 몇 cm 더 높습니까?

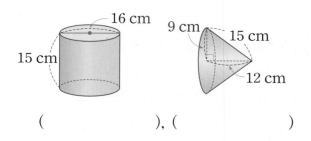

( ), ( )

서술형
28 각뿔과 원뿔의 같은 점과 다른 점을 각각 한 가지씩 써 보세요.

같은 점

다른 점

4 구

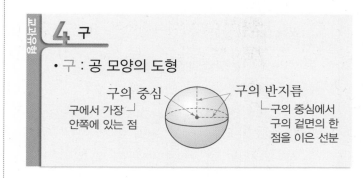

- 구 : 공 모양의 도형

구의 중심
구에서 가장 안쪽에 있는 점

구의 반지름
구의 중심에서 구의 겉면의 한 점을 이은 선분

29 구를 모두 고르세요. ( )

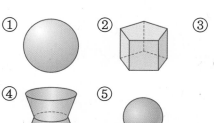

① ② ③ ④ ⑤

30 구의 반지름은 몇 cm일까요?

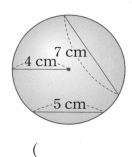

7 cm
4 cm
5 cm

( )

31 지름이 20 cm인 반원 모양의 종이를 오른쪽 그림과 같이 지름을 기준으로 돌리면 구 모양이 됩니다. 물음에 답하세요.

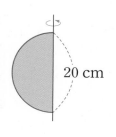

20 cm

(1) 구의 반지름은 몇 cm일까요?
( )

(2) 구의 중심을 반원 모양에 표시해 보세요.

원기둥, 원뿔, 구의 비교

같은 점 굽은 면으로 둘러싸여 있습니다.
다른 점 원기둥과 원뿔은 보는 방향에 따라 모양
이 다르지만 구는 어느 방향에서 보아도
모양이 같습니다.

[32~33] 입체도형을 보고 물음에 답하세요.

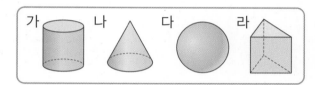

32 도형 가와 나의 밑면의 모양은 어떤 도형일까
요?

( )

33 위의 도형을 다음과 같이 분류했습니다. 분류
한 기준을 써 보세요.

가, 나, 라	다

기준

34 오른쪽 원기둥을 위, 앞,
옆에서 본 모양을 각각 그
려 보세요.

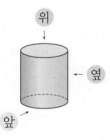

위에서 본 모양	앞에서 본 모양	옆에서 본 모양

35 다음 도형 중에서 어느 방향에서 보아도 모양
이 같은 입체도형을 찾아 기호를 써 보세요.

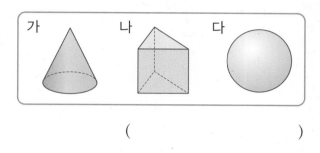

( )

서술형
36 두 입체도형의 같은 점과 다른 점을 각각 한
가지씩 써 보세요.

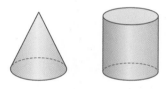

같은 점

다른 점

37 수연이는 가족들과 여
행을 하던 중 오른쪽
과 같은 조형물을 보았
습니다. 조형물을 위,
앞, 옆에서 본 모양을
각각 그려 보세요.

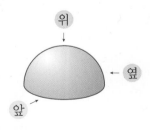

위에서 본 모양	앞에서 본 모양	옆에서 본 모양

6

1 전개도의 각 부분의 길이나 넓이 구하기

원기둥의 전개도에서 옆면의 넓이가 148.8 cm²일 때 이 원기둥의 한 밑면의 넓이는 몇 cm²일까요? (원주율 : 3.1)

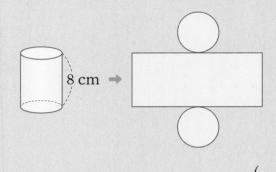

( )

● 핵심 NOTE   원기둥의 전개도에서 옆면은 직사각형입니다. 이때 옆면의 가로는 원기둥 밑면의 둘레와 같고, 옆면의 세로는 원기둥의 높이와 같습니다.

1-1 민서는 높이가 9 cm인 원기둥 모양의 저금통을 만들기 위해 오른쪽과 같이 전개도를 그렸습니다. 전개도에서 옆면의 넓이가 113.04 cm²일 때 전개도로 만든 저금통의 한 밑면의 둘레는 몇 cm일까요?

(원주율 : 3.14)

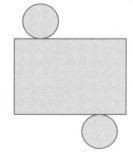

( )

1-2 원기둥의 전개도에서 옆면의 넓이가 672 cm²일 때 원기둥의 높이는 몇 cm일까요?

(원주율 : 3)

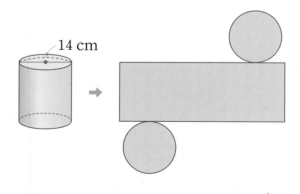

( )

심화유형 2 돌리기 전의 평면도형의 넓이 구하기

오른쪽 그림은 어떤 평면도형을 한 변을 기준으로 돌렸을 때 만들어진 입체도형입니다. 돌리기 전의 평면도형의 넓이는 몇 cm²일까요?

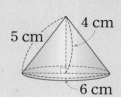

(   )

● 핵심 NOTE   돌리기 전의 평면도형은 입체도형의 앞에서 본 모양을 왼쪽과 오른쪽으로 나누었을 때 한쪽에 있는 도형과 같습니다.

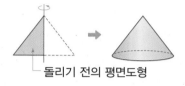

돌리기 전의 평면도형

2-1 오른쪽 그림은 어떤 평면도형을 한 변을 기준으로 돌렸을 때 만들어진 입체도형입니다. 돌리기 전의 평면도형의 넓이는 몇 cm²일까요?

(   )

2-2 평면도형을 오른쪽 그림과 같이 돌렸을 때 만들어진 입체도형을 중심이 지나도록 반으로 잘랐습니다. 이때 생긴 한쪽 면의 넓이는 몇 cm²일까요?

(원주율 : 3.14)

(   )

6

3 길이가 주어진 종이로 만들 수 있는 원기둥의 높이 구하기

지은이는 가로 42 cm, 세로 30 cm인 두꺼운 종이에 밑면의 반지름이 5 cm인 원기둥의 전개도를 그리고 오려 붙여 원기둥 모양의 상자를 만들려고 합니다. 최대한 높은 상자를 만들려면 상자의 높이를 몇 cm로 해야 할까요? (원주율 : 3)

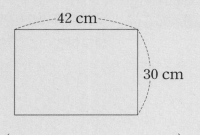

(   )

● **핵심 NOTE**   원기둥의 전개도에서 옆면의 가로와 세로를 구하는 식을 세워 해결합니다.
이때 (높이)+(밑면의 지름)×2가 두꺼운 종이의 한 변의 길이를 넘지 않는 범위에서 최대 높이를 구해야 합니다.

3-1   민하와 영우는 가로 50 cm, 세로 36 cm인 두꺼운 종이에 원기둥의 전개도를 그리고 오려 붙여 원기둥 모양의 상자를 만들려고 합니다. 밑면의 반지름을 민하는 7 cm, 영우는 4 cm로 하여 최대한 높은 상자를 만든다면 누가 만든 상자의 높이가 몇 cm 더 높은지 구해 보세요. (원주율 : 3)

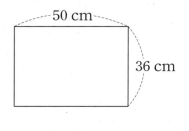

(   ), (   )

3-2   가로 60 cm, 세로 32 cm인 두꺼운 종이에 원기둥의 전개도를 그리고 오려 붙여 원기둥 모양의 상자를 만들려고 합니다. 밑면의 반지름과 높이가 다음과 같을 때 만들 수 없는 원기둥을 찾아 기호를 써 보세요. (원주율 : 3)

원기둥	밑면의 반지름(cm)	높이(cm)
가	4.5	42
나	7	4
다	8	1

(   )

아르키메데스의 묘비에 그려진 도형의 길이 구하기

고대 그리스의 물리학자이자 수학자인 아르키메데스(약 기원전 287년 ~기원전 212년)의 묘비에는 오른쪽 그림과 같이 원기둥 안에 꼭 맞게 들어가는 구가 그려져 있습니다. 구의 반지름이 5 cm일 때 원기둥의 전개도를 그리려고 합니다. 밑면의 반지름과 옆면의 가로, 세로를 각각 구해 보세요. (원주율 : 3.14)

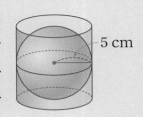
5 cm

1단계 원기둥의 밑면의 반지름 구하기

─────────────────────────────────

2단계 원기둥의 전개도에서 옆면의 가로 구하기

─────────────────────────────────

3단계 원기둥의 전개도에서 옆면의 세로 구하기

─────────────────────────────────

밑면의 반지름 (   )
옆면의 가로 (   )
옆면의 세로 (   )

● 핵심 NOTE
1단계 원기둥의 밑면의 반지름은 구의 반지름과 같습니다.
2단계 원기둥의 전개도에서 옆면의 가로는 밑면인 원의 원주와 같음을 이용합니다.
3단계 전개도에서 옆면의 세로, 즉 원기둥의 높이는 구의 지름과 같습니다.

4-1 오른쪽 그림과 같이 원기둥 안에 꼭 맞게 들어가는 구가 그려져 있습니다. 구의 반지름이 8 cm일 때 원기둥의 전개도를 그리려고 합니다. 밑면의 반지름과 옆면의 가로, 세로를 각각 구해 보세요. (원주율 : 3.1)

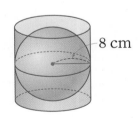
8 cm

밑면의 반지름 (   )
옆면의 가로 (   )
옆면의 세로 (   )

6

기출 단원 평가 Level ❶

[1~3] 입체도형을 보고 물음에 답하세요.

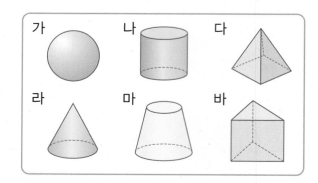

1 원뿔을 찾아 기호를 써 보세요.

( )

2 구를 찾아 기호를 써 보세요.

( )

3 직사각형 모양의 종이를 한 변을 기준으로 하여 돌렸을 때 만들어지는 입체도형을 찾아 기호를 써 보세요.

( )

4 원뿔에서 각 부분의 이름을 ☐ 안에 써넣으세요.

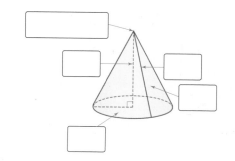

5 원기둥의 높이는 몇 cm일까요?

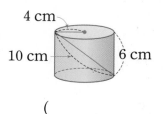

( )

6 구의 지름은 몇 cm일까요?

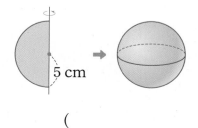

( )

[7~8] 원기둥의 전개도를 보고 물음에 답하세요.

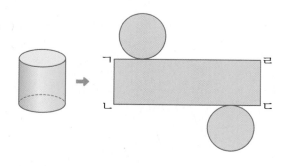

7 밑면의 둘레와 길이가 같은 선분을 모두 찾아 써 보세요.

( )

8 원기둥의 높이와 같은 길이의 선분을 모두 찾아 써 보세요.

( )

9 수빈이와 친구들은 생일 파티에 사용할 고깔모자를 만들었습니다. 고깔모자의 모양에 대해서 잘못 설명한 사람은 누구일까요?

원뿔 모양이네.

모선이 1개뿐이야.

옆면이 굽은 면으로 되어 있어.

 수빈   민성   윤아

(   )

10 구에 대해 바르게 설명한 것을 모두 찾아 기호를 써 보세요.

> ㉠ 구의 중심은 여러 개입니다.
> ㉡ 구의 반지름은 1개입니다.
> ㉢ 구에는 모서리가 없습니다.
> ㉣ 여러 방향에서 본 모양은 모두 같습니다.

(   )

11 원기둥과 사각기둥을 보고 빈칸에 알맞게 써넣으세요.

	원기둥	사각기둥
밑면의 모양		
밑면의 수(개)		
옆면의 수(개)		

12 오른쪽 원뿔을 위, 앞, 옆에서 본 모양을 각각 그려 보세요.

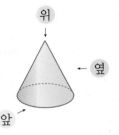

위에서 본 모양	앞에서 본 모양	옆에서 본 모양

13 두 도형의 높이의 차는 몇 cm일까요?

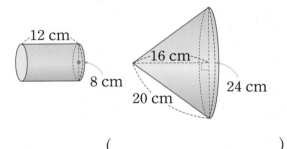

(   )

14 원기둥의 전개도에서 옆면의 가로는 몇 cm일까요? (원주율 : 3)

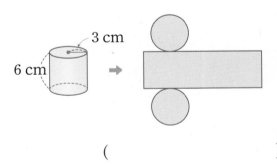

(   )

15 원기둥의 전개도로 만든 원기둥의 겉넓이를 구해 보세요. (원주율 : 3.14)

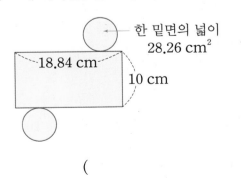

한 밑면의 넓이 28.26 cm²

(   )

16 원기둥의 겉넓이를 구해 보세요. (원주율 : 3)

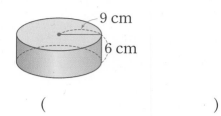

9 cm
6 cm

(   )

17 어떤 평면도형을 한 바퀴 돌려 만든 입체도형입니다. 돌리기 전의 평면도형의 넓이는 몇 cm^2일까요? (원주율 : 3.1)

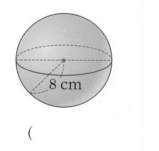

8 cm

(   )

18 밑면의 지름이 10 cm이고, 높이가 12 cm인 원기둥을 한 바퀴 굴렸을 때 원기둥이 지나간 부분의 넓이를 구해 보세요. (원주율 : 3.1)

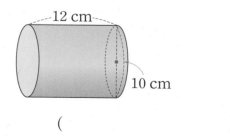

12 cm
10 cm

(   )

술술 서술형

19 원기둥의 전개도가 아닌 것을 찾아 기호를 쓰고, 그 이유를 써 보세요.

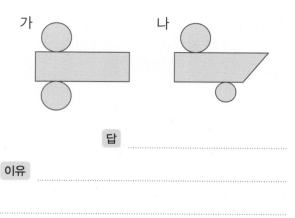

가   나

답 _____

이유 _____

_____

20 원기둥의 전개도에서 옆면의 넓이가 93 cm^2일 때 높이는 몇 cm인지 풀이 과정을 쓰고 답을 구해 보세요. (원주율 : 3.1)

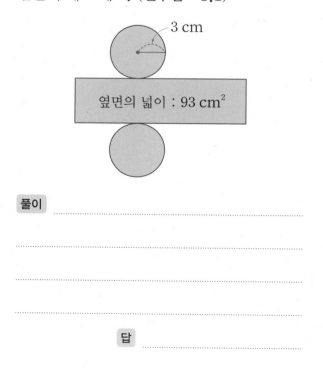

3 cm

옆면의 넓이 : 93 cm^2

풀이 _____

_____

_____

답 _____

기출 단원 평가 Level ❷

1 입체도형을 원기둥, 원뿔, 구로 분류하여 빈 칸에 알맞은 기호를 써넣으세요.

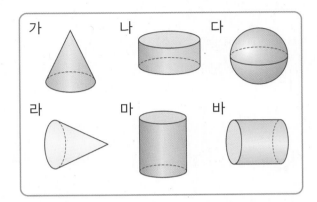

가 나 다
라 마 바

입체도형	원기둥	원뿔	구
기호			

2 다음은 원뿔의 무엇을 재는 그림일까요?

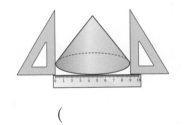

( )

3 다음 전개도를 접어 만들어지는 입체도형의 높이는 몇 cm일까요? (원주율 : 3)

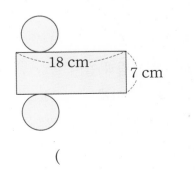

18 cm
7 cm

( )

4 입체도형에 대한 설명으로 맞으면 ○표, 틀리면 ×표 하세요.

(1) 원기둥의 두 밑면은 합동이고 서로 평행 합니다. ( )

(2) 원뿔의 밑면은 2개입니다. ( )

(3) 원기둥을 앞에서 본 모양은 이등변삼각형 입니다. ( )

5 원뿔의 높이와 모선의 길이, 밑면의 지름을 각각 구해 보세요.

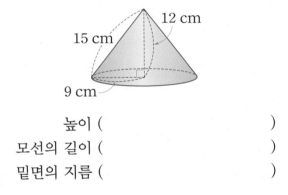

15 cm 12 cm
9 cm

높이 ( )
모선의 길이 ( )
밑면의 지름 ( )

6 원기둥의 전개도인 것에 ○표 하세요.

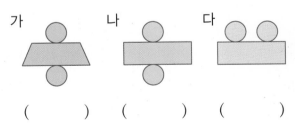

가 나 다

( ) ( ) ( )

7 직사각형 모양의 종이를 한 바퀴 돌려 만든 입체도형의 밑면의 지름은 몇 cm일까요?

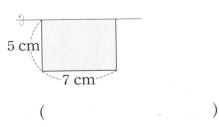

5 cm
7 cm

( )

8 수가 가장 큰 것을 찾아 기호를 써 보세요.

> ㉠ 원뿔의 모선의 수
> ㉡ 원뿔의 꼭짓점의 수
> ㉢ 원기둥의 밑면의 수

(   )

9 입체도형을 다음과 같이 분류하였습니다. 분류한 기준을 써 보세요.

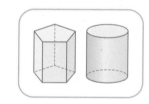 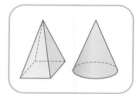

분류 기준

10 원기둥의 전개도입니다. □ 안에 알맞은 수를 써넣으세요. (원주율 : 3.1)

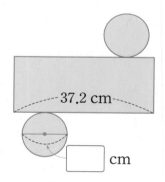

37.2 cm

□ cm

11 다음 입체도형이 원기둥이 아닌 이유를 써 보세요.

이유

12 원뿔과 각뿔에 대한 공통점을 설명한 것으로 옳은 것을 모두 고르세요. (   )

① 밑면이 원입니다.
② 꼭짓점이 1개입니다.
③ 옆면이 삼각형입니다.
④ 밑면의 수가 같습니다.
⑤ 뿔 모양의 입체도형입니다.

13 원기둥의 전개도를 접었을 때 생기는 원기둥의 겉넓이를 구해 보세요. (원주율 : 3)

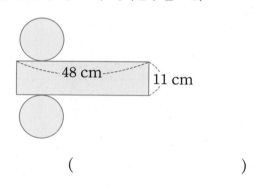

48 cm   11 cm

(   )

14 원뿔을 앞에서 본 모양의 둘레를 구해 보세요.

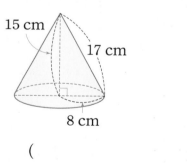

15 cm   17 cm
8 cm

(   )

15 직사각형 모양의 종이를 오른쪽 그림과 같이 돌렸을 때 만들어지는 입체도형의 겉넓이를 구해 보세요. (원주율 : 3)

9 cm
6 cm

(   )

16 다음 조건을 만족하는 원기둥의 높이를 구해 보세요. (원주율 : 3)

> **조건**
> • 전개도에서 옆면의 둘레는 48 cm입니다.
> • 원기둥의 높이와 밑면의 지름은 같습니다.

(   )

17 그림과 같이 밑면이 반원 모양인 입체도형의 겉면에 물감을 칠하려고 합니다. 물감을 칠해야 할 넓이는 모두 몇 cm²일까요?

(원주율 : 3.14)

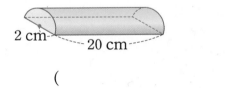

(   )

18 직각삼각형 모양의 종이를 그림과 같이 돌렸을 때 만들어지는 입체도형의 밑면의 넓이는 몇 cm²일까요? (원주율 : 3.1)

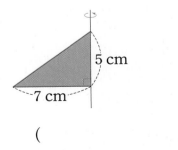

(   )

19 원기둥 모양의 상자에 빈틈없이 겹치지 않게 색종이를 붙이려고 합니다. 밑면에는 빨간색 색종이를 붙이고, 옆면에는 노란색 색종이를 붙일 때 어떤 색종이가 몇 cm² 더 필요한지 풀이 과정을 쓰고 답을 구해 보세요. (원주율 : 3)

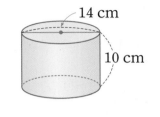

풀이

답

20 원기둥의 옆면의 넓이가 552.64 cm²일 때 밑면의 반지름은 몇 cm인지 풀이 과정을 쓰고 답을 구해 보세요. (원주율 : 3.14)

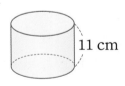

풀이

답

수학은 개념이다! 디딤돌수학

예비중 개념완성 세트

개념연산 으로 단계적 개념학습

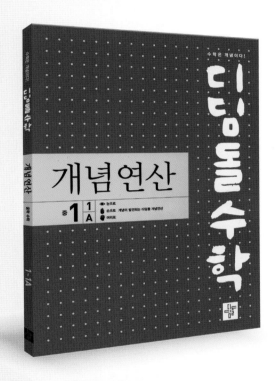

개념기본 으로 통합적 개념완성

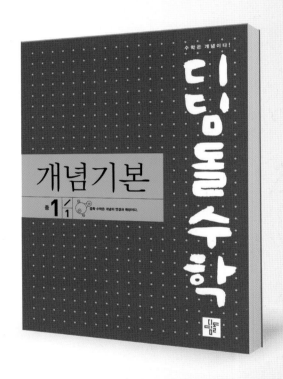

'개념 이해'와 기본 문제 적용

'개념 이해도'가 높아집니다.

'개념 정리'와 실전 문제 적용

문제에 '개념 적용'이 쉬워집니다.

" 디딤돌수학이면 충분합니다 "

수능까지 연결되는 독해 로드맵

디딤돌 독해력은 수능까지 연결되는 체계적인 라인업을 통하여

수능에서 요구하는 핵심 독해 원리에 대한 이해는 물론,

단계 별로 심화되며 연결되는 학습의 과정을 통해

깊이 있고 종합적인 독해 사고의 능력까지 기를 수 있도록 도와줍니다.

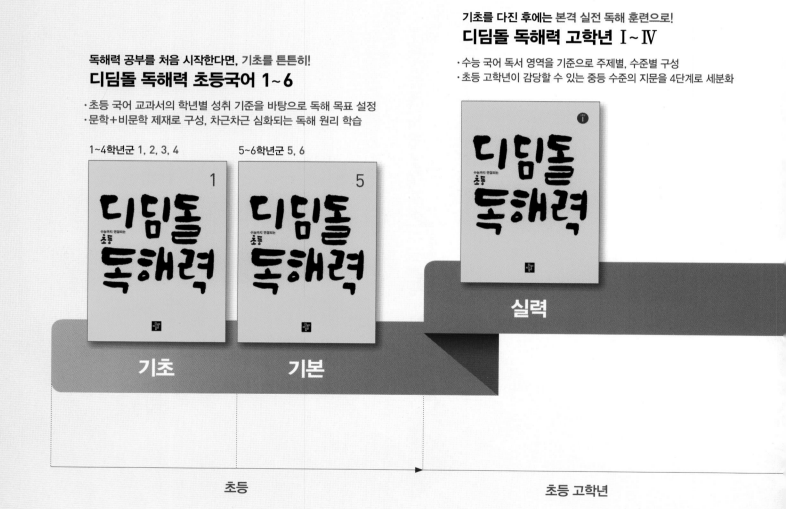

기초를 다진 후에는 본격 실전 독해 훈련으로!
디딤돌 독해력 고학년 I ~ IV

· 수능 국어 독서 영역을 기준으로 주제별, 수준별 구성
· 초등 고학년이 감당할 수 있는 중등 수준의 지문을 4단계로 세분화

독해력 공부를 처음 시작한다면, 기초를 튼튼히!
디딤돌 독해력 초등국어 1~6

· 초등 국어 교과서의 학년별 성취 기준을 바탕으로 독해 목표 설정
· 문학+비문학 제재로 구성, 차근차근 심화되는 독해 원리 학습

1~4학년군 1, 2, 3, 4   5~6학년군 5, 6

실력

기초   기본

초등   초등 고학년

응용탄탄북

$\dfrac{6}{2}$

차례

수학 좀 한다면

초등수학

응용탄탄북

$\dfrac{6}{2}$

- **서술형 문제** | 서술형 문제를 집중 연습해 보세요.

- **기출 단원 평가** | 시험에 잘 나오는 문제를 한 번 더 풀어 단원을 확실하게 마무리해요.

서술형 문제

1 $8 \div \dfrac{4}{9}$ 를 두 가지 방법으로 계산해 보세요.

> 자연수가 분수의 분자로 나누어떨어지는 (자연수)÷(분수)를 두 가지 방법으로 계산해 봅니다.

방법 1 ....

....

....

방법 2 ....

....

....

답 ....

2 ㉮÷㉯를 계산하려고 합니다. 풀이 과정을 쓰고 답을 구해 보세요.

> 분모가 같은 (분수)÷(분수)는 분자끼리 계산합니다.

㉮ $\dfrac{9}{11} \div \dfrac{5}{11}$ ㉯ $\dfrac{3}{13} \div \dfrac{10}{13}$

풀이 ....

....

....

....

....

답 ....

3 어떤 수를 $\frac{3}{8}$으로 나누어야 할 것을 잘못하여 곱했더니 $2\frac{1}{4}$이 되었습니다. 바르게 계산하면 얼마인지 풀이 과정을 쓰고 답을 구해 보세요.

풀이 ....

....

....

....

답 ....

▶ 어떤 수를 □라고 하여 식을 세웁니다.

1

4 선생님께서 길이가 $\frac{20}{3}$ m인 색 테이프를 한 사람에게 $\frac{4}{9}$ m씩 나누어 주려고 합니다. 몇 명에게 나누어 줄 수 있는지 풀이 과정을 쓰고 답을 구해 보세요.

풀이 ....

....

....

....

답 ....

▶ 분모가 다른 분수의 나눗셈은 분모를 같게 통분하여 분자끼리 나누어 계산합니다.

5 넓이가 $\frac{3}{14}$ m²인 직사각형의 세로가 $\frac{3}{4}$ m일 때 이 직사각형의 둘레는 몇 m인지 풀이 과정을 쓰고 답을 구해 보세요.

풀이

답

▶ (직사각형의 넓이)
 = (가로)×(세로)이고,
(직사각형의 둘레)
 = ((가로)+(세로))×2
입니다.

6 종현이는 과학책을 전체의 $\frac{5}{8}$만큼 읽었습니다. 남은 쪽수가 27쪽이라면 과학책의 전체 쪽수는 몇 쪽인지 풀이 과정을 쓰고 답을 구해 보세요.

풀이

답

▶ 전체 쪽수를 1로 생각하여 종현이가 읽지 않은 부분은 전체의 얼마인지 생각해 봅니다.

7 세훈이와 어머니가 딴 포도로 주스를 만들었더니 $4\frac{1}{6}$ L였습니다. 포도주스를 $\frac{5}{9}$ L 들이 병에 모두 나누어 담으려면 병은 적어도 몇 개가 필요한지 풀이 과정을 쓰고 답을 구해 보세요.

> 포도주스를 남김없이 모두 병에 담아야 함에 주의합니다.

풀이 _____

_____

_____

_____

답 _____

8 어느 수도에서 9 L의 물이 나오는 데 3분 45초가 걸렸습니다. 물이 일정하게 계속 나왔다면 1분 동안 나온 물의 양은 몇 L인지 풀이 과정을 쓰고 답을 구해 보세요.

> ■초 $=\dfrac{■}{60}$ 분임을 이용하여 3분 45초는 몇 분인지 구해 봅니다.

풀이 _____

_____

_____

_____

답 _____

점수 | 확인

1 그림을 보고 □ 안에 알맞은 수를 써넣으세요.

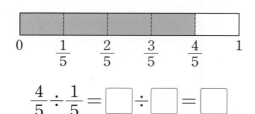

$$\frac{4}{5} \div \frac{1}{5} = \boxed{} \div \boxed{} = \boxed{}$$

2 관계있는 것끼리 이어 보세요.

$\frac{6}{7} \div \frac{3}{7}$ ·　　　　· 4

$\frac{8}{9} \div \frac{2}{9}$ ·　　　　· 2

$\frac{7}{8} \div \frac{1}{8}$ ·　　　　· 7

3 빈칸에 알맞은 수를 써넣으세요.

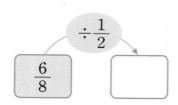

4 □ 안에 알맞은 수를 써넣으세요.

$$4 \div \frac{2}{6} = (4 \div \boxed{}) \times \boxed{} = \boxed{}$$

5 보기 와 같이 계산해 보세요.

보기

$$\frac{3}{7} \div \frac{2}{5} = \frac{15}{35} \div \frac{14}{35} = 15 \div 14$$
$$= \frac{15}{14} = 1\frac{1}{14}$$

$$\frac{7}{9} \div \frac{2}{5}$$

6 잘못 계산한 곳을 찾아 바르게 계산해 보세요.

$$\frac{3}{4} \div \frac{4}{9} = \frac{\overset{1}{\cancel{4}}}{\underset{1}{\cancel{3}}} \times \frac{\overset{3}{\cancel{9}}}{\underset{1}{\cancel{4}}} = 3$$

↓

7 계산해 보세요.

(1) $12 \div \frac{8}{9}$

(2) $\frac{2}{11} \div \frac{3}{8}$

8 계산 결과를 비교하여 ○ 안에 >, =, <를 알맞게 써넣으세요.

$$5 \bigcirc 3\frac{5}{9} \div \frac{2}{3}$$

9 계산 결과가 가장 큰 것을 찾아 기호를 써 보세요.

$$\bigcirc\ \frac{2}{5}\div\frac{1}{5}\quad \bigcirc\ 1\frac{7}{8}\div 2\frac{1}{2}\quad \bigcirc\ 3\div\frac{3}{4}$$

( )

10 계산 결과가 1보다 큰 것을 찾아 기호를 써 보세요.

$$\bigcirc\ \frac{2}{5}\div\frac{7}{8}\quad \bigcirc\ \frac{6}{7}\div\frac{13}{11}$$
$$\bigcirc\ 2\frac{3}{5}\div\frac{5}{6}\quad \bigcirc\ 4\frac{2}{9}\div 5\frac{1}{2}$$

( )

11 ㉠과 ㉡을 계산한 값의 합을 구해 보세요.

$$\bigcirc\ \frac{6}{11}\div\frac{2}{11}\quad \bigcirc\ 4\frac{1}{2}\div\frac{3}{4}$$

( )

12 길이가 3 m인 나무 막대를 $\frac{3}{10}$ m씩 자르면 몇 도막이 될까요?

( )

13 가장 큰 수를 가장 작은 수로 나눈 몫을 구해 보세요.

$$\frac{10}{11}\quad \frac{8}{9}\quad \frac{5}{6}\quad \frac{15}{16}$$

( )

14 □ 안에 알맞은 수를 구해 보세요.

$$\frac{4}{7}\times\square=\frac{18}{49}$$

( )

15 주미와 상혁이는 100 m 달리기 시합을 하였습니다. 주미는 $17\frac{1}{2}$초, 상혁이는 $16\frac{1}{4}$초가 걸렸습니다. 상혁이의 기록은 주미의 기록의 몇 배일까요?

( )

16 굵기가 일정한 철근 $\frac{5}{8}$ m의 무게가 $3\frac{4}{7}$ kg 입니다. 이 철근 1 m의 무게는 몇 kg일까요?

(   )

17 높이가 $\frac{21}{8}$ cm인 평행사변형의 넓이가 $\frac{35}{4}$ cm²입니다. 이 평행사변형의 밑변의 길이는 몇 cm일까요?

(   )

18 주스 $1\frac{3}{4}$ L를 한 병에 $\frac{2}{3}$ L씩 담으면 몇 병이 되고 남은 주스는 몇 L인지 구해 보세요.

(   ), (   )

19 어떤 수를 $3\frac{1}{2}$로 나누어야 할 것을 잘못하여 곱했더니 $5\frac{4}{9}$가 되었습니다. 바르게 계산하면 얼마인지 풀이 과정을 쓰고 답을 구해 보세요.

풀이 ....

....

....

....

답 ....

20 민수는 길이가 16 m인 끈을 사용하여 한 변의 길이가 $\frac{4}{5}$ m인 정사각형을 최대한 많이 만들려고 합니다. 만들 수 있는 정사각형은 모두 몇 개인지 풀이 과정을 쓰고 답을 구해 보세요.

풀이 ....

....

....

....

답 ....

점수   확인

1 ☐ 안에 알맞은 수를 써넣으세요.

$\dfrac{6}{7}$은 $\dfrac{1}{7}$이 ☐개이고, $\dfrac{3}{7}$은 $\dfrac{1}{7}$이 ☐개

이므로 $\dfrac{6}{7} \div \dfrac{3}{7} = $ ☐입니다.

2 ☐ 안에 알맞은 수를 써넣으세요.

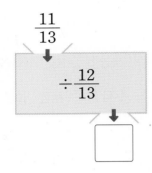

3 보기 와 같이 계산해 보세요.

보기

$$\dfrac{8}{9} \div \dfrac{4}{7} = \dfrac{\overset{2}{8}}{9} \times \dfrac{7}{\underset{1}{4}} = \dfrac{14}{9} = 1\dfrac{5}{9}$$

$\dfrac{5}{12} \div \dfrac{10}{11}$

4 관계있는 것끼리 이어 보세요.

$\dfrac{4}{5} \div \dfrac{3}{4}$ ·

$\dfrac{1}{5} \div \dfrac{1}{3}$ ·

· $\dfrac{3}{5}$

· $1\dfrac{1}{15}$

· $\dfrac{4}{5}$

5 잘못 계산한 곳을 찾아 바르게 계산해 보세요.

$$3 \div \dfrac{2}{5} = \dfrac{3}{5} \div \dfrac{2}{5} = 3 \div 2 = \dfrac{3}{2} = 1\dfrac{1}{2}$$

⬇

6 빈칸에 알맞은 수를 써넣으세요.

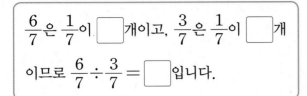

7 빈칸에 알맞은 수를 써넣으세요.

$\div$		
6	$\dfrac{1}{5}$	
$\dfrac{10}{7}$	$\dfrac{5}{4}$	

8 계산 결과를 비교하여 ○ 안에 >, =, <를 알맞게 써넣으세요.

$$1\frac{1}{15} \div \frac{2}{5} \bigcirc 1\frac{3}{7} \div \frac{5}{6}$$

9 계산 결과가 <u>다른</u> 하나를 찾아 기호를 써 보세요.

$$\bigcirc \; \frac{4}{5} \div \frac{2}{3} \qquad \bigcirc \; \frac{12}{25} \div \frac{3}{10} \qquad \bigcirc \; \frac{8}{15} \div \frac{4}{9}$$

(   )

10 재민이가 화단에 은행나무 5그루와 단풍나무를 심었습니다. 은행나무를 단풍나무의 $\frac{1}{3}$만큼 심었을 때 단풍나무는 몇 그루 심었을까요?

(   )

11 길이가 $5\frac{5}{6}$ m인 리본 끈을 $\frac{5}{12}$ m씩 자르면 몇 도막이 될까요?

(   )

12 □ 안에 알맞은 수가 더 큰 것의 기호를 써 보세요.

$$\bigcirc \; \square \times 1\frac{2}{9} = 3\frac{1}{7}$$
$$\bigcirc \; 2\frac{1}{6} \times \square = 4\frac{1}{3}$$

(   )

13 수박의 무게는 $8\frac{8}{9}$ kg, 멜론의 무게는 $2\frac{2}{7}$ kg입니다. 수박의 무게는 멜론의 무게의 몇 배일까요?

(   )

14 넓이가 $40\frac{1}{3}$ m²인 직사각형 모양의 감자밭에 $1\frac{5}{6}$ kg의 거름을 고르게 뿌렸습니다. 1 m²의 감자밭에 뿌린 거름은 몇 kg인 셈일까요?

(   )

15 □ 안에 알맞은 수를 구해 보세요.

$$\square \times \frac{3}{7} = 9\frac{1}{3} \div 1\frac{1}{6}$$

(   )

16 가★나 = (가+나)÷(가−나)일 때 다음을 계산해 보세요.

$$\frac{3}{8} \star \frac{1}{6}$$

(   )

17 밑변의 길이가 $\frac{9}{5}$ m인 삼각형의 넓이가 $\frac{27}{28}$ m²입니다. 이 삼각형의 높이는 몇 m일까요?

(   )

18 □ 안에 들어갈 수 있는 자연수를 모두 구해 보세요.

$$\frac{9}{16} \div \frac{1}{4} < 1\frac{2}{7} \div \frac{\square}{7}$$

(   )

19 승우는 집에서 학교까지 $4\frac{1}{8}$ km를 가는 데 45분이 걸렸습니다. 같은 빠르기로 간다면 한 시간에 몇 km를 갈 수 있는지 풀이 과정을 쓰고 답을 구해 보세요.

풀이 _____

_____

_____

답 _____

20 들이가 $19\frac{1}{2}$ L인 물통에 물이 $\frac{2}{5}$만큼 들어 있습니다. 이 물통에 물을 가득 채우려면 들이가 $\frac{9}{20}$ L인 그릇에 물을 가득 담아 적어도 몇 번 부어야 하는지 풀이 과정을 쓰고 답을 구해 보세요.

풀이 _____

_____

_____

_____

답 _____

서술형 문제

1 소수의 나눗셈을 분수의 나눗셈으로 계산한 것입니다. 잘못 계산한 부분을 찾아 이유를 쓰고 바르게 계산해 보세요.

▶ 자연수를 분모가 10인 분수로 바꾸는 것에 주의합니다.

$$24 \div 1.2 = \frac{24}{10} \div \frac{12}{10} = 24 \div 12 = 2$$

이유

바른 계산

2 집에서 학교까지의 거리는 4.8 km이고 집에서 서점까지의 거리는 1.2 km입니다. 집에서 학교까지의 거리는 집에서 서점까지의 거리의 몇 배인지 풀이 과정을 쓰고 답을 구해 보세요.

▶ (집에서 학교까지의 거리) ÷ (집에서 서점까지의 거리)를 계산합니다.

풀이

답

3 가로가 9.3 m인 직사각형 모양의 밭의 넓이가 82.77 m²입니다. 이 밭의 세로는 몇 m인지 풀이 과정을 쓰고 답을 구해 보세요.

▶ (직사각형의 넓이)
= (가로) × (세로)

풀이 _____

_____

_____

_____

답 _____

4 대추 37.14 kg을 한 자루에 5 kg씩 나누어 담으려고 합니다. 나누어 담을 수 있는 자루 수와 남는 대추는 몇 kg인지 풀이 과정을 쓰고 답을 구해 보세요.

▶ (전체 대추의 무게) ÷ (한 자루에 담는 대추의 무게)를 계산하여 몇 자루에 담고, 남는 대추는 몇 kg인지 알아봅니다.

풀이 _____

_____

_____

_____

답 _____,_____

2. 소수의 나눗셈 **13**

2

5

나눗셈의 몫을 반올림하여 소수 첫째 자리까지 나타낸 몫과 소수 둘째 자리까지 나타낸 몫의 차는 얼마인지 풀이 과정을 쓰고 답을 구해 보세요.

$$65.3 \div 4.7$$

풀이

답

▶ 몫을 반올림하여 소수 첫째 자리까리 나타내려면 소수 둘째 자리에서 반올림하고, 소수 둘째 자리까지 나타내려면 소수 셋째 자리에서 반올림합니다.

6

㉮ * ㉯ = (㉮ ÷ ㉯) × 2일 때 다음을 계산한 값은 얼마인지 풀이 과정을 쓰고 답을 구해 보세요.

$$(8.32 * 2.6) * 0.4$$

풀이

답

▶ ㉮ * ㉯는 ㉮를 ㉯로 나눈 후 2를 곱한 것입니다.

7 나눗셈에서 몫의 소수 18째 자리 숫자를 구하려고 합니다. 풀이 과정을 쓰고 답을 구해 보세요.

$$1.4 \div 2.7$$

풀이

답

▶ $1.4 \div 2.7$을 계산하여 규칙을 찾습니다.

8 채은이가 탄 버스가 일정한 빠르기로 2시간 45분 동안 271 km를 달렸다면 1시간 동안 달린 거리는 몇 km인지 풀이 과정을 쓰고 답을 구해 보세요. (단, 반올림하여 소수 둘째 자리까지 나타내어 보세요.)

풀이

답

▶ ■분 $= \dfrac{■}{60}$시간임을 이용하여 2시간 45분은 몇 시간인지 구해 봅니다.

점수 | 확인 |

1 계산해 보세요.

(1) $64.8 \div 2.4$

(2) $5.18 \div 0.37$

2 잘못 계산한 곳을 찾아 바르게 계산해 보세요.

$$
\begin{array}{r}
2.7 \\
3.4\overline{)91.8} \\
68 \\
\hline
238 \\
238 \\
\hline
0
\end{array}
$$
→ □

3 $28.42 \div 2.9$와 몫이 같은 것은 어느 것일까요? (　　　)

① $2842 \div 29$ ② $284.2 \div 29$

③ $284.2 \div 2.9$ ④ $2842 \div 2.9$

⑤ $284.2 \div 290$

4 □ 안에 알맞은 수를 써넣으세요.

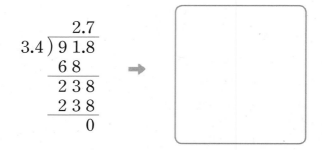

5 □ 안에 알맞은 수를 써넣으세요.

$6.88 \div 0.43 =$ □

$68.8 \div 0.43 =$ □

$688 \div 0.43 =$ □

6 □ 안에 알맞은 수를 써넣으세요.

□ $\times 6.1 = 35.38$

7 □ 안에 알맞은 수를 써넣으세요.

$$
\begin{array}{r}
\square4 \\
0.8\overline{)1\ 1.\square}
\end{array}
$$

8 빈칸에 알맞은 수를 써넣으세요.

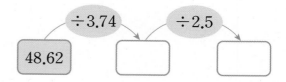

9 계산 결과를 비교하여 ○ 안에 >, =, <를 알맞게 써넣으세요.

$$26.97 \div 3.1 \bigcirc 38.54 \div 4.7$$

10 계산 결과가 가장 작은 것을 찾아 기호를 써 보세요.

> ㉠ $16.2 \div 3.6$
> ㉡ $15.4 \div 2.8$
> ㉢ $8.19 \div 1.95$

( )

11 주스 9.6 L를 컵 한 개에 0.6 L씩 따르려고 합니다. 주스를 모두 따르려면 컵이 몇 개 필요할까요?

( )

12 오빠의 몸무게는 61.36 kg이고, 언니의 몸무게는 47.2 kg입니다. 오빠의 몸무게는 언니의 몸무게의 몇 배일까요?

( )

13 다음 나눗셈의 몫을 구할 때 몫의 소수 13째 자리 숫자를 구해 보세요.

$$56.18 \div 0.9$$

( )

14 짐을 2465.5 kg까지 실을 수 있는 배가 있습니다. 이 배에 무게가 35 kg인 상자를 몇 개까지 실을 수 있을까요?

( )

15 길이가 39.31 cm인 끈을 6 cm씩 자르려고 합니다. 끈은 몇 도막까지 자를 수 있고 남는 끈은 몇 cm일까요?

( ), ( )

16 희수는 3.72 km를 걷는 데 1.4시간이 걸렸습니다. 희수가 일정한 빠르기로 걷는다면 1시간 동안 몇 km를 갈 수 있는지 반올림하여 소수 첫째 자리까지 나타내어 보세요.

(   )

17 밑변의 길이가 7.8 cm인 삼각형의 넓이가 25.35 cm^{2}입니다. 이 삼각형의 높이는 몇 cm일까요?

(   )

18 □ 안에 수 카드 [4], [8], [5]를 한 번씩만 넣어 다음 나눗셈식을 완성하려고 합니다. 몫이 가장 작을 때의 몫을 구해 보세요.

$$89.67 \div \boxed{}.\boxed{}\boxed{}$$

(   )

술술 서술형

19 어떤 수를 3으로 나누었더니 몫이 3.6이었습니다. 어떤 수를 0.8로 나눈 몫은 얼마인지 풀이 과정을 쓰고 답을 구해 보세요.

풀이

답

20 길이가 57.6 m인 직선 도로의 양쪽에 처음부터 끝까지 나무를 심으려고 합니다. 7.2 m 간격으로 나무를 심는다면 필요한 나무는 모두 몇 그루인지 풀이 과정을 쓰고 답을 구해 보세요. (단, 나무의 굵기는 생각하지 않습니다.)

풀이

답

점수 | 확인

1 보기 와 같이 계산해 보세요.

보기

$$4.62 \div 3.3 = \frac{46.2}{10} \div \frac{33}{10}$$
$$= 46.2 \div 33 = 1.4$$

$10.35 \div 4.5$

2 관계있는 것끼리 이어 보세요.

4.8÷0.8	•		•	5
9.1÷1.3	•		•	6
23.5÷4.7	•		•	7

3 □ 안에 알맞은 수를 써넣으세요.

$456 \div 8 = 57$

$456 \div 0.8 = \boxed{}$

$456 \div 0.08 = \boxed{}$

4 가장 큰 수를 가장 작은 수로 나눈 몫을 구해 보세요.

| 8.68 | 2.17 | 6.51 |

(   )

5 계산 결과를 비교하여 ○ 안에 >, =, <를 알맞게 써넣으세요.

$42 \div 2.8$ ◯ $63 \div 3.5$

6 나눗셈의 몫을 반올림하여 소수 첫째 자리까지 나타내어 보세요.

$9.26 \div 3.14$

(   )

7 계산 결과가 <u>다른</u> 하나는 어느 것일까요?

(   )

① $35 \div 1.4$ ② $3.5 \div 0.14$
③ $350 \div 14$ ④ $0.35 \div 0.014$
⑤ $3.5 \div 0.014$

8 빈칸에 알맞은 수를 써넣으세요.

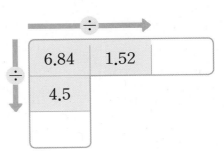

9 □ 안에 들어갈 수 있는 자연수를 모두 구해 보세요.

$$16.45 \div 3.5 > \square$$

( )

10 집에서 학교까지의 거리는 집에서 서점까지의 거리의 몇 배일까요?

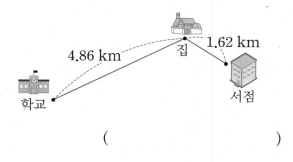

( )

11 계산 결과가 작은 것부터 차례로 기호를 써 보세요.

㉠ $21.7 \div 0.7$	㉡ $32 \div 1.6$
㉢ $45.6 \div 2.4$	㉣ $66.75 \div 2.67$

( )

12 어떤 수를 3.8로 나누어야 할 것을 잘못하여 곱하였더니 34.656이 되었습니다. 바르게 계산했을 때의 몫을 구해 보세요.

( )

13 고구마 174 kg을 한 상자에 14.5 kg씩 나누어 담으면 몇 상자가 될까요?

( )

14 다음 나눗셈의 몫을 구할 때 몫의 소수 8째 자리 숫자를 구해 보세요.

$$9.4 \div 2.2$$

( )

15 64.9 L 들이의 빈 수조에 물을 가득 채우려면 들이가 2 L인 그릇에 물을 가득 채워 적어도 몇 번 부어야 할까요?

( )

16 굵기가 일정한 나무 막대 9 m 45 cm의 무게가 38.62 kg이라고 합니다. 나무 막대 1 m의 무게는 몇 kg인지 반올림하여 소수 둘째 자리까지 나타내어 보세요.

(   )

17 한 대각선의 길이가 7.2 cm인 마름모의 넓이가 42.48 cm²입니다. 이 마름모의 다른 대각선의 길이는 몇 cm일까요?

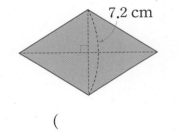

7.2 cm

(   )

18 수 카드 8 , 5 , 9 , 2 , 6 을 모두 한 번씩만 사용하여 다음 나눗셈식을 만들려고 합니다. 만들 수 있는 나눗셈식 중에서 몫이 가장 클 때의 몫을 구해 보세요.

□.□□÷□.□

(   )

19 길이가 40 m인 다리 양쪽에 1.25 m 간격으로 처음부터 끝까지 깃발을 꽂으려고 합니다. 필요한 깃발은 모두 몇 개인지 풀이 과정을 쓰고 답을 구해 보세요. (단, 깃발의 두께는 생각하지 않습니다.)

풀이

답

20 휘발유 1.5 L로 18.45 km를 갈 수 있는 자동차가 있습니다. 휘발유 1 L의 값이 2050원이라면 이 자동차가 86.1 km를 가는 데 필요한 휘발유의 값은 얼마인지 풀이 과정을 쓰고 답을 구해 보세요.

풀이

답

서술형 문제

1 주영이는 쌓기나무를 15개 가지고 있습니다. 주어진 모양과 똑같이 만들고 남은 쌓기나무는 몇 개인지 풀이 과정을 쓰고 답을 구해 보세요.

위에서 본 모양

▶ 위에서 본 모양을 보고 각 층별로 쌓인 쌓기나무의 개수를 세어 봅니다.

풀이 _____

_____

_____

_____

답 _____

2 쌓기나무로 쌓은 모양을 보고 위에서 본 모양에 수를 썼습니다. 왼쪽 모양을 오른쪽 모양과 똑같이 쌓으려면 쌓기나무는 몇 개 더 필요한지 풀이 과정을 쓰고 답을 구해 보세요.

▶ 왼쪽 그림의 쌓기나무의 개수는 위에서 본 모양의 수를 더한 것과 같습니다.

위

1	2	1
1	2	2

위에서 본 모양

풀이 _____

_____

_____

_____

답 _____

3

쌓기나무로 쌓은 모양을 보고 위에서 본 모양에 수를 썼습니다. 앞과 옆에서 본 모양을 그리는 방법을 쓰고 그려 보세요.

▶ 각 줄별로 가장 높은 층을 기준으로 그립니다.

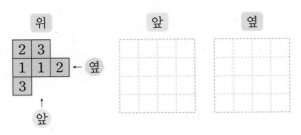

위   앞   옆

↑ 앞

방법 ....

....

....

....

4

쌓기나무로 쌓은 모양을 보고 위에서 본 모양에 수를 썼습니다. 2층에 있는 쌓기나무는 몇 개인지 풀이 과정을 쓰고 답을 구해 보세요.

▶ 2층에 쌓기나무가 있으려면 각 칸에 있는 수가 얼마 이상이어야 하는지 생각해 봅니다.

위

```
      4 3
    3 2 4
    1 3 2
```

풀이 ....

....

....

....

답 ....

5

쌓기나무로 쌓은 모양을 위, 앞, 옆에서 본 모양입니다. 똑같은 모양으로 쌓는 데 필요한 쌓기나무는 몇 개인지 풀이 과정을 쓰고 답을 구해 보세요.

▶ 앞과 옆에서 본 모양을 통해 위에서 본 모양의 각 자리에 쌓기나무를 몇 개씩 쌓아야 할지 생각해 봅니다.

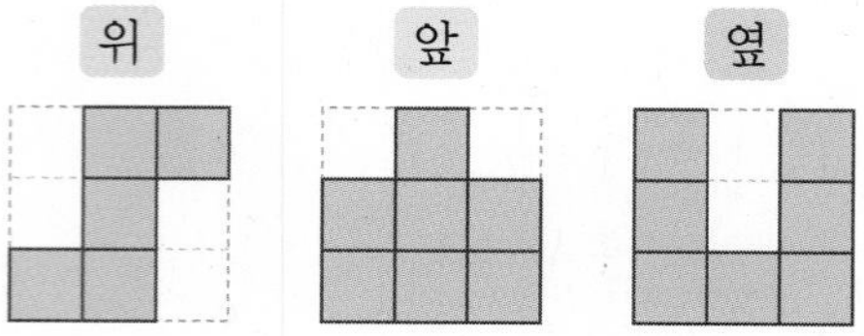

위　　　앞　　　옆

풀이

답

6

지우와 인혜가 쌓기나무로 쌓은 모양과 이를 위에서 본 모양입니다. 쌓기나무를 더 많이 사용한 사람은 누구인지 풀이 과정을 쓰고 답을 구해 보세요.

▶ 위에서 본 모양을 보고 각 층별로 쌓인 쌓기나무의 개수를 세어 봅니다.

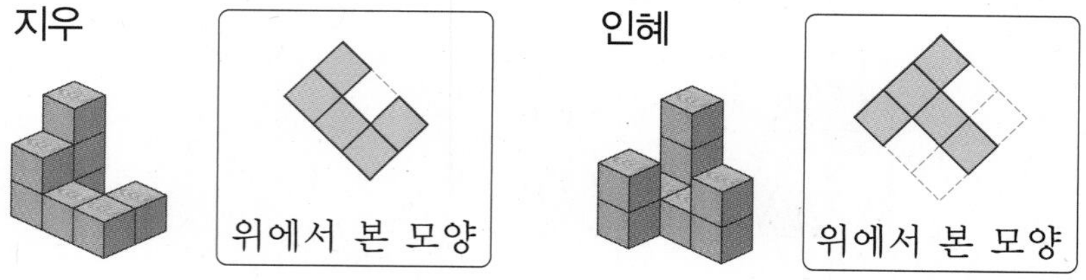

지우　　　위에서 본 모양

인혜　　　위에서 본 모양

풀이

답

7 다음 모양에 쌓기나무를 더 쌓아 가장 작은 정육면체 모양을 만들려고 합니다. 더 필요한 쌓기나무는 몇 개인지 풀이 과정을 쓰고 답을 구해 보세요.

위에서 본 모양

> 가로, 세로, 높이 중 가장 긴 것을 한 모서리로 하는 정육면체를 쌓아야 합니다.

풀이 ....

....

....

....

답 ....

3

8 한 모서리의 길이가 1 cm인 쌓기나무로 다음과 같은 모양을 만들었습니다. 만든 모양의 겉넓이는 몇 cm²인지 풀이 과정을 쓰고 답을 구해 보세요.

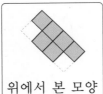

위에서 본 모양

> 한 모서리의 길이가 1 cm인 쌓기나무 한 개의 한 면의 넓이는 1 cm²입니다.

풀이 ....

....

....

....

답 ....

점수 | 확인

[1~3] 그림을 보고 물음에 답하세요.

가   나

위에서 본 모양

1 가와 똑같은 모양을 만들기 위해 필요한 쌓기 나무는 적어도 몇 개일까요?

( )

2 나와 똑같은 모양을 만들기 위해 필요한 쌓기 나무는 몇 개일까요?

( )

3 가와 나 중 어느 그림이 쌓기나무의 수를 정확히 알 수 있는지 쓰고, 그 이유를 써 보세요.

( )

이유 _____

_____

4 오른쪽은 쌓기나무 7개로 쌓은 모양입니다. 옆에서 본 모양에 ○표 하세요.

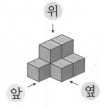

( ) ( ) ( )

5 쌓기나무로 쌓은 모양을 보고 위에서 본 모양에 수를 써 보세요.

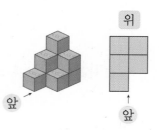

6 쌓기나무로 쌓은 모양을 층별로 나타낸 모양을 보고 쌓은 모양을 찾아 기호를 써 보세요.

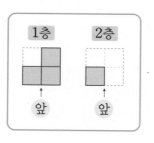

가 나

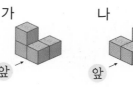

( )

[7~8] 쌓기나무로 만든 모양을 보고 물음에 답하세요.

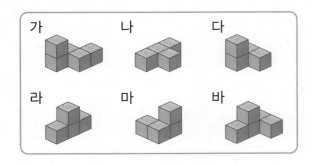

7 다 모양과 같은 모양을 찾아 기호를 써 보세요.

( )

8 다 모양에 쌓기나무 1개를 더 붙여서 만들 수 있는 모양을 모두 찾아 기호를 써 보세요.

( )

9 은수는 쌓기나무 20개를 가지고 있습니다. 주어진 모양과 똑같은 모양을 만들고 남은 쌓기나무는 몇 개일까요?

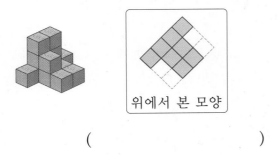

위에서 본 모양

( )

10 오른쪽은 쌓기나무 10개로 쌓은 모양입니다. 위, 앞, 옆에서 본 모양을 각각 그려 보세요.

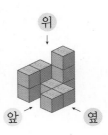

위	앞	옆

11 쌓기나무로 쌓은 모양을 보고 1층, 2층, 3층 모양을 각각 그려 보세요.

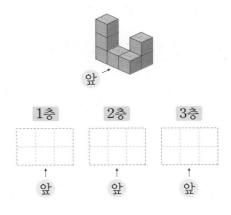

앞 →

1층	2층	3층
↑ 앞	↑ 앞	↑ 앞

[12~13] 쌓기나무로 쌓은 모양을 층별로 나타낸 모양입니다. 물음에 답하세요.

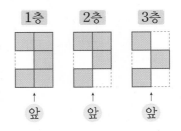

1층   2층   3층
↑앞   ↑앞   ↑앞

12 층별로 나타낸 모양을 보고 위에서 본 모양에 수를 쓰는 방법으로 나타내어 보세요.

위

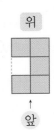

↑ 앞

13 똑같은 모양으로 쌓는 데 필요한 쌓기나무는 몇 개일까요?

( )

14 모양에 쌓기나무 1개를 붙여서 만들 수 있는 모양을 3가지 만들어 보세요.

15 쌓기나무로 쌓은 모양을 보고 위에서 본 모양에 수를 썼습니다. 앞과 옆에서 본 모양을 각각 그려 보세요.

16 쌓기나무로 쌓은 모양을 위, 앞, 옆에서 본 모양입니다. 똑같은 모양으로 쌓는 데 필요한 쌓기나무는 몇 개일까요?

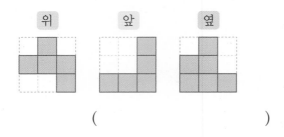

(   )

17 쌓기나무를 4개씩 붙여서 만든 두 가지 모양을 사용하여 새로운 모양을 만들었습니다. 어떻게 만들었는지 구분하여 색칠해 보세요.

18 쌓기나무 9개로 쌓은 모양입니다. ㉠의 자리에 쌓기나무 3개를 더 쌓았을 때 옆에서 본 모양을 그려 보세요.

19 윤서와 연우는 다음과 같이 쌓기나무를 쌓았습니다. 누가 사용한 쌓기나무가 몇 개 더 많은지 풀이 과정을 쓰고 답을 구해 보세요.

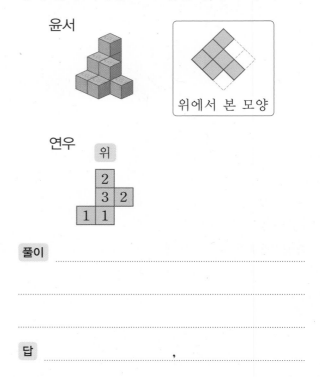

풀이

답   ,

20 위, 앞, 옆에서 본 모양이 다음과 같도록 쌓기나무를 쌓으려고 합니다. 최대로 사용할 때와 최소로 사용할 때 필요한 쌓기나무는 각각 몇 개인지 풀이 과정을 쓰고 답을 구해 보세요.

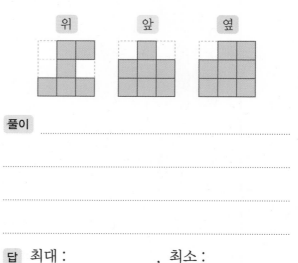

풀이

답 최대 :   , 최소 :

점수 | 확인

1 쌓기나무로 쌓은 모양을 보고 위에서 본 모양을 그렸습니다. 관계있는 것끼리 이어 보세요.

 · ·

 · ·

[2~3] 주어진 모양과 똑같이 쌓는 데 필요한 쌓기나무의 개수를 구해 보세요.

2

위에서 본 모양

( )

3

위에서 본 모양

( )

4 오른쪽과 같이 쌓기나무 8개로 쌓은 모양을 보고 위, 앞, 옆에서 본 모양을 각각 그려 보세요.

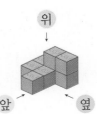

위   앞   옆

[5~6] 쌓기나무로 쌓은 모양과 이를 위에서 본 모양입니다. 물음에 답하세요.

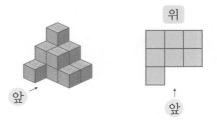

5 쌓기나무로 쌓은 모양을 보고 위에서 본 모양에 수를 써 보세요.

6 똑같은 모양으로 쌓는 데 필요한 쌓기나무는 몇 개일까요?

( )

7 쌓기나무로 쌓은 모양과 이를 위에서 본 모양입니다. 옆에서 보았을 때 가능한 모양을 두 가지 그려 보세요.

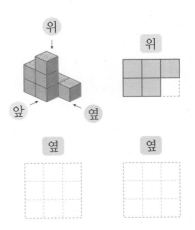

옆   옆

8 모양에 쌓기나무 1개를 더 붙여서 만들 수 있는 모양을 2가지 그려 보세요.

9 쌓기나무로 쌓은 모양과 1층 모양을 보고 2층과 3층 모양을 각각 그려 보세요.

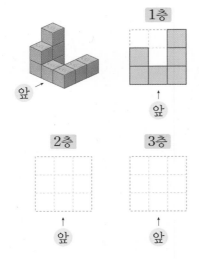

10 쌓기나무를 위, 앞, 옆에서 본 모양입니다. 가능한 모양을 찾아 기호를 써 보세요.

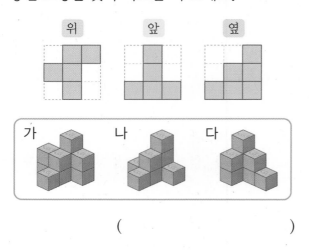

( )

11 쌓기나무를 3개씩 붙여서 만든 똑같은 모양 3개를 사용하여 새로운 모양을 만들었습니다. 어떻게 만들었는지 구분하여 색칠해 보세요.

12 쌓기나무로 쌓은 모양을 보고 위에서 본 모양에 수를 썼습니다. 앞과 옆에서 본 모양을 각각 그려 보세요.

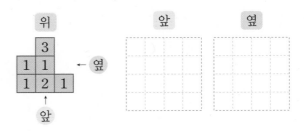

[13~14] 쌓기나무로 쌓은 모양을 층별로 나타낸 모양을 보고 물음에 답하세요.

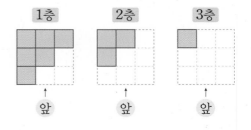

13 똑같은 모양으로 쌓는 데 필요한 쌓기나무는 몇 개일까요?

( )

14 앞에서 본 모양을 그려 보세요.

15 쌓기나무 12개로 만든 모양입니다. 색칠한 쌓기나무 3개를 빼내었을 때 앞에서 본 모양을 그려 보세요.

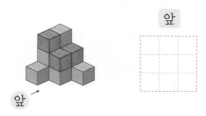

16 위, 앞, 옆에서 본 모양이 다음과 같은 쌓기나무 모양을 만들려고 합니다. 쌓기나무를 최대로 사용할 때 필요한 개수를 구해 보세요.

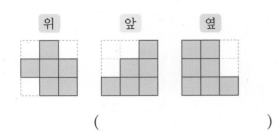

(   )

17 쌓기나무를 4개씩 붙여서 만든 두 가지 모양을 사용하여 만들 수 있는 모양을 찾아 기호를 써 보세요.

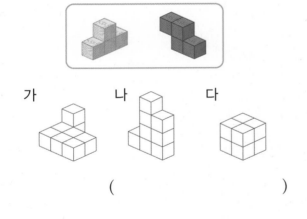

(   )

18 쌓기나무로 쌓은 모양을 보고 위에서 본 모양에 수를 쓴 것입니다. 3층에 놓인 쌓기나무가 더 많은 것은 가와 나 중 어느 것일까요?

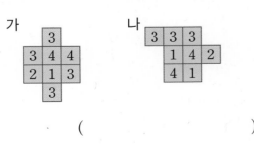

(   )

19 그림과 같은 모양에 쌓기나무를 더 쌓아서 가장 작은 정육면체를 만들려고 합니다. 더 필요한 쌓기나무는 몇 개인지 풀이 과정을 쓰고 답을 구해 보세요.

위에서 본 모양

풀이 ....

....

....

....

답 ....

20 한 모서리의 길이가 1 cm인 쌓기나무로 다음 그림과 같이 쌓았습니다. 쌓은 모양의 겉넓이는 몇 cm²인지 풀이 과정을 쓰고 답을 구해 보세요.

위에서 본 모양

풀이 ....

....

....

....

답 ....

1

비례식에서 내항의 곱이 108일 때 ㉠과 ㉡의 합은 얼마인지 풀이 과정을 쓰고 답을 구해 보세요.

$$4 : ㉠ = 9 : ㉡$$

외항
$4 : ㉠ = 9 : ㉡$
내항

풀이 ....

....

....

....

답 ....

2

$3\dfrac{1}{3} : 4.5$를 간단한 자연수의 비 ㉠ : ㉡으로 나타낼 때 ㉠과 ㉡의 차는 얼마인지 풀이 과정을 쓰고 답을 구해 보세요.

▶ 먼저 대분수를 가분수로, 소수를 분수로 나타냅니다.

풀이 ....

....

....

....

답 ....

3 같은 숙제를 하는 데 선우는 2시간, 윤수는 3시간이 걸렸습니다. 선우와 윤수가 1시간 동안 한 숙제의 양을 간단한 자연수의 비로 나타내려고 합니다. 풀이 과정을 쓰고 답을 구해 보세요.

풀이

답

▶ 전체 숙제의 양을 1로 생각할 때 선우와 윤수가 1시간 동안 한 숙제의 양은 전체의 몇 분의 몇인지 구해 봅니다.

4 3 L의 페인트로 27 m²의 벽을 칠할 수 있습니다. 넓이가 90 m²인 벽을 칠하려면 페인트가 몇 L 필요한지 풀이 과정을 쓰고 답을 구해 보세요.

풀이

답

▶ 비례식에서 외항의 곱과 내항의 곱은 같다는 성질을 이용합니다.

5 성민이네 농장에서 수확한 사과와 배의 수의 비는 8 : 5입니다. 사과가 872개일 때 사과의 수와 배의 수의 차는 몇 개인지 풀이 과정을 쓰고 답을 구해 보세요.

▶ 비례식에서 외항의 곱과 내항의 곱은 같다는 성질을 이용합니다.

풀이 ....

....

....

....

답 ....

6 삼각형 ㄱㄴㄷ의 넓이가 21 cm^{2}일 때 삼각형 ㄱㄴㄹ의 넓이는 몇 cm^{2}인지 풀이 과정을 쓰고 답을 구해 보세요.

▶ 두 삼각형의 높이가 같을 때 넓이의 비는 밑변의 길이의 비와 같습니다.

ㄱ

ㄴ 2 cm ㄹ 5 cm ㄷ

풀이 ....

....

....

....

답 ....

7 둘레가 136 cm이고 가로와 세로의 비가 9 : 8인 직사각형이 있습니다. 이 직사각형의 넓이는 몇 cm²인지 풀이 과정을 쓰고 답을 구해 보세요.

풀이

답

▶ (직사각형의 둘레)
＝((가로)＋(세로))×2
임을 이용하여
(가로)＋(세로)의 값을 구합니다.

8 민정이의 시계는 고장이 나서 하루에 6분씩 늦어집니다. 민정이는 오전 7시에 시계를 정확히 맞추어 놓았습니다. 다음 날 오후 11시에 민정이의 시계가 가리키는 시각은 오후 몇 시 몇 분인지 풀이 과정을 쓰고 답을 구해 보세요.

풀이

답

▶ 하루는 24시간이므로 24시간에 6분이 늦어짐을 이용하여 비례식을 세워 봅니다.

점수 | 확인 |

1 비례식을 보고 외항과 내항을 모두 찾아 써 보세요.

$$9 : 15 = 3 : 5$$

외항 (   )

내항 (   )

2 비율이 같은 두 비를 찾아 비례식으로 나타내어 보세요.

$$2 : 7 \qquad 3 : 8 \qquad 9 : 16 \qquad 6 : 21$$

$$\boxed{} : \boxed{} = \boxed{} : \boxed{}$$

3 5 : 2와 비율이 같은 자연수의 비 중에서 전항이 30보다 작은 비를 3개 써 보세요.

(   )

4 비례식의 성질을 이용하여 □ 안에 알맞은 수를 써넣으세요.

$$3 : 11 = \boxed{} : 44$$

5 오른쪽은 밑변의 길이가 36 cm인 평행사변형입니다. 밑변의 길이와 높이의 비를 간단한 자연수의 비로 나타내어 보세요.

45 cm
50 cm
36 cm

(   )

6 텔레비전 화면의 가로와 세로의 비가 16 : 9입니다. 텔레비전 화면의 길이로 알맞은 것을 찾아 기호를 써 보세요.

㉠ 가로 32 cm, 세로 12 cm인 화면
㉡ 가로 32 cm, 세로 18 cm인 화면
㉢ 가로 48 cm, 세로 22 cm인 화면

(   )

7 비례식에서 $37 \times \boxed{}$의 값을 구해 보세요.

$$37 : 11 = 15 : \boxed{}$$

(   )

8 비 $\dfrac{3}{7} : \dfrac{\boxed{}}{9}$ 를 간단한 자연수의 비로 나타내었더니 27 : 14였습니다. □ 안에 알맞은 수를 구해 보세요.

(   )

9 자두 8개의 가격은 2800원입니다. 자두 30개의 가격은 얼마일까요?

(   )

10 수민이는 밀가루와 설탕의 양을 13 : 2의 비로 섞어서 쿠키를 만들려고 합니다. 설탕을 40 g 넣는다면 밀가루를 몇 g 넣어야 할까요?

(   )

11 현우와 유진이는 거리가 1600 m인 길을 양 끝에서 마주 보고 달리다가 서로 만났습니다. 현우와 유진이의 빠르기의 비가 9 : 7이라면 현우와 유진이는 각각 몇 m를 달렸을까요?

현우 (   )

유진 (   )

12 ㉮ : ㉯를 간단한 자연수의 비로 나타내어 보세요.

$$㉮ \times \frac{3}{4} = ㉯ \times \frac{2}{7}$$

(   )

13 두 정사각형 가와 나의 넓이의 비가 1 : 4일 때 나의 한 변의 길이는 몇 cm일까요?

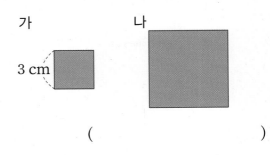

(   )

14 비례식에서 □ 안에 알맞은 수를 구해 보세요.

$$4 : (3 + \square) = 21 : 42$$

(   )

15 두 원 ㉮와 ㉯가 다음 그림과 같이 겹쳐져 있습니다. 겹쳐진 부분의 넓이는 ㉮의 $\frac{3}{4}$이고, ㉯의 $\frac{1}{3}$입니다. ㉮와 ㉯의 넓이의 비를 간단한 자연수의 비로 나타내어 보세요.

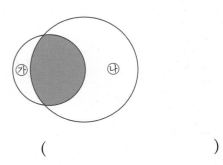

(   )

16 어느 회사에 아버지는 2800만 원, 삼촌은 3500만 원을 투자하여 540만 원의 이익을 얻었습니다. 이익금을 투자한 금액의 비로 나누면 아버지와 삼촌은 각각 얼마씩 받아야 할까요?

아버지 (   )

삼촌 (   )

17 어느 기차는 1시간에 300 km를 달립니다. 이 기차가 일정한 빠르기로 3시간 45분 동안 간 거리는 몇 km일까요?

(   )

18 환전은 종류가 다른 화폐를 교환하는 것을 말합니다. 은상이가 방학 동안 중국 여행을 다녀온 후 남은 돈 250위안을 우리나라 돈으로 교환하려고 합니다. 얼마를 받을 수 있을까요?

통화명	현찰	
	살 때	팔 때
중국 CNY (1위안)	180원	165원

(   )

19 가로와 세로의 비가 7 : 5인 직사각형이 있습니다. 가로가 21 cm일 때 직사각형의 둘레는 몇 cm인지 풀이 과정을 쓰고 답을 구해 보세요.

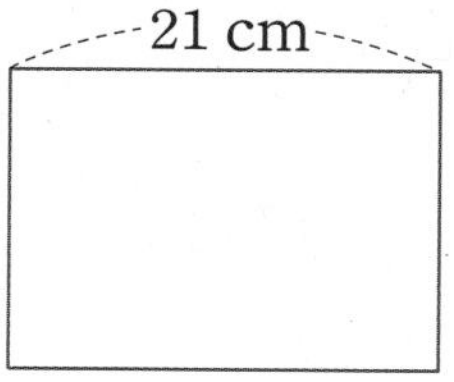

풀이 _____

_____

_____

답 _____

20 희라와 동생은 방학 동안 할아버지 농장에서 복숭아를 땄습니다. 희라의 일기를 읽고 희라가 받은 용돈은 얼마인지 풀이 과정을 쓰고 답을 구해 보세요.

8월 10일 토요일   날씨: 맑음
오늘은 할아버지 농장에서 동생과 함께 복숭아를 땄다. 나는 35 kg을 땄고, 동생은 28 kg을 땄다. 할아버지께서 복숭아를 딴 무게의 비로 나누어 용돈을 주셨다. 나는 □원을, 동생은 2만 원을 받았다.

풀이 _____

_____

_____

답 _____

다시 점검하는 **기출 단원 평가** Level ❷

점수 | 확인 |

1 외항이 4와 6이고 내항이 3과 8인 비례식입니다. ☐ 안에 알맞은 수를 써넣으세요.

$$4 : \boxed{} = 8 : \boxed{}$$

2 비의 성질을 이용하여 ☐ 안에 알맞은 수를 써넣으세요.

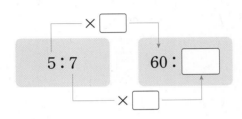

3 간단한 자연수의 비로 나타내려고 합니다. ☐ 안에 알맞은 수를 써넣으세요.

$$\frac{2}{5} : 3 = \left(\frac{2}{5} \times \boxed{}\right) : \left(3 \times \boxed{}\right)$$
$$= \boxed{} : \boxed{}$$

4 간단한 자연수의 비로 나타내어 보세요.

3.2 : 16

( )

5 다음 중 비례식이 <u>아닌</u> 것은 어느 것일까요?

( )

① 6 : 2 = 3 : 1   ② 10 : 25 = 2 : 5
③ 3 : 7 = 6 : 14   ④ 5 : 8 = 15 : 16
⑤ $11 : 12 = \dfrac{1}{12} : \dfrac{1}{11}$

6 비례식에서 외항의 합이 20일 때 내항의 차는 얼마일까요?

6 : 7 = ㉠ : ㉡

( )

7 직사각형의 가로와 세로의 비를 간단한 자연수의 비로 나타내어 보세요.

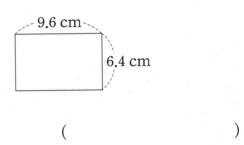

( )

8 길이가 42 m인 색 테이프를 6 : 1로 나누어 보세요.

( ), ( )

9 비례식에서 □ 안에 알맞은 수의 합을 구해 보세요.

$$\bigcirc \ 5.4 : 3\frac{3}{5} = \square : 2$$

$$\bigcirc \ 28 : \square = 4 : 7$$

(   )

10 비율이 $\frac{5}{8}$이고 외항의 곱이 240인 비례식이 있습니다. □ 안에 알맞은 수를 써넣어 비례식을 완성해 보세요.

$$\boxed{} : 16 = \boxed{} : \boxed{}$$

11 태극기의 가로와 세로의 비는 3 : 2입니다. 태극기의 가로를 48 cm로 하면 세로는 몇 cm로 해야 할까요?

(   )

12 수정이네 반 전체 학생의 40 %가 여학생이라고 합니다. 수정이네 반 여학생이 14명이라면 남학생은 몇 명일까요?

(   )

13 6에 어떤 수를 더한 수와 8의 비는 5 : 4와 비율이 같습니다. 어떤 수를 구해 보세요.

(   )

14 둘레가 280 cm이고 가로와 세로의 비가 9 : 5인 직사각형이 있습니다. 이 직사각형의 가로와 세로는 각각 몇 cm일까요?

가로 (   )
세로 (   )

15 A와 B 두 사람이 각각 420만 원, 300만 원을 투자하여 얻은 이익금을 투자한 금액의 비로 나누었습니다. A가 이익금으로 49만 원을 받았다면 두 사람이 얻은 총 이익금은 얼마일까요?

(   )

16 사다리꼴의 윗변의 길이와 아랫변의 길이의 비는 5 : 6이고, 높이는 윗변의 길이의 3배입니다. 아랫변의 길이가 12 cm일 때 사다리꼴의 넓이는 몇 cm²일까요?

( )

17 맞물려 돌아가는 두 톱니바퀴 ㉮와 ㉯가 있습니다. 톱니바퀴 ㉮가 42바퀴 도는 동안 톱니바퀴 ㉯는 28바퀴 돕니다. 톱니바퀴 ㉯의 톱니가 24개라면 톱니바퀴 ㉮의 톱니는 몇 개일까요?

( )

18 오른쪽 그림과 같은 물통에 1413 L의 물을 더 부으면 가득 차게 됩니다. 이 물통에 담긴 물의 높이가 1.2 m일 때 물통에 담긴 물의 양은 몇 L일까요?

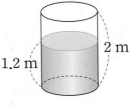

( )

19 유빈이와 지우는 고구마 75 kg을 캤습니다. 유빈이와 지우가 캔 고구마의 무게의 비가 11 : 14일 때 유빈이와 지우가 캔 고구마의 무게의 차는 몇 kg인지 풀이 과정을 쓰고 답을 구해 보세요.

풀이

답

20 동훈이는 누나와 동생에게 구슬을 똑같이 나누어 주어야 할 것을 잘못하여 2 : 5의 비로 나누어 주었더니 누나가 가진 구슬이 20개였습니다. 바르게 나누어 줄 때 누나가 가지게 되는 구슬은 몇 개인지 풀이 과정을 쓰고 답을 구해 보세요.

풀이

답

서술형 문제

1

지름이 2.65 cm인 500원짜리 동전을 세워서 한 바퀴 굴렸습니다. 동전이 움직인 거리는 몇 cm인지 풀이 과정을 쓰고 답을 구해 보세요. (원주율 : 3)

▶ 동전을 한 바퀴 굴렸을 때 움직인 거리는 동전의 원주와 같습니다.

풀이

답

2

두 원 가와 나의 반지름의 차는 몇 cm인지 풀이 과정을 쓰고 답을 구해 보세요. (원주율 : 3.1)

▶ (원주율) = (원주)÷(지름) 이므로
(지름) = (원주)÷(원주율) 입니다.

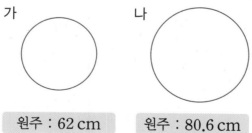

가   나

원주 : 62 cm   원주 : 80.6 cm

풀이

답

3 오른쪽 그림과 같은 한 변의 길이가 20 cm 인 정사각형 안에 들어갈 수 있는 가장 큰 원의 넓이는 몇 cm²인지 풀이 과정을 쓰고 답을 구해 보세요. (원주율 : 3)

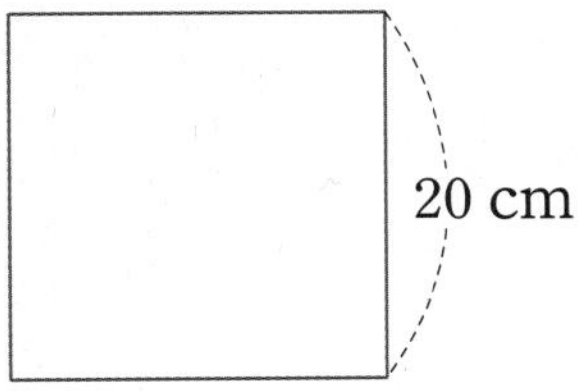

20 cm

▶ 정사각형 안에 들어갈 수 있는 가장 큰 원의 지름은 몇 cm인지 생각해 봅니다.

풀이 ....

....

....

....

답 ....

4 색칠한 부분의 넓이는 몇 cm²인지 풀이 과정을 쓰고 답을 구해 보세요.

(원주율 : 3.1)

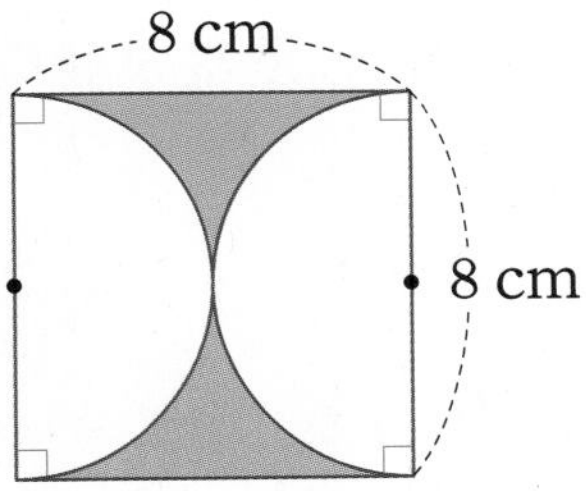

8 cm

8 cm

▶ (색칠한 부분의 넓이)
 ＝ (정사각형의 넓이)
 －(반원의 넓이)×2

5

풀이 ....

....

....

....

답 ....

5 놀이공원의 기차가 반지름이 6.5 m인 원 모양의 철로 위를 돌았더니 달린 거리가 195 m였습니다. 기차는 철로 위를 몇 바퀴 돌았는지 풀이 과정을 쓰고 답을 구해 보세요. (원주율 : 3)

▶ 기차가 한 바퀴 돌았을 때 달린 거리는 철로의 원주와 같습니다.

풀이 ....

....

....

....

답 ....

6 작은 원의 반지름은 30 cm의 0.4배일 때 큰 원의 넓이는 몇 cm² 인지 풀이 과정을 쓰고 답을 구해 보세요. (원주율 : 3.1)

▶ 먼저 작은 원의 반지름을 구한 다음 큰 원의 반지름을 구해 봅니다.

30 cm

풀이 ....

....

....

....

답 ....

7 과녁의 중심에 있는 가장 작은 원의 지름은 6 cm이고, 각 원의 반지름은 안에 있는 원의 반지름보다 2.5 cm씩 늘어납니다. 과녁의 넓이는 몇 cm²인지 풀이 과정을 쓰고 답을 구해 보세요. (원주율 : 3)

▶ 가장 작은 원의 반지름을 구한 다음 가장 큰 원의 반지름을 구해 봅니다.

6 cm

2.5 cm
2.5 cm

풀이 ......

답 ......

8 색칠한 부분의 둘레는 몇 cm인지 풀이 과정을 쓰고 답을 구해 보세요. (원주율 : 3.1)

▶ 색칠한 부분의 둘레를 세 부분으로 나누어 각각의 길이를 구해 봅니다.

5

6 cm   8 cm

풀이 ......

답 ......

다시 점검하는 기출 단원 평가 Level ❶

점수 | 확인

1 빈칸에 알맞은 수를 써넣으세요.

원주(cm)	지름(cm)	(원주)÷(지름)
31.4	10	

2 잘못 설명한 것을 찾아 기호를 써 보세요.

> ㉠ 원의 둘레를 원주라고 합니다.
> ㉡ 작은 원일수록 원주가 큽니다.
> ㉢ 원주율은 원의 크기와 관계없이 일정합니다.

( )

3 원 안의 정사각형과 원 밖의 정사각형의 넓이를 이용하여 원의 넓이를 어림하려고 합니다. ☐ 안에 알맞은 수를 써넣으세요.

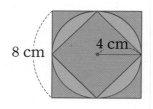

8 cm   4 cm

☐ cm² < (원의 넓이) < ☐ cm²

4 원주는 몇 cm일까요? (원주율 : 3.14)

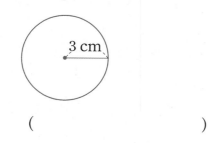

3 cm

( )

5 원주가 155 cm인 원의 반지름은 몇 cm일까요? (원주율 : 3.1)

( )

6 원의 넓이를 구해 보세요. (원주율 : 3.14)

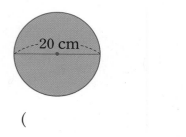

20 cm

( )

7 지름이 30 cm인 바퀴를 일직선으로 한 바퀴 굴렸더니 바퀴가 움직인 거리가 94.2 cm였습니다. 바퀴의 둘레는 지름의 몇 배일까요?

( )

8 호준이는 컴퍼스를 9 cm만큼 벌려서 원을 그렸습니다. 호준이가 그린 원의 넓이를 구해 보세요. (원주율 : 3.1)

( )

9 원주가 더 작은 원의 기호를 써 보세요.

(원주율 : 3.1)

⊙ 지름이 11 cm인 원
ⓒ 원주가 31.4 cm인 원

(   )

10 가장 큰 원의 원주는 몇 cm일까요?

(원주율 : 3.14)

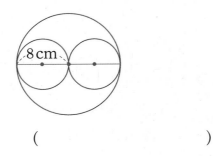

(   )

11 반원의 넓이는 몇 cm²일까요?

(원주율 : 3.14)

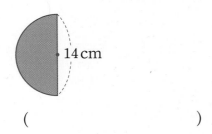

(   )

12 원주가 55.8 cm인 접시를 밑면이 정사각형 모양인 직육면체 모양의 상자에 담으려고 합니다. 상자의 밑면의 한 변의 길이는 적어도 몇 cm이어야 할까요? (원주율 : 3.1)

(   )

13 큰 원과 작은 원의 원주의 차는 몇 cm일까요? (원주율 : 3.14)

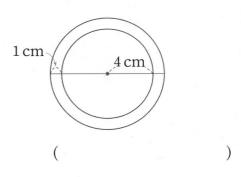

(   )

14 길이가 84 cm인 끈을 남김없이 사용하여 가장 큰 원을 만들었습니다. 만든 원의 반지름은 몇 cm일까요? (원주율 : 3)

(   )

15 원 안에 대각선의 길이가 16 cm인 정사각형을 그린 것입니다. 원의 넓이와 정사각형의 넓이의 차는 몇 cm²일까요? (원주율 : 3.1)

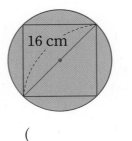

(   )

16 색칠한 부분의 둘레는 몇 cm일까요?

(원주율 : 3)

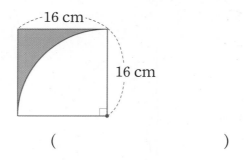

(　　　　　　)

[17~18] 색칠한 부분의 넓이를 구해 보세요.

(원주율 : 3.14)

17

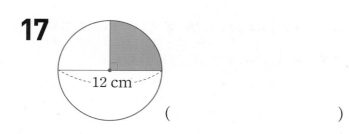

(　　　　　　)

18

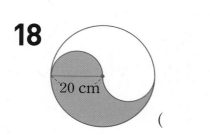

(　　　　　　)

19 원주가 105.4 cm일 때 원의 넓이는 몇 cm² 인지 풀이 과정을 쓰고 답을 구해 보세요.

(원주율 : 3.1)

풀이 _____

답 _____

20 캔 4개를 그림과 같이 끈으로 묶으려고 합니다. 매듭의 길이는 생각하지 않을 때 필요한 끈은 몇 cm인지 풀이 과정을 쓰고 답을 구해 보세요. (원주율 : 3.14)

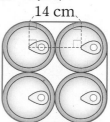

풀이 _____

답 _____

다시 점검하는 **기출 단원 평가** Level ❷

점수 | 확인

1 설명이 맞으면 ○표, 틀리면 ✕표 하세요.

(1) 원주는 지름의 약 3배입니다. ( )

(2) 원의 지름이 길어져도 원주는 변하지 않습니다. ( )

(3) 원주율은 원주를 지름으로 나눈 값입니다. ( )

2 원주를 구해 보세요. (원주율 : 3.14)

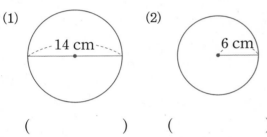

(1) 14 cm (2) 6 cm

( ) ( )

3 원주가 27 cm일 때 ☐ 안에 알맞은 수를 구해 보세요. (원주율 : 3)

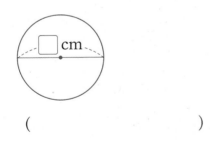

☐ cm

( )

4 원을 한없이 잘게 잘라 이어 붙여서 직사각형 모양을 만들었습니다. ☐ 안에 알맞은 수를 써넣으세요. (원주율 : 3)

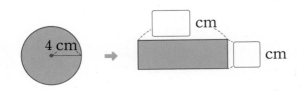

4 cm

5 빈칸에 알맞은 수를 써넣으세요.

(원주율 : 3.1)

반지름(cm)	원주(cm)
1	
5	

6 두 원의 넓이의 합은 몇 cm²일까요?

(원주율 : 3)

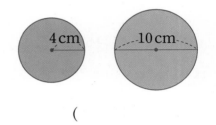

4 cm 10 cm

( )

7 진모는 지름이 14 cm인 원 모양의 냄비 뚜껑으로 원을 그렸습니다. 진모가 그린 원의 원주는 몇 cm일까요? (원주율 : 3.14)

( )

8 원의 넓이가 446.4 cm²일 때 ☐ 안에 알맞은 수를 써넣으세요. (원주율 : 3.1)

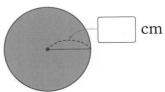

☐ cm

9 정미와 규성이가 가지고 있는 접시의 원주의 합은 몇 cm일까요? (원주율 : 3)

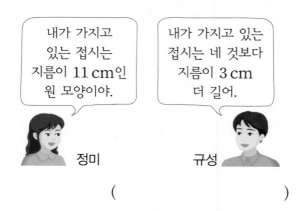

내가 가지고 있는 접시는 지름이 11 cm인 원 모양이야.

내가 가지고 있는 접시는 네 것보다 지름이 3 cm 더 길어.

정미   규성

(   )

10 소정이는 달을 관찰한 후 그림과 같이 달을 그렸습니다. 소정이가 그린 달의 반지름이 5 cm일 때 달의 넓이는 몇 cm²일까요?

(원주율 : 3.14)

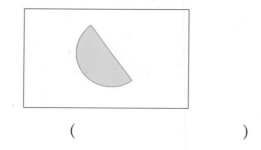

(   )

11 그림과 같은 직사각형 안에 그릴 수 있는 가장 큰 원의 넓이는 몇 cm²일까요?

(원주율 : 3)

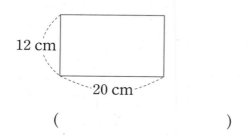

12 cm

20 cm

(   )

12 길이가 80 cm인 끈으로 원을 만들고 나니 10.92 cm의 끈이 남았습니다. 만든 원의 반지름은 몇 cm일까요? (원주율 : 3.14)

(   )

13 대관람차는 원 모양으로 도는 놀이 기구입니다. 동훈이는 대관람차를 타고 2바퀴를 돌았습니다. 이 대관람차의 지름이 77 m일 때 동훈이가 대관람차를 타고 움직인 거리는 몇 m일까요? (원주율 : 3.1)

(   )

14 육상 경기 종목 중 하나인 400 m 달리기는 400 m 트랙을 한 바퀴 도는 동안 직선 코스와 곡선 코스를 연이어 달리는 경기입니다. 다음 400 m 트랙을 보고 ☐ 안에 알맞은 수를 구해 보세요. (원주율 : 3.1))

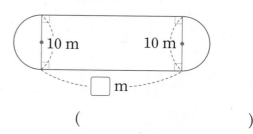

10 m   10 m

☐ m

(   )

15 가로가 157 cm이고 세로가 8 cm인 직사각형과 넓이가 같은 원이 있습니다. 이 원의 지름은 몇 cm일까요? (원주율 : 3.14)

(   )

16 지름이 30 cm인 원 모양 종이의 가격은 25000원입니다. 종이 1 cm²의 가격은 약 얼마인 셈인지 반올림하여 일의 자리까지 나타내어 보세요. (원주율 : 3.14)

(   )

17 색칠한 부분의 넓이를 구해 보세요. (원주율 : 3)

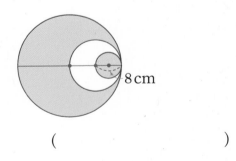

8 cm

(   )

18 두 원 ㉮, ㉯가 있습니다. ㉮의 반지름이 ㉯의 반지름의 3배일 때 ㉮의 넓이는 ㉯의 넓이의 몇 배일까요? (원주율 : 3.1)

(   )

19 찬성이는 반지름이 10.5 cm인 접시를 굴렸더니 접시가 움직인 거리가 189 cm였습니다. 접시를 몇 바퀴 굴렸는지 풀이 과정을 쓰고 답을 구해 보세요. (원주율 : 3)

풀이 _____

_____

_____

_____

답 _____

20 넓이가 가장 넓은 원을 찾아 기호를 쓰려고 합니다. 풀이 과정을 쓰고 답을 구해 보세요.

(원주율 : 3.1)

┌─────────────────────────┐
㉠ 반지름이 10 cm인 원
㉡ 원주가 86.8 cm인 원
㉢ 원의 넓이가 375.1 cm²인 원
└─────────────────────────┘

풀이 _____

_____

_____

_____

_____

답 _____

5

서술형 문제

1 원기둥을 둘러싼 면들의 특징을 두 가지 써 보세요.

▶ 원기둥의 밑면과 옆면의 특징을 생각해 봅니다.

특징 ....

....

....

....

2 원기둥의 한 밑면의 둘레가 36 cm일 때 원기둥의 전개도에서 옆면의 넓이는 몇 cm²인지 풀이 과정을 쓰고 답을 구해 보세요.

(원주율 : 3)

▶ 밑면의 둘레는 원기둥의 전개도에서 옆면의 가로와 같습니다.

7 cm

풀이 ....

....

....

....

답 ....

3 오른쪽과 같이 한 변을 기준으로 직각삼각형 모양의 종이를 돌려 원뿔을 만들었습니다. 원뿔의 높이와 밑면의 지름의 합은 몇 cm인지 풀이 과정을 쓰고 답을 구해 보세요.

10 cm 8 cm 6 cm

▶ 돌리기 전의 직각삼각형의 밑변의 길이는 원뿔의 밑면의 반지름과 같습니다.

풀이 ....

....

....

....

답 ....

4 원기둥, 원뿔, 구의 공통점과 차이점에 대해 <u>잘못</u> 말한 사람을 찾고, 그렇게 생각한 이유를 써 보세요.

▶ 원기둥, 원뿔, 구의 모양을 비교해 봅니다.

> 민재 : 원기둥과 원뿔은 뾰족한 부분이 있지만 구는 뾰족한 부분이 없습니다.
>
> 현지 : 원기둥, 원뿔, 구를 위에서 본 모양은 모두 원으로 같지만 앞과 옆에서 본 모양은 모두 다릅니다.

답 ....

이유 ....

....

....

6

5 원뿔을 앞에서 본 모양의 둘레는 몇 cm인지 풀이 과정을 쓰고 답을 구해 보세요.

16 cm
20 cm
24 cm

▶ 원뿔을 앞에서 본 모양은 삼각형입니다.

풀이 ....

....

....

....

답 ....

6 어떤 평면도형을 한 바퀴 돌려 만든 입체도형입니다. 돌리기 전의 평면도형의 넓이는 몇 cm²인지 풀이 과정을 쓰고 답을 구해 보세요. (원주율 : 3.1)

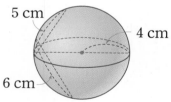

5 cm
4 cm
6 cm

▶ 반원 모양의 종이를 지름을 기준으로 돌리면 구 모양이 만들어집니다.

풀이 ....

....

....

....

답 ....

7

민아는 한 변이 18.6 cm인 정사각형 모양의 도화지에 다음과 같이 원기둥의 전개도를 그렸습니다. 이 전개도로 만든 원기둥의 겉넓이는 몇 cm²인지 풀이 과정을 쓰고 답을 구해 보세요. (원주율 : 3.1)

18.6 cm

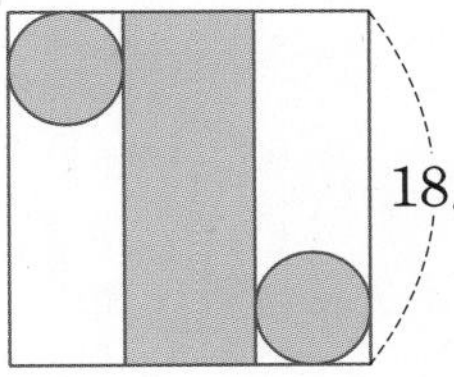

▶ 원기둥의 전개도에서 옆면의 가로는 밑면의 둘레와 같습니다.

풀이

답

8

다음은 원기둥의 전개도입니다. 원기둥의 한 밑면의 넓이는 몇 cm²인지 풀이 과정을 쓰고 답을 구해 보세요. (원주율 : 3.14)

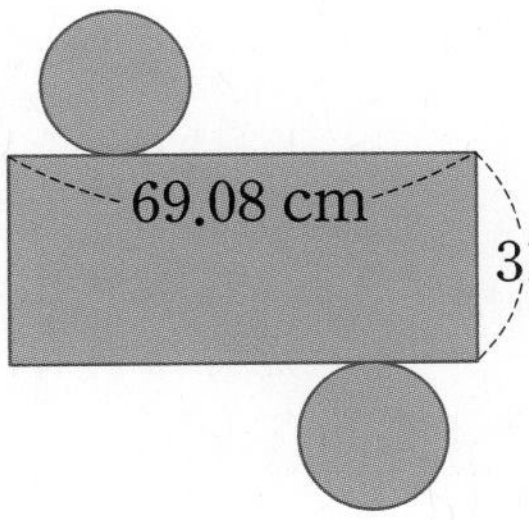

69.08 cm

31.4 cm

▶ 옆면의 가로를 이용하여 밑면의 반지름을 구합니다.

풀이

답

6

점수 |　확인 |

[1~3] 입체도형을 보고 물음에 답하세요.

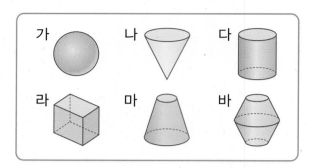

1 원기둥을 찾아 기호를 써 보세요.

(　　　　　)

2 원뿔을 찾아 기호를 써 보세요.

(　　　　　)

3 다와 라의 차이점을 써 보세요.

차이점 ....

....

4 오른쪽과 같이 반원 모양의 종이를 지름을 기준으로 한 바퀴 돌려 만들 수 있는 입체도형의 이름을 써 보세요.

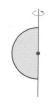

(　　　　　)

5 원뿔과 오각뿔을 보고 ☐ 안에 알맞은 말이나 수를 써넣으세요.

원뿔의 밑면은 ☐ 이고, 오각뿔의 밑면은

☐ 입니다.

원뿔과 오각뿔의 밑면은 ☐ 개로 같습니다.

6 원뿔을 옆에서 본 모양을 찾아 기호를 써 보세요.

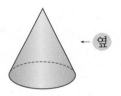
← 옆

　㉠ 원　　　　　㉡ 직사각형
　㉢ 삼각형　　　㉣ 사다리꼴

(　　　　　)

7 원뿔을 보고 빨간색 선분의 길이를 구해 보세요.

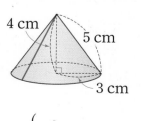
4 cm
5 cm
3 cm

(　　　　　)

8 구의 지름은 몇 cm일까요?

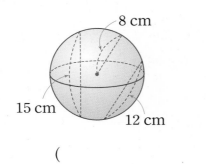

( )

9 오른쪽 원기둥을 위, 앞, 옆에서 본 모양을 각각 그려 보세요.

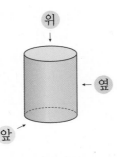

위에서 본 모양	앞에서 본 모양	옆에서 본 모양

10 두 입체도형의 높이의 차를 구해 보세요.

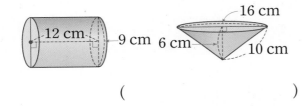

( )

11 원뿔에 대한 설명으로 <u>잘못된</u> 것을 모두 찾아 기호를 써 보세요.

> ㉠ 모선의 수는 무수히 많습니다.
> ㉡ 옆면은 옆을 둘러싼 평평한 면입니다.
> ㉢ 뾰족한 부분의 점을 원뿔의 꼭짓점이라고 합니다.
> ㉣ 꼭짓점과 밑면인 원의 둘레의 한 점을 이은 선분을 높이라고 합니다.

( )

12 ☐ 안에 알맞은 수를 써넣으세요.

(원주율 : 3.1)

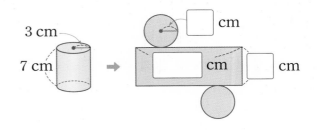

13 두 입체도형 가와 나의 공통점을 써 보세요.

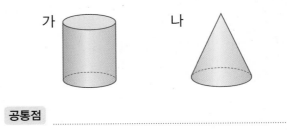

공통점 ....

14 공은 어느 방향으로도 잘 구르는 구 모양입니다. 공을 앞과 옆에서 보았을 때의 모양은 어떤 도형인지 차례로 써 보세요.

( ), ( )

15 원기둥의 겉넓이를 구해 보세요. (원주율 : 3.1)

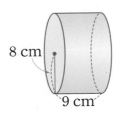

( )

6

16 원기둥 모양의 양초가 있습니다. 이 양초의 옆면에 시트지를 겹치는 부분 없이 붙이려고 합니다. 필요한 시트지의 넓이는 몇 cm²일까요? (원주율 : 3.14)

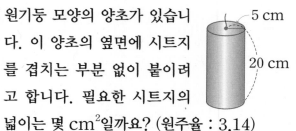

(   )

17 전개도가 다음과 같은 원기둥의 겉넓이는 몇 cm²일까요? (원주율 : 3)

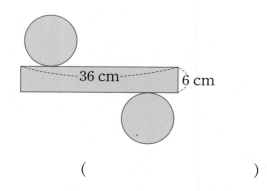

(   )

18 영호는 벽을 칠하기 위해 원기둥 모양의 롤러의 옆면에 페인트를 묻혀 벽에 3바퀴 굴렸습니다. 페인트가 칠해진 벽의 넓이는 몇 cm²일까요? (원주율 : 3.1)

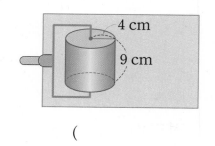

(   )

술술 서술형

19 원기둥의 전개도가 <u>아닌</u> 것을 찾아 기호를 쓰고, 원기둥이 아닌 이유를 써 보세요.

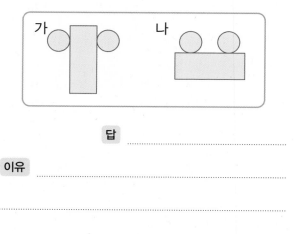

답 _____

이유 _____

_____

_____

20 원기둥의 전개도에서 옆면의 둘레는 몇 cm인지 풀이 과정을 쓰고 답을 구해 보세요.

(원주율 : 3.1)

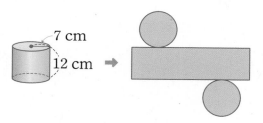

풀이 _____

_____

_____

_____

답 _____

다시 점검하는 **기출 단원 평가** Level **2**

점수 | 확인 |

1 원기둥을 모두 찾아 기호를 써 보세요.

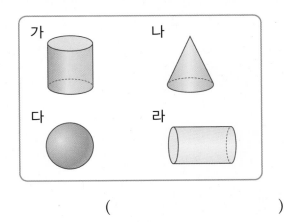

가   나   다   라

( )

2 오른쪽 입체도형은 원기둥이 아닙니다. 원기둥이 아닌 이유를 써 보세요.

이유 _____

_____

3 원기둥 모양인 음료수 캔의 높이는 몇 cm일까요?

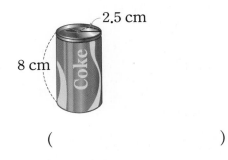

2.5 cm

8 cm

( )

4 원기둥의 전개도로 알맞은 것에 ○표 하세요.

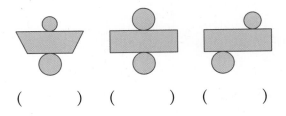

( ) ( ) ( )

5 원뿔에서 높이와 모선의 길이를 각각 구해 보세요.

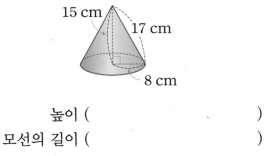

15 cm   17 cm   8 cm

높이 ( )
모선의 길이 ( )

6 직사각형 모양의 종이를 오른쪽 그림과 같이 한 변을 기준으로 돌렸을 때 만들어지는 입체도형은 어느 것일까요?

( )

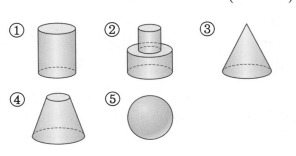

① ② ③
④ ⑤

7 반원 모양의 종이를 한 바퀴 돌려 만든 입체도형입니다. ☐ 안에 알맞은 수를 써넣으세요.

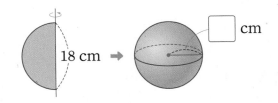

18 cm → ☐ cm

8 빈칸에 알맞은 말을 써넣으세요.

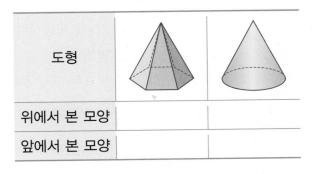

도형		
위에서 본 모양		
앞에서 본 모양		

9 원뿔을 보고 모선을 나타내는 선분을 모두 찾아 써 보세요.

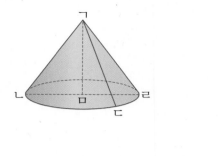

( )

10 구에 대한 설명으로 <u>잘못된</u> 것을 찾아 기호를 써 보세요.

> ㉠ 구의 중심은 1개입니다.
> ㉡ 구의 중심에서 구의 겉면의 한 점을 이은 선분을 구의 지름이라고 합니다.
> ㉢ 구의 반지름은 무수히 많습니다.

( )

11 혜리네 모둠은 원기둥과 원뿔의 공통점에 대하여 이야기하고 있습니다. <u>잘못</u> 말한 사람을 모두 찾아 이름을 써 보세요.

> 혜리 : 밑면은 모두 2개씩 있습니다.
> 민우 : 옆면은 굽은 면입니다.
> 석호 : 밑면의 모양은 모두 원입니다.
> 지영 : 둘 다 꼭짓점이 있습니다.

( )

12 원기둥의 한 밑면의 둘레를 구해 보세요.
(원주율 : 3.14)

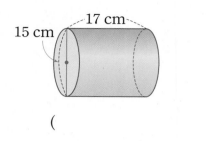

( )

13 구를 앞에서 본 모양의 둘레는 몇 cm일까요? (원주율 : 3)

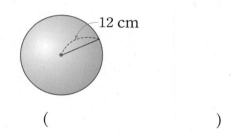

( )

14 원기둥의 한 밑면의 넓이는 $27\ cm^2$이고, 옆면의 넓이는 $162\ cm^2$입니다. 이 원기둥의 겉넓이는 몇 cm^2일까요? (원주율 : 3)

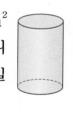

( )

15 전개도가 다음과 같은 원기둥의 겉넓이를 구해 보세요. (원주율 : 3.1)

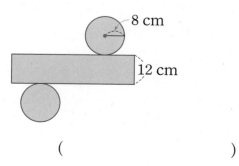

( )

16 원뿔을 위에서 본 모양은 반지름이 6 cm 인 원이고, 옆에서 본 모양의 둘레는 40 cm 입니다. 이 원뿔의 모선의 길이는 몇 cm인지 구해 보세요.

(   )

17 높이가 16 cm인 원기둥 모양의 롤러에 페인트를 묻힌 후 한 바퀴 굴렸더니 색칠된 부분의 넓이가 301.44 cm²였습니다. 롤러의 밑면의 지름은 몇 cm일까요? (원주율 : 3.14)

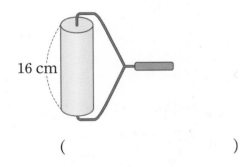

(   )

18 직사각형 모양의 종이를 한 변을 기준으로 돌려 만든 입체도형의 겉넓이를 구해 보세요.

(원주율 : 3.1)

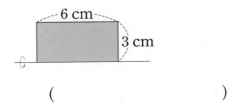

(   )

19 원기둥의 전개도에서 옆면의 가로와 세로의 차는 몇 cm인지 풀이 과정을 쓰고 답을 구해 보세요. (원주율 : 3.1)

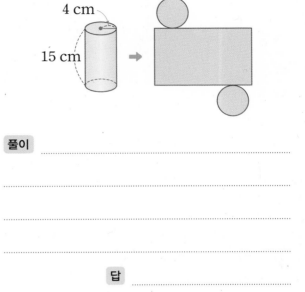

풀이 _____

_____

_____

_____

답 _____

20 다음은 원기둥 모양의 통나무를 반으로 잘라 만든 것입니다. 이 통나무의 모든 면에 하얀색 페인트를 칠할 때 페인트가 칠해질 부분의 넓이는 몇 cm²인지 풀이 과정을 쓰고 답을 구해 보세요. (원주율 : 3.1)

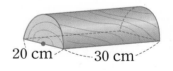

풀이 _____

_____

_____

_____

답 _____

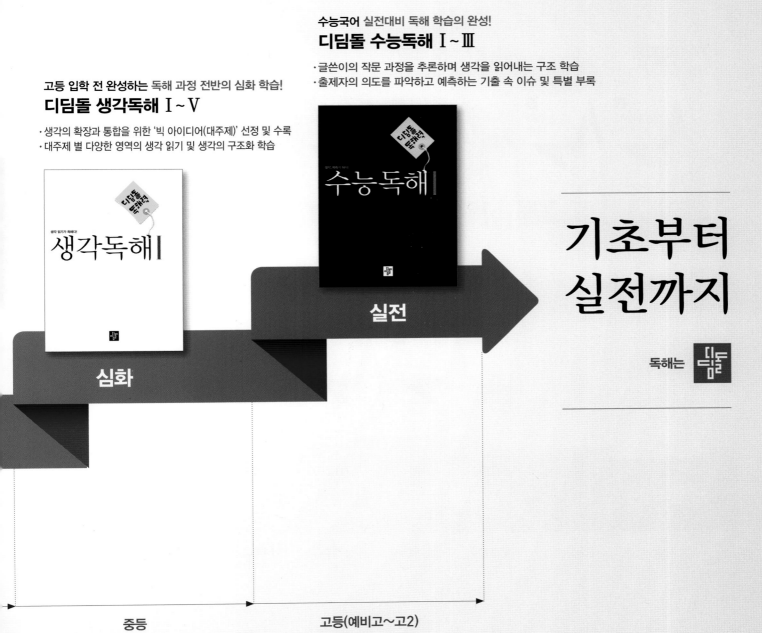

고등 입학 전 완성하는 독해 과정 전반의 심화 학습!
디딤돌 생각독해 Ⅰ~Ⅴ
· 생각의 확장과 통합을 위한 '빅 아이디어(대주제)' 선정 및 수록
· 대주제 별 다양한 영역의 생각 읽기 및 생각의 구조화 학습

수능국어 실전대비 독해 학습의 완성!
디딤돌 수능독해 Ⅰ~Ⅲ
· 글쓴이의 작문 과정을 추론하며 생각을 읽어내는 구조 학습
· 출제자의 의도를 파악하고 예측하는 기출 속 이슈 및 특별 부록

생각독해Ⅰ

수능독해Ⅰ

심화

실전

기초부터
실전까지

독해는 디딤돌

중등

고등(예비고~고2)

한걸음 한걸음 디딤돌을 걷다 보면
수학이 완성됩니다.

- **개념 다지기**
  원리, 기본

- **문제해결력 강화**
  문제유형, 응용

- **심화 완성**
  최상위 수학S, 최상위 수학

- **연산 개념 다지기**
  디딤돌 연산

- **개념+문제해결력 강화를 동시에**
  기본+유형, 기본+응용

- **상위권의 힘, 사고력 강화**
  최상위 사고력

개념 이해   개념 응용   개념 확장

학습 능력과 목표에 따라
맞춤형이 가능한 디딤돌 초등 수학

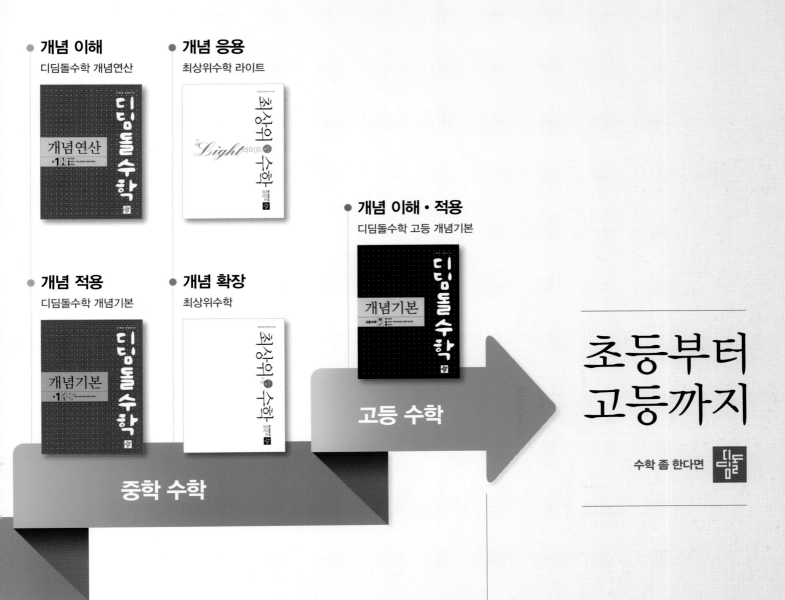

● 개념 이해
디딤돌수학 개념연산

● 개념 응용
최상위수학 라이트

● 개념 이해 · 적용
디딤돌수학 고등 개념기본

● 개념 적용
디딤돌수학 개념기본

● 개념 확장
최상위수학

고등 수학

중학 수학

초등부터
고등까지

수학 좀 한다면

개념을 이해하고, 깨우치고, 꺼내 쓰는
올바른 중고등 개념 학습서

상위권의 기준

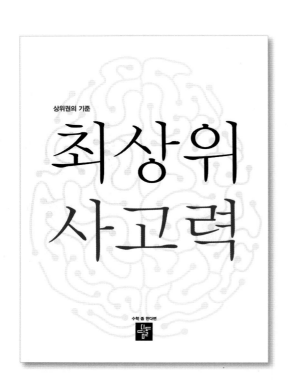

상위권의 기준

최상위
사고력

수학 좀 한다면
디딤돌

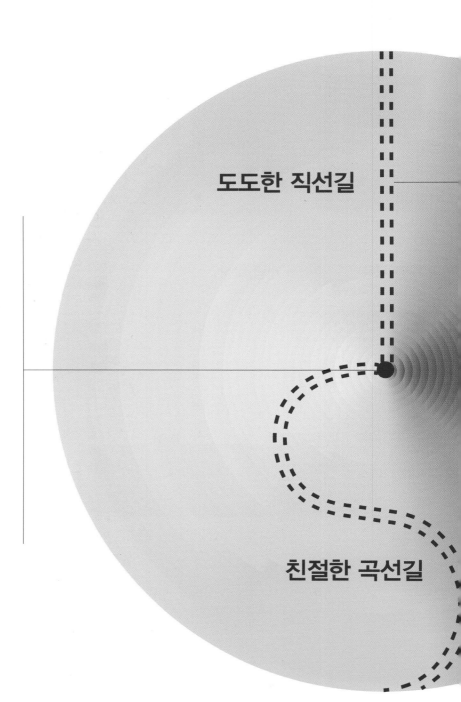

도도한 직선길

친절한 곡선길

응용 | 정답과 풀이

6
─
2

수학 좀 한다면

디딤돌

1 분수의 나눗셈

일상생활에서 분수의 나눗셈이 필요한 경우가 흔하지 않지만, 분수의 나눗셈은 초등학교에서 학습하는 소수의 나눗셈과 중학교 이후에 학습하는 유리수, 유리수의 계산, 문자와 식 등을 학습하는 데 토대가 되는 매우 중요한 내용입니다. 이 단원에서는 분모가 같은 분수의 나눗셈을 먼저 다룹니다. 분모가 같을 때에는 분자의 나눗셈으로 생각할 수 있는데 이는 두 자연수의 나눗셈이 되기 때문입니다. 다음에 분모가 다른 분수의 나눗셈을 분수의 곱셈으로 나타낼 수 있는 원리를 지도하고 있습니다. 분수의 나눗셈이 분수의 곱셈만큼 간단한 알고리즘으로 해결되기 위해서는 분수의 나눗셈 지도의 각 단계에서 나눗셈의 의미와 분수의 개념, 그리고 자연수 나눗셈의 의미를 바탕으로 충분히 비형식적으로 계산하는 과정이 필요합니다. 이런 비형식적인 계산 방법이 수학화된 것이 분수의 나눗셈 알고리즘이기 때문입니다.

1 (분수)÷(분수) 알아보기 (1)   8쪽

❶ 12, 4, 12, 4, 3

1 (1) 5 (2) 6 (3) 2 (4) 2

2 (1) < (2) =

3 $\frac{10}{11} \div \frac{2}{11} = 5$ / 5명

1 (1) $\frac{5}{9} \div \frac{1}{9} = 5 \div 1 = 5$

(2) $\frac{6}{11} \div \frac{1}{11} = 6 \div 1 = 6$

(3) $\frac{14}{17} \div \frac{7}{17} = 14 \div 7 = 2$

(4) $\frac{8}{13} \div \frac{4}{13} = 8 \div 4 = 2$

2 (1) $\frac{8}{15} \div \frac{2}{15} = 8 \div 2 = 4$

$\frac{10}{17} \div \frac{2}{17} = 10 \div 2 = 5$

(2) $\frac{9}{10} \div \frac{3}{10} = 9 \div 3 = 3$

$\frac{15}{16} \div \frac{5}{16} = 15 \div 5 = 3$

2 (분수)÷(분수) 알아보기 (2)   9쪽

❶ 11, 5, $\frac{11}{5}$, $2\frac{1}{5}$

4

5 (1) = (2) <

6 $\frac{8}{9} \div \frac{7}{9} = 1\frac{1}{7}$ / $1\frac{1}{7}$배

4 $\frac{\blacktriangle}{\blacksquare} \div \frac{\bullet}{\blacksquare} = \blacktriangle \div \bullet = \frac{\blacktriangle}{\bullet}$

5 (1) $\frac{8}{11} \div \frac{5}{11} = 8 \div 5 = \frac{8}{5}$, $\frac{8}{9} \div \frac{5}{9} = 8 \div 5 = \frac{8}{5}$

(2) $\frac{4}{15} \div \frac{9}{15} = 4 \div 9 = \frac{4}{9}$, $\frac{4}{9} \div \frac{7}{9} = 4 \div 7 = \frac{4}{7}$

분자가 같으므로 분모가 작은 분수가 더 큽니다.

➡ $\frac{4}{9} < \frac{4}{7}$

6 $\frac{8}{9} \div \frac{7}{9} = 8 \div 7 = \frac{8}{7} = 1\frac{1}{7}$(배)

3 (분수)÷(분수) 알아보기 (3)   10쪽

7 20, 21, 20, 21, $\frac{20}{21}$

8 (1) $\frac{1}{2} \div \frac{1}{4} = \frac{2}{4} \div \frac{1}{4} = 2 \div 1 = 2$

(2) $\frac{3}{5} \div \frac{3}{4} = \frac{12}{20} \div \frac{15}{20} = 12 \div 15 = \frac{\overset{4}{\cancel{12}}}{\underset{5}{\cancel{15}}} = \frac{4}{5}$

(3) $\frac{5}{6} \div \frac{2}{5} = \frac{25}{30} \div \frac{12}{30} = 25 \div 12 = \frac{25}{12} = 2\frac{1}{12}$

(4) $\frac{1}{16} \div \frac{1}{8} = \frac{1}{16} \div \frac{2}{16} = 1 \div 2 = \frac{1}{2}$

9 $\frac{35}{54}$

7 분모가 다른 분수의 나눗셈은 분모를 같게 통분하여 분자끼리 나누어 구합니다.

9 두 분수를 통분하면

$\dfrac{5}{9}=\dfrac{35}{63}$, $\dfrac{6}{7}=\dfrac{54}{63}$ 이므로 $\dfrac{5}{9}<\dfrac{6}{7}$ 입니다.

따라서 작은 수를 큰 수로 나누면

$\dfrac{5}{9}\div\dfrac{6}{7}=\dfrac{35}{63}\div\dfrac{54}{63}=35\div54=\dfrac{35}{54}$ 입니다.

4 (자연수)÷(분수) 알아보기　　11쪽

10 8, 9, 9

11 (1) $4\div\dfrac{2}{7}=(4\div2)\times7=14$

　　(2) $5\div\dfrac{5}{11}=(5\div5)\times11=11$

12 ㉠, ㉢, ㉡

12 ㉠ $14\div\dfrac{7}{12}=(14\div7)\times12=24$

　　㉡ $12\div\dfrac{4}{5}=(12\div4)\times5=15$

　　㉢ $15\div\dfrac{5}{6}=(15\div5)\times6=18$

5 (분수)÷(분수)를 (분수)×(분수)로 나타내기　12쪽

13 3, 4, $\dfrac{4}{3}$

14 (1) $\dfrac{1}{8}\div\dfrac{3}{7}=\dfrac{1}{8}\times\dfrac{7}{3}=\dfrac{7}{24}$

　　(2) $\dfrac{4}{5}\div\dfrac{8}{15}=\dfrac{\overset{1}{4}}{5}\times\dfrac{\overset{3}{15}}{\underset{2}{8}}=\dfrac{3}{2}=1\dfrac{1}{2}$

15 $\dfrac{5}{6}\div\dfrac{2}{3}=1\dfrac{1}{4}$ / $1\dfrac{1}{4}$ kg

15 $\dfrac{5}{6}\div\dfrac{2}{3}=\dfrac{5}{\underset{2}{6}}\times\dfrac{\overset{1}{3}}{2}=\dfrac{5}{4}=1\dfrac{1}{4}$ (kg)

6 (분수)÷(분수) 계산하기　　13쪽

16 $\dfrac{7}{3}$, $\dfrac{70}{27}$, $2\dfrac{16}{27}$

17 방법 1 ⑩ (1) $2\dfrac{1}{3}\div\dfrac{5}{6}=\dfrac{7}{3}\div\dfrac{5}{6}=\dfrac{14}{6}\div\dfrac{5}{6}$

　　　　　　　　$=14\div5=\dfrac{14}{5}=2\dfrac{4}{5}$

　　방법 2 ⑩ (2) $2\dfrac{1}{3}\div\dfrac{5}{6}=\dfrac{7}{3}\div\dfrac{5}{6}=\dfrac{7}{\underset{1}{3}}\times\dfrac{\overset{2}{6}}{5}$

　　　　　　　　$=\dfrac{14}{5}=2\dfrac{4}{5}$

18 (1) > 　 (2) >

18 (1) $2\div\dfrac{4}{9}=2\times\dfrac{9}{\underset{2}{4}}=\dfrac{9}{2}=4\dfrac{1}{2}$

　　(2) $1\dfrac{5}{9}\div\dfrac{7}{8}=\dfrac{14}{9}\div\dfrac{7}{8}=\dfrac{\overset{2}{14}}{9}\times\dfrac{8}{\underset{1}{7}}=\dfrac{16}{9}=1\dfrac{7}{9}$

기본에서 응용으로　　14~20쪽

1 ㉢　　　　　　　　　**2** 4

3 7　　　　　　　　　**4** (　)(○)(　)

5 2배　　　　　　　　**6** $1\dfrac{3}{4}$

7 ㉡　　　　　　　　　**8** $3\dfrac{8}{21}$

9 $\dfrac{4}{5}$

10 $\dfrac{3}{18}\div\dfrac{17}{18}$, $\dfrac{3}{19}\div\dfrac{17}{19}$

11 1, 2, 3

12 (1) $\dfrac{5}{6}\div\dfrac{1}{12}=\dfrac{10}{12}\div\dfrac{1}{12}=10\div1=10$

　　(2) $\dfrac{2}{9}\div\dfrac{3}{4}=\dfrac{8}{36}\div\dfrac{27}{36}=8\div27=\dfrac{8}{27}$

13 <

14 $\dfrac{1}{12}\div\dfrac{1}{3}=\dfrac{1}{12}\div\dfrac{4}{12}=1\div4=\dfrac{1}{4}$

15 $\frac{5}{9}$배

16 $\frac{5}{6}$

17 $\frac{3}{7} \div \frac{1}{9} = 3\frac{6}{7}$ / $3\frac{6}{7}$배

18 $1\frac{1}{24}$ m

19 (1) $12 \div \frac{2}{9} = (12 \div 2) \times 9 = 54$

(2) $15 \div \frac{3}{4} = (15 \div 3) \times 4 = 20$

20 (1) 18 (2) 42

21 ㉡, ㉢, ㉠

22 $2 \div \frac{2}{9} = 9$ / 9컵

23 $6 \div \frac{3}{7} = 14$ / 14 g

24 2, 3

25 ✕ (연결선)

26 $\frac{3}{4} \div \frac{7}{12} = \frac{3}{\underset{1}{4}} \times \frac{\overset{3}{12}}{7} = \frac{9}{7} = 1\frac{2}{7}$

27 ㉡ / $\frac{5}{9} \div \frac{3}{4} = \frac{5}{9} \times \frac{4}{3} = \frac{20}{27}$

28 ㉢

29 $\frac{2}{5}$

30 $1\frac{3}{5}$ m

31 $\frac{7}{12} \div \frac{5}{9} = 1\frac{1}{20}$ / $1\frac{1}{20}$ kg

32 (○) ( ) ( )

33 $4\frac{2}{3}$

34 $\frac{7}{20}$ m

35 (위에서부터) $10\frac{1}{2}$ / $17\frac{1}{7}$

36 방법 1 예 $1\frac{1}{5} \div 1\frac{5}{7} = \frac{6}{5} \div \frac{12}{7} = \frac{42}{35} \div \frac{60}{35}$

$= 42 \div 60 = \frac{\overset{7}{42}}{\underset{10}{60}} = \frac{7}{10}$

방법 2 예 $1\frac{1}{5} \div 1\frac{5}{7} = \frac{6}{5} \div \frac{12}{7}$

$= \frac{\overset{1}{6}}{5} \times \frac{7}{\underset{2}{12}} = \frac{7}{10}$

37 예 사과 1개를 $\frac{1}{3}$개씩 똑같이 나누어 먹으면 몇 명이 먹을 수 있나요? / 예 3명

38 1, 2, 3

39 3도막 / $\frac{1}{12}$ m

40 2병 / $\frac{7}{15}$ L

41 5개

42 2

43 $7\frac{1}{9}$

44 30봉지

45 $4\frac{4}{5}$ km

46 6 L

47 $\frac{1}{12}$시간

1 ㉠ $\frac{4}{8} \div \frac{1}{8} = 4$, ㉡ $\frac{6}{11} \div \frac{3}{11} = 2$, ㉢ $\frac{7}{9} \div \frac{1}{9} = 7$
이므로 계산 결과가 가장 큰 것은 ㉢입니다.

2 1을 9등분 한 것이므로 작은 눈금 한 칸의 크기는 $\frac{1}{9}$
입니다.
따라서 ㉠은 $\frac{2}{9}$, ㉡은 $\frac{8}{9}$이므로
㉡ $\div$ ㉠ $= \frac{8}{9} \div \frac{2}{9} = 8 \div 2 = 4$입니다.

3 가장 큰 수는 $\frac{21}{25}$이고, 가장 작은 수는 $\frac{3}{25}$입니다.
➡ $\frac{21}{25} \div \frac{3}{25} = 21 \div 3 = 7$

4 $\frac{3}{10} \div \frac{1}{10} = 3 \div 1 = 3$

$\frac{12}{17} \div \frac{2}{17} = 12 \div 2 = 6$

$\frac{6}{13} \div \frac{2}{13} = 6 \div 2 = 3$

서술형
5 예 에너지 음료 1캔의 카페인 함량은 $\frac{14}{15}$ g이고, 커피
우유 1팩의 카페인 함량은 $\frac{7}{15}$ g이므로
$\frac{14}{15} \div \frac{7}{15} = 14 \div 7 = 2$(배)입니다.

단계	문제 해결 과정
①	분수의 나눗셈식을 바르게 세웠나요?
②	에너지 음료 1캔의 카페인 함량은 커피우유 1팩의 카페인 함량의 몇 배인지 구했나요?

6 $\frac{1}{9}$이 7개인 수는 $\frac{7}{9}$이므로
$\frac{7}{9} \div \frac{4}{9} = 7 \div 4 = \frac{7}{4} = 1\frac{3}{4}$입니다.

7 ㉠ $\dfrac{10}{17} \div \dfrac{7}{17} = 10 \div 7 = \dfrac{10}{7} = 1\dfrac{3}{7}$

㉡ $\dfrac{3}{5} \div \dfrac{4}{5} = 3 \div 4 = \dfrac{3}{4}$

㉢ $\dfrac{12}{13} \div \dfrac{4}{13} = 12 \div 4 = 3$

따라서 계산 결과가 진분수인 것은 ㉡입니다.

8 ㉠ $\dfrac{8}{15} \div \dfrac{3}{15} = 8 \div 3 = \dfrac{8}{3} = 2\dfrac{2}{3}$

㉡ $\dfrac{5}{11} \div \dfrac{7}{11} = 5 \div 7 = \dfrac{5}{7}$

➡ $2\dfrac{2}{3} + \dfrac{5}{7} = 2\dfrac{14}{21} + \dfrac{15}{21} = 2\dfrac{29}{21} = 3\dfrac{8}{21}$

9 곱셈과 나눗셈의 관계를 이용합니다.

$\square \times \dfrac{5}{17} = \dfrac{4}{17}$, $\square = \dfrac{4}{17} \div \dfrac{5}{17} = 4 \div 5 = \dfrac{4}{5}$

10 분모가 10보다 크고 20보다 작은 진분수의 나눗셈이고, $3 \div 17$을 이용하여 계산할 수 있으므로 분모는 18, 19가 될 수 있습니다.

➡ $\dfrac{3}{18} \div \dfrac{17}{18} = 3 \div 17 = \dfrac{3}{17}$

$\dfrac{3}{19} \div \dfrac{17}{19} = 3 \div 17 = \dfrac{3}{17}$

11 서술형 ⑩ $\dfrac{10}{11} \div \dfrac{3}{11} = 10 \div 3 = \dfrac{10}{3} = 3\dfrac{1}{3}$이므로 $3\dfrac{1}{3} > \square$입니다.

따라서 $\square$ 안에 들어갈 수 있는 자연수는 1, 2, 3입니다.

단계	문제 해결 과정
①	$\dfrac{10}{11} \div \dfrac{3}{11}$을 바르게 계산했나요?
②	$\square$ 안에 들어갈 수 있는 자연수를 모두 구했나요?

13 $\dfrac{4}{9} \div \dfrac{1}{2} = \dfrac{8}{18} \div \dfrac{9}{18} = 8 \div 9 = \dfrac{8}{9}$

$\dfrac{4}{7} \div \dfrac{1}{2} = \dfrac{8}{14} \div \dfrac{7}{14} = 8 \div 7 = \dfrac{8}{7} = 1\dfrac{1}{7}$

다른 풀이

나누는 수가 $\dfrac{1}{2}$로 같으므로 나누어지는 수를 비교하면

$\dfrac{4}{9} < \dfrac{4}{7}$입니다.

따라서 나누어지는 수가 더 큰 $\dfrac{4}{7} \div \dfrac{1}{2}$이 더 큽니다.

14 분모가 다른 분수의 나눗셈은 분모를 같게 통분하여 계산해야 합니다.

15 ㉠은 $\dfrac{1}{4}$이 3개이므로 $\dfrac{3}{4}$이고,

㉡은 $\dfrac{9}{10} \div \dfrac{2}{3} = \dfrac{27}{30} \div \dfrac{20}{30} = 27 \div 20 = \dfrac{27}{20}$입니다.

따라서 ㉠은 ㉡의

$\dfrac{3}{4} \div \dfrac{27}{20} = \dfrac{15}{20} \div \dfrac{27}{20} = 15 \div 27 = \dfrac{\overset{5}{\cancel{15}}}{\underset{9}{\cancel{27}}} = \dfrac{5}{9}$(배)

입니다.

16 어떤 수를 $\square$라고 하면 $\dfrac{2}{3} \div \square = \dfrac{4}{5}$이므로

$\square = \dfrac{2}{3} \div \dfrac{4}{5} = \dfrac{10}{15} \div \dfrac{12}{15} = 10 \div 12 = \dfrac{\overset{5}{\cancel{10}}}{\underset{6}{\cancel{12}}} = \dfrac{5}{6}$

입니다.

17 $\dfrac{3}{7} \div \dfrac{1}{9} = \dfrac{27}{63} \div \dfrac{7}{63} = 27 \div 7 = \dfrac{27}{7} = 3\dfrac{6}{7}$(배)

18 서술형 ⑩ (높이) = (삼각형의 넓이) × 2 ÷ (밑변의 길이)이므로

(높이) = $\dfrac{5}{12} \times 2 \div \dfrac{4}{5} = \dfrac{5}{6} \div \dfrac{4}{5} = \dfrac{25}{30} \div \dfrac{24}{30}$

$= 25 \div 24 = \dfrac{25}{24} = 1\dfrac{1}{24}$(m)

입니다.

단계	문제 해결 과정
①	삼각형의 높이 구하는 식을 바르게 세웠나요?
②	삼각형의 높이는 몇 m인지 구했나요?

20 (1) ㉡ ÷ ㉣ = $10 \div \dfrac{5}{9} = (10 \div 5) \times 9 = 18$

(2) ㉢ ÷ ㉠ = $9 \div \dfrac{3}{14} = (9 \div 3) \times 14 = 42$

21 ㉠ $12 \div \dfrac{3}{5} = (12 \div 3) \times 5 = 20$

㉡ $10 \div \dfrac{2}{7} = (10 \div 2) \times 7 = 35$

㉢ $15 \div \dfrac{5}{8} = (15 \div 5) \times 8 = 24$ ➡ ㉡ > ㉢ > ㉠

22 $2 \div \dfrac{2}{9} = (2 \div 2) \times 9 = 9$(컵)

23 $6 \div \dfrac{3}{7} = (6 \div 3) \times 7 = 14$(g)

서술형
24 예 $18 \div \dfrac{3}{\square} = (18 \div 3) \times \square = 6 \times \square$ 이므로

$10 < 6 \times \square < 20$ 입니다.

$6 \times 2 = 12$, $6 \times 3 = 18$ 이므로 $\square$ 안에 들어갈 수 있는 자연수는 2, 3입니다.

단계	문제 해결 과정
①	$18 \div \dfrac{3}{\square}$ 을 바르게 계산했나요?
②	$\square$ 안에 들어갈 수 있는 자연수를 모두 구했나요?

25 $\dfrac{\bigstar}{\blacksquare} \div \dfrac{\blacktriangle}{\bullet} = \dfrac{\bigstar}{\blacksquare} \times \dfrac{\bullet}{\blacktriangle}$

26 나누는 분수의 분모와 분자를 바꾸어 곱합니다.

27 나눗셈을 곱셈으로 바꾸고 나누는 분수의 분모와 분자를 바꾸어 줍니다.

28 ㉠ $\dfrac{4}{5} \div \dfrac{3}{8} = \dfrac{4}{5} \times \dfrac{8}{3} = \dfrac{32}{15} = 2\dfrac{2}{15}$

㉡ $\dfrac{3}{4} \div \dfrac{7}{10} = \dfrac{3}{\overset{2}{4}} \times \dfrac{\overset{5}{10}}{7} = \dfrac{15}{14} = 1\dfrac{1}{14}$

㉢ $\dfrac{1}{6} \div \dfrac{3}{4} = \dfrac{1}{\underset{3}{6}} \times \dfrac{\overset{2}{4}}{3} = \dfrac{2}{9}$

따라서 계산 결과가 1보다 작은 것은 ㉢입니다.

29 곱셈과 나눗셈의 관계를 이용합니다.

$\dfrac{8}{9} \times \square = \dfrac{16}{45} \Rightarrow \square = \dfrac{16}{45} \div \dfrac{8}{9} = \dfrac{\overset{2}{16}}{\underset{5}{45}} \times \dfrac{\overset{1}{9}}{\underset{1}{8}} = \dfrac{2}{5}$

30 (세로) = (직사각형의 넓이) ÷ (가로)

$= \dfrac{18}{25} \div \dfrac{9}{20} = \dfrac{\overset{2}{18}}{\underset{5}{25}} \times \dfrac{\overset{4}{20}}{\underset{1}{9}} = \dfrac{8}{5} = 1\dfrac{3}{5}$ (m)

31 $\dfrac{7}{12} \div \dfrac{5}{9} = \dfrac{7}{\underset{4}{12}} \times \dfrac{\overset{3}{9}}{5} = \dfrac{21}{20} = 1\dfrac{1}{20}$ (kg)

32 $9 \div \dfrac{1}{4} = 9 \times 4 = 36$, $8 \div \dfrac{1}{3} = 8 \times 3 = 24$,

$4 \div \dfrac{1}{6} = 4 \times 6 = 24$

33 $3\dfrac{1}{3} \div \dfrac{5}{7} = \dfrac{10}{3} \div \dfrac{5}{7} = \dfrac{\overset{2}{10}}{3} \times \dfrac{7}{\underset{1}{5}} = \dfrac{14}{3} = 4\dfrac{2}{3}$

34 (높이) = (평행사변형의 넓이) ÷ (밑변의 길이)

$= \dfrac{21}{25} \div 2\dfrac{2}{5} = \dfrac{21}{25} \div \dfrac{12}{5}$

$= \dfrac{\overset{7}{21}}{\underset{5}{25}} \times \dfrac{\overset{1}{5}}{\underset{4}{12}} = \dfrac{7}{20}$ (m)

35 $9 \div \dfrac{6}{7} = \overset{3}{9} \times \dfrac{7}{\underset{2}{6}} = \dfrac{21}{2} = 10\dfrac{1}{2}$

$15 \div \square = \dfrac{7}{8}$

➡ $\square = 15 \div \dfrac{7}{8} = 15 \times \dfrac{8}{7} = \dfrac{120}{7} = 17\dfrac{1}{7}$

서술형
36

단계	문제 해결 과정
①	한 가지 방법으로 바르게 구했나요?
②	다른 한 가지 방법으로 바르게 구했나요?

37 $1 \div \dfrac{1}{3} = 1 \times 3 = 3$

38 $\dfrac{7}{12} \div \dfrac{1}{3} = \dfrac{7}{\underset{4}{12}} \times \overset{1}{3} = \dfrac{7}{4}$,

$1\dfrac{3}{4} \div \dfrac{\square}{4} = \dfrac{7}{4} \div \dfrac{\square}{4} = 7 \div \square = \dfrac{7}{\square}$ 이므로 $\dfrac{7}{4} < \dfrac{7}{\square}$ 입니다.

따라서 $\square$ 안에 들어갈 수 있는 자연수는 4보다 작은 1, 2, 3입니다.

39 $2\dfrac{1}{3} \div \dfrac{3}{4} = \dfrac{7}{3} \div \dfrac{3}{4} = \dfrac{7}{3} \times \dfrac{4}{3} = \dfrac{28}{9} = 3\dfrac{1}{9}$ 이므로 3

도막이 되고, 남은 색 테이프는 $\dfrac{3}{4}$ m의 $\dfrac{1}{9}$ 입니다.

$\dfrac{\overset{1}{3}}{4} \times \dfrac{1}{\underset{3}{9}} = \dfrac{1}{12}$ 이므로 남은 색 테이프는 $\dfrac{1}{12}$ m입니다.

40 $\dfrac{9}{5} \div \dfrac{2}{3} = \dfrac{9}{5} \times \dfrac{3}{2} = \dfrac{27}{10} = 2\dfrac{7}{10}$ 이므로 2병이 되고

남은 물은 $\dfrac{2}{3}$ L의 $\dfrac{7}{10}$ 입니다.

$\dfrac{\overset{1}{2}}{3} \times \dfrac{7}{\underset{5}{10}} = \dfrac{7}{15}$ 이므로 남은 물은 $\dfrac{7}{15}$ L입니다.

41 $2\dfrac{5}{8} \div \dfrac{3}{5} = \dfrac{\overset{7}{21}}{8} \times \dfrac{5}{\underset{1}{3}} = \dfrac{35}{8} = 4\dfrac{3}{8}$ 입니다.

우유를 모두 담아야 하므로 작은 병은 적어도 5개가 있어야 합니다.

42 어떤 수를 □라고 하면 $\square \times \dfrac{4}{5}=1\dfrac{3}{5}$,

$\square=1\dfrac{3}{5} \div \dfrac{4}{5}=\dfrac{8}{5} \div \dfrac{4}{5}=8 \div 4=2$입니다.

43 어떤 수를 □라고 하면 $\square \times \dfrac{5}{8}=2\dfrac{7}{9}$,

$\square=2\dfrac{7}{9} \div \dfrac{5}{8}=\dfrac{25}{9} \div \dfrac{5}{8}=\dfrac{\overset{5}{\cancel{25}}}{9} \times \dfrac{8}{\cancel{5}}=\dfrac{40}{9}=4\dfrac{4}{9}$

입니다. 따라서 바르게 계산하면

$4\dfrac{4}{9} \div \dfrac{5}{8}=\dfrac{40}{9} \div \dfrac{5}{8}=\dfrac{\overset{8}{\cancel{40}}}{9} \times \dfrac{8}{\cancel{5}}=\dfrac{64}{9}=7\dfrac{1}{9}$

입니다.

44 $1\dfrac{7}{12}$ kg씩 10봉지는

$1\dfrac{7}{12} \times 10=\dfrac{19}{\underset{6}{\cancel{12}}} \times \overset{5}{\cancel{10}}=\dfrac{95}{6}=15\dfrac{5}{6}$(kg)이므로

구슬 전체의 무게는

$15\dfrac{5}{6}+\dfrac{5}{6}=15\dfrac{10}{6}=16\dfrac{\overset{2}{\cancel{4}}}{\underset{3}{\cancel{6}}}=16\dfrac{2}{3}$(kg)입니다.

따라서 바르게 답으면

$16\dfrac{2}{3} \div \dfrac{5}{9}=\dfrac{50}{3} \div \dfrac{5}{9}=\dfrac{150}{9} \div \dfrac{5}{9}=150 \div 5=30$

이므로 30봉지가 됩니다.

45 40분$=\dfrac{40}{60}$시간$=\dfrac{2}{3}$시간

(1시간 동안 갈 수 있는 거리)

$=3\dfrac{1}{5} \div \dfrac{2}{3}=\dfrac{16}{5} \div \dfrac{2}{3}=\dfrac{\overset{8}{\cancel{16}}}{5} \times \dfrac{3}{\cancel{2}}$

$=\dfrac{24}{5}=4\dfrac{4}{5}$(km)

46 45분$=\dfrac{45}{60}$시간$=\dfrac{3}{4}$시간

(1시간 동안 나오는 물의 양)

$=4\dfrac{1}{2} \div \dfrac{3}{4}=\dfrac{9}{2} \div \dfrac{3}{4}=\dfrac{18}{4} \div \dfrac{3}{4}=18 \div 3=6$(L)

47 1시간 24분$=1\dfrac{24}{60}$시간$=1\dfrac{2}{5}$시간

(1 km를 가는 데 걸린 시간)

$=1\dfrac{2}{5} \div 16\dfrac{4}{5}=\dfrac{7}{5} \div \dfrac{84}{5}=7 \div 84$

$=\dfrac{\overset{1}{\cancel{7}}}{\underset{12}{\cancel{84}}}=\dfrac{1}{12}$(시간)

응용에서 최상위로
21~24쪽

1 $1\dfrac{3}{5}$ m **1-1** $1\dfrac{7}{20}$ m **1-2** $4\dfrac{5}{8}$ cm

2 $3\dfrac{1}{3}$ **2-1** $3\dfrac{1}{2}$ **2-2** $2\dfrac{2}{9}$ / $\dfrac{9}{20}$

3 96 km **3-1** $9\dfrac{3}{8}$ km **3-2** 10 kg

3-3 $\dfrac{3}{16}$ L

4 1단계 예 (3분 동안 탄 양초의 길이)
$=$(전체 길이)$-$(남은 길이)
$=12-10\dfrac{1}{5}=1\dfrac{4}{5}$(cm)

2단계 예 (1분 동안 타는 양초의 길이)
$=$(3분 동안 탄 양초의 길이)$\div 3$
$=1\dfrac{4}{5} \div 3=\dfrac{\overset{3}{\cancel{9}}}{5} \times \dfrac{1}{\cancel{3}}=\dfrac{3}{5}$(cm)

3단계 예 (양초가 다 타는 데 더 걸리는 시간)
$=$(남은 길이)$\div$(1분 동안 타는 양초의 길이)
$=10\dfrac{1}{5} \div \dfrac{3}{5}=\dfrac{51}{5} \div \dfrac{3}{5}$
$=51 \div 3=17$(분) / 17분

4-1 18분

1 (사다리꼴의 넓이)$=($(윗변)$+$(아랫변))$\times$(높이)$\div 2$
이므로 사다리꼴의 높이를 □ m라고 하면
$\left(1\dfrac{1}{2}+2\dfrac{2}{3}\right) \times \square \div 2=3\dfrac{1}{3}$, $4\dfrac{1}{6} \times \square \div 2=3\dfrac{1}{3}$,
$4\dfrac{1}{6} \times \square=3\dfrac{1}{3} \times 2$, $\dfrac{25}{6} \times \square=\dfrac{10}{3} \times 2$,
$\dfrac{25}{6} \times \square=\dfrac{20}{3}$,

$\square=\dfrac{20}{3} \div \dfrac{25}{6}=\dfrac{\overset{4}{\cancel{20}}}{\underset{1}{\cancel{3}}} \times \dfrac{\overset{2}{\cancel{6}}}{\underset{5}{\cancel{25}}}=\dfrac{8}{5}=1\dfrac{3}{5}$입니다.

1-1 사다리꼴의 높이를 □ m라고 하면
$\left(2\dfrac{2}{9}+3\dfrac{1}{3}\right) \times \square \div 2=3\dfrac{3}{4}$, $5\dfrac{5}{9} \times \square \div 2=3\dfrac{3}{4}$,
$5\dfrac{5}{9} \times \square=3\dfrac{3}{4} \times 2$, $\dfrac{50}{9} \times \square=\dfrac{15}{\underset{2}{\cancel{4}}} \times \overset{1}{\cancel{2}}$,
$\dfrac{50}{9} \times \square=\dfrac{15}{2}$,

$$\square=\frac{15}{2}\div\frac{50}{9}=\overset{3}{\frac{15}{2}}\times\frac{9}{\underset{10}{50}}=\frac{27}{20}=1\frac{7}{20}\text{입니다.}$$

1-2 사다리꼴의 윗변의 길이를 $\square$ cm라고 하면

$(\square+9\frac{3}{8})\times7\frac{1}{7}\div2=50,$

$(\square+9\frac{3}{8})\times7\frac{1}{7}=100,\ \square+9\frac{3}{8}=100\div7\frac{1}{7},$

$\square+9\frac{3}{8}=100\div\frac{50}{7},$

$\square+9\frac{3}{8}=(100\div50)\times7=14,$

$\square=14-9\frac{3}{8}=13\frac{8}{8}-9\frac{3}{8}=4\frac{5}{8}\text{입니다.}$

2 몫이 가장 작으려면 나누어지는 수를 가장 작게, 나누는 수를 가장 크게 해야 합니다.

따라서 나누어지는 수는 2이고, 나누는 수는 5, 9, 3 중에서 2장으로 만든 가장 큰 진분수인 $\frac{3}{5}$입니다.

$$\Rightarrow 2\div\frac{3}{5}=2\times\frac{5}{3}=\frac{10}{3}=3\frac{1}{3}$$

2-1 몫이 가장 작으려면 나누어지는 수를 가장 작게, 나누는 수를 가장 크게 해야 합니다.

따라서 나누어지는 수는 3이고, 나누는 수는 4, 7, 6 중에서 2장으로 만든 가장 큰 진분수인 $\frac{6}{7}$입니다.

$$\Rightarrow 3\div\frac{6}{7}=\overset{1}{3}\times\frac{7}{\underset{2}{6}}=\frac{7}{2}=3\frac{1}{2}$$

2-2 만들 수 있는 진분수는 $\frac{3}{5},\ \frac{3}{6},\ \frac{5}{6},\ \frac{3}{8},\ \frac{5}{8},\ \frac{6}{8}$이고

이 중에서 가장 큰 수는 $\frac{5}{6}$, 가장 작은 수는 $\frac{3}{8}$입니다.

• 몫이 가장 크려면 나누어지는 수를 가장 크게, 나누는 수를 가장 작게 해야 하므로

$$\frac{5}{6}\div\frac{3}{8}=\frac{5}{\underset{3}{6}}\times\frac{\overset{4}{8}}{3}=\frac{20}{9}=2\frac{2}{9}\text{입니다.}$$

• 몫이 가장 작으려면 나누어지는 수를 가장 작게, 나누는 수를 가장 크게 해야 하므로

$$\frac{3}{8}\div\frac{5}{6}=\frac{3}{\underset{4}{8}}\times\frac{\overset{3}{6}}{5}=\frac{9}{20}\text{입니다.}$$

3 50분$=\frac{50}{60}$시간$=\frac{5}{6}$시간

(1시간 동안 이동할 수 있는 거리)

$=40\div\frac{5}{6}=(40\div5)\times6=48\text{(km)}$

(2시간 동안 이동할 수 있는 거리)

$=48\times2=96\text{(km)}$

3-1 48분$=\frac{48}{60}$시간$=\frac{4}{5}$시간

2시간 30분$=2\frac{30}{60}$시간$=2\frac{1}{2}$시간

(1시간 동안 갈 수 있는 거리)

$=3\div\frac{4}{5}=3\times\frac{5}{4}=\frac{15}{4}=3\frac{3}{4}\text{(km)}$

(2시간 30분 동안 갈 수 있는 거리)

$=3\frac{3}{4}\times2\frac{1}{2}=\frac{15}{4}\times\frac{5}{2}=\frac{75}{8}=9\frac{3}{8}\text{(km)}$

3-2 (철근 1 m의 무게)

$=9\frac{1}{2}\div2\frac{3}{8}=\frac{19}{2}\div\frac{19}{8}=\frac{\overset{1}{19}}{\underset{1}{2}}\times\frac{\overset{4}{8}}{\underset{1}{19}}=4\text{(kg)}$

(철근 $2\frac{1}{2}$ m의 무게)$=4\times2\frac{1}{2}=\overset{2}{4}\times\frac{5}{\underset{1}{2}}=10\text{(kg)}$

3-3 1 m^{2}의 벽을 칠하는 데 든 페인트의 양을 구하려면 페인트의 양을 벽의 넓이로 나누면 됩니다.

(벽의 넓이)$=1\frac{2}{3}\times4=\frac{5}{3}\times4=\frac{20}{3}=6\frac{2}{3}\text{(m}^2\text{)}$

따라서 1 m^{2}의 벽을 칠하는 데 든 페인트의 양은

$1\frac{1}{4}\div6\frac{2}{3}=\frac{5}{4}\div\frac{20}{3}=\frac{\overset{1}{5}}{4}\times\frac{3}{\underset{4}{20}}=\frac{3}{16}\text{(L)}$

입니다.

4-1 (2분 동안 탄 양초의 길이)$=15-13\frac{1}{2}=1\frac{1}{2}\text{(cm)}$

(1분 동안 타는 양초의 길이)

$=1\frac{1}{2}\div2=\frac{3}{2}\times\frac{1}{2}=\frac{3}{4}\text{(cm)}$

(양초가 다 타는 데 더 걸리는 시간)

$=13\frac{1}{2}\div\frac{3}{4}=\frac{27}{2}\div\frac{3}{4}=\frac{54}{4}\div\frac{3}{4}$

$=54\div3=18\text{(분)}$

기출 단원 평가 Level ❶ 25~27쪽

1 4, 2, 2　　　　**2** ㉢

3 (1) $1\frac{1}{5}$　(2) 36　　**4** 3

5 ㉢

6 $\dfrac{2}{3}\div\dfrac{3}{8}=\dfrac{16}{24}\div\dfrac{9}{24}=16\div9=\dfrac{16}{9}=1\dfrac{7}{9}$

7 $6\dfrac{2}{3}$　　　　　　**8** $2\dfrac{6}{7}$

9 >　　　　　　　**10** 12, 20

11 20일

12 $\dfrac{5}{8}\div\dfrac{7}{8}$, $\dfrac{5}{9}\div\dfrac{7}{9}$

13 $4\dfrac{4}{5}$　　　　　**14** $\dfrac{3}{4}$

15 31500원　　　　**16** $1\dfrac{1}{8}$배

17 13개　　　　　　**18** $3\dfrac{8}{9}$ cm

19 방법1 ㉐ 분모를 같게 통분하여 분자끼리 나눕니다.

$$\dfrac{2}{3}\div\dfrac{5}{6}=\dfrac{4}{6}\div\dfrac{5}{6}=4\div5=\dfrac{4}{5}$$

방법2 ㉐ 나누는 분수의 분모와 분자를 바꾸어 곱합니다.

$$\dfrac{2}{3}\div\dfrac{5}{6}=\dfrac{2}{\underset{1}{3}}\times\dfrac{\overset{2}{6}}{5}=\dfrac{4}{5}$$

20 10번

1 $\dfrac{4}{5}$에서 $\dfrac{2}{5}$를 2번 덜어 낼 수 있으므로

$\dfrac{4}{5}\div\dfrac{2}{5}=4\div2$입니다.

2 $8\div\dfrac{6}{7}=8\times\dfrac{7}{6}$

3 (1) $\dfrac{6}{7}\div\dfrac{5}{7}=6\div5=\dfrac{6}{5}=1\dfrac{1}{5}$

(2) $8\div\dfrac{2}{9}=(8\div2)\times9=36$

4 분모가 같은 진분수끼리의 나눗셈은 분자끼리 계산하므로

$\dfrac{15}{25}\div\dfrac{\square}{25}=15\div\square=5$입니다.

$15\div3=5$이므로 $\square=3$입니다.

5 ㉠ $14\div\dfrac{4}{5}=14\times\dfrac{5}{\underset{2}{\overset{7}{4}}}=\dfrac{35}{2}=17\dfrac{1}{2}$

㉡ $20\div\dfrac{3}{4}=20\times\dfrac{4}{3}=\dfrac{80}{3}=26\dfrac{2}{3}$

㉢ $15\div\dfrac{5}{7}=(15\div5)\times7=21$

따라서 계산 결과가 자연수인 것은 ㉢입니다.

6 분모를 같게 통분하여 분자끼리 나누어 계산합니다.

7 $2\dfrac{2}{3}\div\dfrac{2}{5}=\dfrac{8}{3}\div\dfrac{2}{5}=\dfrac{\overset{4}{8}}{3}\times\dfrac{5}{\underset{1}{2}}=\dfrac{20}{3}=6\dfrac{2}{3}$

8 ㉠ $\dfrac{12}{13}\div\dfrac{6}{13}=12\div6=2$

㉡ $\dfrac{2}{3}\div\dfrac{7}{9}=\dfrac{6}{9}\div\dfrac{7}{9}=6\div7=\dfrac{6}{7}$

➡ $2+\dfrac{6}{7}=2\dfrac{6}{7}$

9 $2\dfrac{5}{8}\div\dfrac{7}{12}=\dfrac{21}{\underset{2}{\overset{3}{8}}}\times\dfrac{\overset{3}{12}}{\underset{1}{7}}=\dfrac{9}{2}=4\dfrac{1}{2}$

$2\div\dfrac{6}{7}=\overset{1}{2}\times\dfrac{7}{\underset{3}{\overset{}{6}}}=\dfrac{7}{3}=2\dfrac{1}{3}$

10 $9\div\dfrac{3}{4}=(9\div3)\times4=12$

$12\div\dfrac{3}{5}=(12\div3)\times5=20$

11 $5\div\dfrac{1}{4}=5\times4=20$(일)

12 분모가 10보다 작은 진분수의 나눗셈이고, $5\div7$을 이용하여 계산할 수 있으므로 분모가 8, 9가 될 수 있습니다.

$\dfrac{5}{8}\div\dfrac{7}{8}=5\div7=\dfrac{5}{7}$

$\dfrac{5}{9}\div\dfrac{7}{9}=5\div7=\dfrac{5}{7}$

13 ㉠은 $\dfrac{7}{8}$이고, ㉡은 $4\dfrac{1}{5}$입니다.

➡ ㉡÷㉠ $=4\dfrac{1}{5}\div\dfrac{7}{8}=\dfrac{21}{5}\div\dfrac{7}{8}$

$=\dfrac{\overset{3}{21}}{5}\times\dfrac{8}{\underset{1}{7}}=\dfrac{24}{5}=4\dfrac{4}{5}$

14 $\dfrac{6}{7}\bigstar\dfrac{3}{4}=\dfrac{6}{7}\times\left(\dfrac{3}{4}\div\dfrac{6}{7}\right)=\dfrac{6}{7}\times\left(\dfrac{\overset{1}{3}}{4}\times\dfrac{7}{\underset{2}{6}}\right)$

$=\dfrac{\overset{3}{6}}{7}\times\dfrac{7}{\underset{4}{8}}=\dfrac{3}{4}$

15 $7000\div\dfrac{2}{9}=\overset{3500}{7000}\times\dfrac{9}{\underset{1}{2}}=31500\text{(원)}$

16 $18\dfrac{3}{4}\div16\dfrac{2}{3}=\dfrac{75}{4}\div\dfrac{50}{3}=\dfrac{\overset{3}{75}}{4}\times\dfrac{3}{\underset{2}{50}}$

$=\dfrac{9}{8}=1\dfrac{1}{8}\text{(배)}$

17 $10\dfrac{1}{5}\div\dfrac{3}{4}=\dfrac{51}{5}\div\dfrac{3}{4}=\dfrac{\overset{17}{51}}{5}\times\dfrac{4}{\underset{1}{3}}=\dfrac{68}{5}=13\dfrac{3}{5}$

이므로 쿠키 13개를 만들 수 있습니다.

18 삼각형의 높이를 □cm라고 하면

$2\dfrac{4}{5}\times\square\div2=5\dfrac{4}{9}$,

$2\dfrac{4}{5}\times\square=5\dfrac{4}{9}\times2=\dfrac{49}{9}\times2=\dfrac{98}{9}$,

$\square=\dfrac{98}{9}\div2\dfrac{4}{5}=\dfrac{98}{9}\div\dfrac{14}{5}=\dfrac{\overset{7}{98}}{9}\times\dfrac{5}{\underset{1}{14}}$

$=\dfrac{35}{9}=3\dfrac{8}{9}$

입니다.

19

평가 기준	배점(5점)
한 가지 방법으로 바르게 구했나요?	3점
다른 한 가지 방법으로 바르게 구했나요?	2점

20 예 (부어야 하는 물의 양)

$=7-2\dfrac{5}{7}=6\dfrac{7}{7}-2\dfrac{5}{7}=4\dfrac{2}{7}\text{(L)}$입니다.

$4\dfrac{2}{7}\div\dfrac{3}{7}=\dfrac{30}{7}\div\dfrac{3}{7}=30\div3=10$이므로 물을 적어도 10번 부어야 합니다.

평가 기준	배점(5점)
부어야 하는 물의 양을 구했나요?	2점
물을 적어도 몇 번 부어야 하는지 구했나요?	3점

기출 단원 평가 Level ❷ 28~30쪽

1 $9, 2 / 2, \dfrac{9}{2}, 4\dfrac{1}{2}$ **2** $18, 54$

3 ㉡   **4** (1) $5\dfrac{3}{5}$ (2) $1\dfrac{1}{35}$

5 ④   **6** 8

7 $\dfrac{8}{10}\div\dfrac{2}{10}=4 / 4$ **8** ㉠

9 6배   **10** $1\dfrac{23}{40}$배

11 $<$ **12** $\dfrac{32}{35}$

13 6 **14** $45\div\dfrac{5}{7}=63 / 63\ \text{m}$

15 $4, 5, 6$ **16** $\dfrac{5}{16}$

17 $1\dfrac{2}{3}\ \text{cm}$ **18** $2\dfrac{2}{7}$

19 2병 $/ \dfrac{3}{7}\ \text{L}$ **20** $86\dfrac{2}{5}\ \text{km}$

2 $9\div\dfrac{1}{2}=9\times2=18$, $18\div\dfrac{1}{3}=18\times3=54$

3 ㉠ $\dfrac{3}{10}\div\dfrac{1}{10}=3\div1=3$

㉡ $\dfrac{12}{17}\div\dfrac{2}{17}=12\div2=6$

㉢ $\dfrac{6}{13}\div\dfrac{2}{13}=6\div2=3$

4 (1) $\dfrac{7}{2}\div\dfrac{5}{8}=\dfrac{28}{8}\div\dfrac{5}{8}=28\div5=\dfrac{28}{5}=5\dfrac{3}{5}$

(2) $2\dfrac{6}{7}\div2\dfrac{7}{9}=\dfrac{20}{7}\div\dfrac{25}{9}=\dfrac{\overset{4}{20}}{7}\times\dfrac{9}{\underset{5}{25}}$

$=\dfrac{36}{35}=1\dfrac{1}{35}$

5 $6 \div \frac{1}{6} = 6 \times 6 = 36$입니다.

   ① $8 \div \frac{1}{5} = 8 \times 5 = 40$

   ② $7 \div \frac{1}{7} = 7 \times 7 = 49$

   ③ $12 \div \frac{1}{2} = 12 \times 2 = 24$

   ④ $9 \div \frac{1}{4} = 9 \times 4 = 36$

   ⑤ $5 \div \frac{1}{7} = 5 \times 7 = 35$

6 $\frac{16}{17} \div \square = \frac{2}{17}$에서

   $\square = \frac{16}{17} \div \frac{2}{17} = 16 \div 2 = 8$입니다.

8 ㉠ $\frac{2}{5} \div \frac{4}{5} = 2 \div 4 = \frac{2}{4} = \frac{1}{2}$

   ㉡ $\frac{8}{9} \div \frac{5}{9} = 8 \div 5 = \frac{8}{5} = 1\frac{3}{5}$

   ㉢ $\frac{10}{13} \div \frac{2}{13} = 10 \div 2 = 5$

따라서 계산 결과가 진분수인 것은 ㉠입니다.

9 $\frac{9}{10} \div \frac{3}{20} = \frac{18}{20} \div \frac{3}{20} = 18 \div 3 = 6$(배)

10 ㉠은 $\frac{1}{5}$이 7개이므로 $\frac{7}{5}$이고,

   ㉡은 $\frac{8}{15} \div \frac{3}{5} = \frac{8}{15} \div \frac{9}{15} = 8 \div 9 = \frac{8}{9}$입니다.

   ➡ $\frac{7}{5} \div \frac{8}{9} = \frac{7}{5} \times \frac{9}{8} = \frac{63}{40} = 1\frac{23}{40}$(배)

11 $2\frac{1}{7} \div 1\frac{1}{5} = \frac{15}{7} \div \frac{6}{5} = \frac{\overset{5}{\cancel{15}}}{7} \times \frac{5}{\underset{2}{\cancel{6}}}$

            $= \frac{25}{14} = 1\frac{11}{14}$

   $7\frac{1}{2} \div 2\frac{5}{8} = \frac{15}{2} \div \frac{21}{8} = \frac{\overset{5}{\cancel{15}}}{\underset{1}{\cancel{2}}} \times \frac{\overset{4}{\cancel{8}}}{\underset{7}{\cancel{21}}}$

            $= \frac{20}{7} = 2\frac{6}{7}$

12 $3\frac{1}{5} \div 1\frac{1}{3} \div 2\frac{5}{8} = \frac{16}{5} \div \frac{4}{3} \div \frac{21}{8}$

                   $= \frac{16}{5} \times \frac{3}{\underset{1}{\cancel{4}}} \div \frac{21}{8}$

                   $= \frac{\overset{4}{\cancel{12}}}{5} \times \frac{8}{\underset{7}{\cancel{21}}} = \frac{32}{35}$

13 $\square \times \frac{5}{9} = 3\frac{1}{3}$

   ➡ $\square = 3\frac{1}{3} \div \frac{5}{9} = \frac{10}{3} \div \frac{5}{9} = \frac{30}{9} \div \frac{5}{9}$

        $= 30 \div 5 = 6$

14 $45 \div \frac{5}{7} = (45 \div 5) \times 7 = 63$(m)

15 $15 \div \frac{5}{\square} = (15 \div 5) \times \square = 3 \times \square$이므로

   $10 < 3 \times \square < 20$입니다.

   $3 \times 4 = 12$, $3 \times 5 = 15$, $3 \times 6 = 18$이므로

   $\square$ 안에 들어갈 수 있는 자연수는 4, 5, 6입니다.

16 어떤 수를 $\square$라고 하면 $\square \times 2\frac{2}{3} = 2\frac{2}{9}$,

   $\square = 2\frac{2}{9} \div 2\frac{2}{3} = \frac{20}{9} \div \frac{8}{3} = \frac{\overset{5}{\cancel{20}}}{\underset{3}{\cancel{9}}} \times \frac{\overset{1}{\cancel{3}}}{\underset{2}{\cancel{8}}} = \frac{5}{6}$입니다.

따라서 바르게 계산하면

   $\frac{5}{6} \div 2\frac{2}{3} = \frac{5}{6} \div \frac{8}{3} = \frac{5}{\underset{2}{\cancel{6}}} \times \frac{\overset{1}{\cancel{3}}}{8} = \frac{5}{16}$입니다.

17 사다리꼴의 높이를 $\square$cm라고 하면

   $\left(2\frac{5}{6} + 4\frac{2}{3}\right) \times \square \div 2 = 6\frac{1}{4}$,

   $7\frac{1}{2} \times \square \div 2 = 6\frac{1}{4}$, $7\frac{1}{2} \times \square = 6\frac{1}{4} \times 2$,

   $7\frac{1}{2} \times \square = \frac{25}{\underset{2}{\cancel{4}}} \times \overset{1}{\cancel{2}}$, $7\frac{1}{2} \times \square = 12\frac{1}{2}$,

   $\square = 12\frac{1}{2} \div 7\frac{1}{2} = \frac{25}{2} \div \frac{15}{2} = 25 \div 15$

     $= \frac{25}{15} = \frac{5}{3} = 1\frac{2}{3}$

입니다.

18 몫이 가장 작으려면 나누어지는 수를 가장 작게, 나누는 수를 가장 크게 해야 합니다.

따라서 나누어지는 수는 2이고, 나누는 수는 7, 5, 8 중에서 2장으로 만든 가장 큰 진분수인 $\dfrac{7}{8}$입니다.

$$\Rightarrow 2 \div \dfrac{7}{8} = 2 \times \dfrac{8}{7} = \dfrac{16}{7} = 2\dfrac{2}{7}$$

서술형
19 ⑩ $1\dfrac{5}{7} \div \dfrac{9}{14} = \dfrac{12}{7} \div \dfrac{9}{14} = \dfrac{24}{14} \div \dfrac{9}{14}$

$$= 24 \div 9 = \dfrac{\overset{8}{\cancel{24}}}{\underset{3}{\cancel{9}}} = \dfrac{8}{3} = 2\dfrac{2}{3}$$

이므로 2병이 되고, 남은 주스는 $\dfrac{9}{14}$ L의 $\dfrac{2}{3}$입니다.

$$\dfrac{\overset{3}{\cancel{9}}}{\underset{7}{\cancel{14}}} \times \dfrac{\overset{1}{\cancel{2}}}{\underset{1}{\cancel{3}}} = \dfrac{3}{7}$$이므로 남은 주스는 $\dfrac{3}{7}$ L입니다.

평가 기준	배점(5점)
주스는 몇 병이 되는지 구했나요?	2점
남은 주스는 몇 L인지 구했나요?	3점

서술형
20 ⑩ 35분 $= \dfrac{35}{60}$시간 $= \dfrac{7}{12}$시간이므로

1시간 동안 갈 수 있는 거리는

$$50\dfrac{2}{5} \div \dfrac{7}{12} = \dfrac{252}{5} \times \dfrac{\overset{36}{\cancel{12}}}{\underset{1}{\cancel{7}}} = \dfrac{432}{5} = 86\dfrac{2}{5}\text{(km)}$$

입니다.

평가 기준	배점(5점)
분 단위를 시간 단위의 분수로 바르게 고쳤나요?	2점
1시간 동안 갈 수 있는 거리를 구했나요?	3점

💡 사고력이 반짝   31쪽

(   ) (   )
(◯) (   )

첫 번째, 두 번째, 네 번째 도형은 돌리면 서로 같은 모양이 되지만 세 번째 도형은 아무리 돌려도 같은 모양이 될 수 없습니다.

---

2 소수의 나눗셈

소수의 나눗셈 계산 알고리즘의 핵심은 나누는 수와 나누어지는 수의 소수점 위치를 적절히 이동하여 자연수 나눗셈의 계산 원리를 적용하는 것입니다.

소수의 나눗셈은 자연수의 나눗셈 방법을 이용하여 접근하는 것이 최종 학습 목표이지만 계산 원리의 이해를 위하여 소수를 분수로 바꾸어 분수의 나눗셈을 이용하는 것도 좋은 방법입니다.

초등학교 수학에서는 계산의 원리를 이해하고 계산에 앞서 결과가 얼마쯤 될 것이라는 어림에 중점을 두어 지도하는 것이 바람직합니다.

따라서 소수의 어림 계산은 소수를 이해하고 소수에 대한 감각을 키우는 데 도움을 줄 것입니다.

이에 따라 이 단원에서는 자연수를 이용하여 소수의 나눗셈의 원리를 터득하고 소수 나눗셈의 계산 알고리즘은 물론 기본적인 계산 원리를 학습하도록 하였습니다.

1 (소수)÷(소수)⑴   34쪽

① 변하지 않습니다에 ◯표

1 184, 8, 184, 8 / 184, 184, 23, 23

2 ⑴ 324, 9, 36 / 36   ⑵ 65, 13, 5 / 5

3 $4.8 \div 0.6 = 8$, 8명

2 ⑴ $32.4 \div 0.9$를 자연수의 나눗셈으로 바꾸려면 나누는 수와 나누어지는 수에 똑같이 10을 곱하면 됩니다.

⑵ $0.65 \div 0.13$을 자연수의 나눗셈으로 바꾸려면 나누는 수와 나누어지는 수에 똑같이 100을 곱하면 됩니다.

3 $4.8 \div 0.6$에서 나누는 수와 나누어지는 수에 똑같이 10을 곱하여 계산하면 $48 \div 6 = 8$이므로 $4.8 \div 0.6 = 8$입니다.

2 (소수)÷(소수)(2)　　35쪽

4 (1) $14.4 \div 2.4 = \dfrac{144}{10} \div \dfrac{24}{10} = 144 \div 24 = 6$

　　(2) $6.72 \div 0.14 = \dfrac{672}{100} \div \dfrac{14}{100} = 672 \div 14 = 48$

5 (1) 34, 26　(2) 171, 9

6 (1) 4　(2) 12　(3) 12　(4) 9

4 (1) 나누는 수와 나누어지는 수가 모두 소수 한 자리 수
　　　이므로 분모가 10인 분수로 바꾸어 계산합니다.
　　(2) 나누는 수와 나누어지는 수가 모두 소수 두 자리 수
　　　이므로 분모가 100인 분수로 바꾸어 계산합니다.

6 (1) $3.6 \div 0.9 = 36 \div 9 = 4$
　　(2) $8.64 \div 0.72 = 864 \div 72 = 12$
　　(3)
```
           1 2
   2.7 ) 3 2.4
         2 7
         ─────
           5 4
           5 4
         ─────
             0
```
　　(4)
```
             9
  0.38 ) 3.4 2
         3 4 2
        ──────
             0
```

3 (소수)÷(소수)(3)　　36쪽

7 100, 378, 2.7

8 (1) 5.3　(2) 3.6

9 (1) <　(2) <

7 나누는 수 1.4가 140이 되었으므로 나누는 수와 나누
　　어지는 수를 각각 100배씩 한 것임을 알 수 있습니다.

8 (1)
```
           5.3
   0.7 ) 3.7 1
         3 5
         ─────
           2 1
           2 1
         ─────
             0
```
　　(2)
```
             3.6
   6.4 ) 2 3.0 4
         1 9 2
        ──────
           3 8 4
           3 8 4
        ──────
             0
```

9 (1) $4.05 \div 1.5 = 2.7$, $1.65 \div 0.3 = 5.5$
　　(2) $8.17 \div 1.9 = 4.3$, $18.62 \div 3.8 = 4.9$

4 (자연수)÷(소수)　　37쪽

10 $69 \div 0.23 = \dfrac{6900}{100} \div \dfrac{23}{100} = 6900 \div 23 = 300$

11 (1) 30　(2) 16

12 (1) 6, 60, 600　(2) 43, 430, 4300

10 나누는 수가 자연수가 되도록 분모가 100인 분수로 바
　　꾸어 (자연수)÷(자연수)의 계산을 합니다.

11 (1) 나누는 수가 자연수가 되도록 나누는
　　수와 나누어지는 수의 소수점을 오른
　　쪽으로 한 자리씩 옮깁니다. 이때 나
　　누어지는 수의 일의 자리 뒤에 0을 1
　　개 붙인 후 소수점을 옮깁니다.
```
              3 0
   1.6 ) 4 8.0
         4 8
        ─────
             0
```
　　(2) 나누는 수가 자연수가 되도록 나
　　누는 수와 나누어지는 수의 소수
　　점을 오른쪽으로 두 자리씩 옮깁
　　니다. 이때 나누어지는 수의 일의
　　자리 뒤에 0을 2개 붙인 후 소수
　　점을 옮깁니다.
```
              1 6
  1.25 ) 2 0.0 0
         1 2 5
        ──────
           7 5 0
           7 5 0
        ──────
             0
```

12 나누는 수가 $\dfrac{1}{10}$배, $\dfrac{1}{100}$배가 되면 몫은 10배, 100
　　배가 됩니다. 또한 나누어지는 수가 10배, 100배가 되
　　면 몫도 10배, 100배가 됩니다.

5 몫을 반올림하여 나타내기　　38쪽

13 1.4

14 (1) 1.61 / 1.6
```
           1.6 1
   7 ) 1 1.3 0
       7
      ──────
       4 3
       4 2
      ──────
         1 0
          7
      ──────
          3
```
　　(2) 0.636 / 0.64
```
           0.6 3 6
  11 ) 7.0 0 0
        6 6
       ──────
         4 0
         3 3
       ──────
          7 0
          6 6
       ──────
           4
```

15 (1) >　(2) <

13 몫의 소수 둘째 자리에서 반올림하면
　　$1.40\cdots$ ➡ 1.4입니다.

14 (1) 몫의 소수 둘째 자리에서 반올림합니다.
$1.61\cdots \Rightarrow 1.6$
(2) 몫의 소수 셋째 자리에서 반올림합니다.
$0.636\cdots \Rightarrow 0.64$

15 (1) $9.8 \div 3 = 3.26\cdots \Rightarrow 3.3$이므로
$3.3 > 3.26\cdots$입니다.
(2) $5.2 \div 0.7 = 7.4\cdots \Rightarrow 7$이므로
$7 < 7.4\cdots$입니다.

6 나누어 주고 남는 양 알아보기   39쪽

16 (1) 5.7   (2) 5, 5.7

17 9, 27 / 9, 1.4

18 6도막 / 1.6 cm

18
$$6) \overline{37.6}$$
$$\underline{36}$$
$$1.6$$

따라서 6도막까지 자를 수 있고, 남는 색 테이프는
1.6 cm입니다.

기본에서 응용으로   40~46쪽

1 (1) 7, 7   (2) 108, 108   **2** (1) 9   (2) 6

3 192 / 예 57.6, 0.3에 각각 10을 곱하면 576, 3이
므로 $57.6 \div 0.3 = 192$입니다.

4 $25.6 \div 0.8 = 32$ / 32도막

5 $0.91 \div 0.13 = 7$ / 예 91과 13을 각각 $\frac{1}{100}$배 하면
0.91과 0.13이 됩니다.

6 8   **7** (1) >   (2) >

8 18개   **9** 4

10 22   **11** 16개

12 ㉡, ㉢   **13** 1, 2, 3

14 2.7 cm   **15** 2.6

16
$$0.3) \overline{9.24} \quad 30.8$$
$$\underline{9\ 0}$$
$$2\ 4$$
$$\underline{2\ 4}$$
$$0$$

17 $2.86 \div 1.3 = 2.2$
/ 2.2배

18 6.5

19 8.8

20 <

21 (1) 25, 250, 2500   (2) 64, 640, 6400

22 5.2

23
$$2.5) \overline{15.0} \quad 6$$
$$\underline{15\ 0}$$
$$0$$
/ 예 소수점을 옮겨서 계산하는 경우,
몫의 소수점은 옮긴 위치에 찍어
야 합니다.

24 $14 \div 1.75 = 8$ / 8상자

25 28.4   **26** 16 cm

27 0.5   **28** 1.35

29 <   **30** 664.1배

31 0.03

32 예 $15 \div 3.7 = 4.054054\cdots$이므로 몫의 소수 첫째
자리부터 0, 5, 4가 반복됩니다.

33 5   **34** 2.9

35 3봉지 / 2.9 kg

36 7, 0.2 / 7개 / 0.2 L

37
$$3) \overline{29.4} \quad 9$$
$$\underline{2\ 7}$$
$$2.4$$
/ 9, 2.4

38 5개, 7.3 g

39 20   **40** 0.25

41 4.5   **42** 17명

43 35번   **44** 0.07 m

45 105.7 km   **46** 5.87 kg

47 18.3 km

1 (1) $6.3 \div 0.9$를 자연수의 나눗셈으로 바꾸려면 나누는
수와 나누어지는 수에 똑같이 10을 곱하면 됩니다.
(2) $7.56 \div 0.07$을 자연수의 나눗셈으로 바꾸려면 나
누는 수와 나누어지는 수에 똑같이 100을 곱하면
됩니다.

2 (1) $7.2 \div 0.8$에서 나누는 수와 나누어지는 수를 각각 10배 하면 $72 \div 8 = 9$이므로 $7.2 \div 0.8 = 9$입니다.
(2) $0.36 \div 0.06$에서 나누는 수와 나누어지는 수를 각각 100배 하면 $36 \div 6 = 6$이므로 $0.36 \div 0.06 = 6$입니다.

4 $25.6 \div 0.8$에서 나누는 수와 나누어지는 수를 각각 10배 하면 $256 \div 8 = 32$이므로 $25.6 \div 0.8 = 32$(도막)입니다.

5 서술형

단계	문제 해결 과정
①	나눗셈식을 찾아 바르게 계산했나요?
②	나눗셈식을 만든 이유를 바르게 썼나요?

6 $6.4 < 51.2$이므로
$51.2 \div 6.4 = \dfrac{512}{10} \div \dfrac{64}{10} = 512 \div 64 = 8$입니다.

7 (1) $30.6 \div 0.9 = 34$, $83.7 \div 2.7 = 31$
(2) $3.64 \div 0.28 = 13$, $5.28 \div 0.48 = 11$

8 $10.8 \div 0.6 = 18$(개)

9 $60.8 \div \square = 15.2 \Rightarrow \square = 60.8 \div 15.2 = 4$

10 $\square = 27.28 \div 1.24 = 22$

11 서술형 예 필요한 가로등의 수는 산책로의 길이를 간격으로 나눈 것과 같습니다.
$65.92 \div 4.12 = \dfrac{6592}{100} \div \dfrac{412}{100} = 6592 \div 412 = 16$
이므로 필요한 가로등은 모두 16개입니다.

단계	문제 해결 과정
①	나눗셈식을 바르게 세웠나요?
②	필요한 가로등은 모두 몇 개인지 구했나요?

12 나누는 수가 자연수가 되도록 나누는 수와 나누어지는 수의 소수점을 오른쪽으로 같은 자리 만큼씩 옮겨 봅니다.
㉠ $43.2 \div 24$ ㉡ $432 \div 24$
㉢ $432 \div 24$ ㉣ $4320 \div 24$
따라서 계산 결과가 같은 것은 ㉡, ㉢입니다.

13 $15.96 \div 4.2 = 3.8$이므로 $3.8 > \square$입니다.
따라서 □ 안에 들어갈 수 있는 자연수는 1, 2, 3입니다.

14 (세로) $=$ (직사각형의 넓이) $\div$ (가로)
$= 17.28 \div 6.4 = 2.7$(cm)

15 $1.2 \times \square = 3.12$이므로 $\square = 3.12 \div 1.2 = 2.6$입니다.

16 소수점을 각각 오른쪽으로 한 자리씩 옮기면 $92.4 \div 3$이므로 몫은 3.8이 아니라 30.8이 됩니다.

18 $2.45 \bigstar 0.7 = 2.45 \div 0.7 + 3 = 3.5 + 3 = 6.5$

19 나누는 수와 나누어지는 수를 똑같이 10배 하면 몫은 같습니다.

20 $36 \div 2.4 = 15$, $33 \div 1.5 = 22$

21 (1) 나누어지는 수가 같을 때 나누는 수가 $\dfrac{1}{10}$배씩 작아지면 몫은 10배씩 커집니다.
(2) 나누는 수가 같을 때 나누어지는 수가 10배씩 커지면 몫도 10배씩 커집니다.

22 $1.95 \div 0.15 = 13$이므로 ㉠은 13입니다.
$\Rightarrow$ ㉠ $\div 2.5 = 13 \div 2.5 = 5.2$이므로 ㉡은 5.2입니다.

23 서술형

단계	문제 해결 과정
①	잘못 계산한 곳을 찾아 바르게 계산했나요?
②	잘못된 이유를 바르게 썼나요?

24 $14 \div 1.75 = \dfrac{1400}{100} \div \dfrac{175}{100} = 1400 \div 175 = 8$이므로 8상자가 됩니다.

25 어떤 수를 □라고 하면 $\square \times 2.5 = 71$,
$\square = 71 \div 2.5 = 28.4$입니다.

26 (다른 대각선의 길이)
$=$ (마름모의 넓이) $\times 2 \div$ (한 대각선의 길이)
$= 124 \times 2 \div 15.5 = 248 \div 15.5 = 16$(cm)

27 몫의 소수 둘째 자리에서 반올림합니다.
$1.94 \div 3.6 = 0.53\cdots \Rightarrow 0.5$

28 몫의 소수 셋째 자리에서 반올림합니다.
$9.44 \div 7 = 1.348\cdots \Rightarrow 1.35$

29 $9.26 \div 2.3 = 4.02\cdots \Rightarrow 4$이므로 $4 < 4.02\cdots$입니다.

30 (8월의 강수량) $\div$ (2월의 강수량)
$= 464.9 \div 0.7 = 664.14\cdots \Rightarrow 664.1$배

31 $44.7 \div 2.3 = 19.434 \cdots$ 이므로 몫을 반올림하여 소수 첫째 자리까지 나타내면 $19.43 \cdots$ ➡ 19.4이고 소수 둘째 자리까지 나타내면 $19.434 \cdots$ ➡ 19.43입니다.
따라서 차는 $19.43 - 19.4 = 0.03$입니다.

^{서술형}
33 예 $8 \div 5.5 = 1.454545 \cdots$ 로 몫의 소수점 아래 자릿수가 홀수이면 4이고, 소수점 아래 자릿수가 짝수이면 5인 규칙이 있습니다.
16은 짝수이므로 몫의 소수 16째 자리 숫자는 5입니다.

단계	문제 해결 과정
①	$8 \div 5.5$를 계산하여 규칙을 찾았나요?
②	몫의 16째 자리 숫자를 구했나요?

34 $20.9 - 6 = 14.9$, $14.9 - 6 = 8.9$, $8.9 - 6 = 2.9$

35 20.9에서 6을 3번 뺄 수 있으므로 콩을 3봉지에 나누어 담을 수 있습니다. 20.9에서 6을 3번 빼면 2.9가 남으므로 남는 콩의 양은 2.9 kg입니다.

36 컵의 수는 소수가 아닌 자연수이므로 몫을 자연수까지만 구해야 합니다.

37 사람 수는 소수가 아닌 자연수이므로 몫을 자연수까지만 구해야 합니다.

^{서술형}
38 예 $47.3 - 8 - 8 - 8 - 8 - 8 = 7.3$이므로 반지를 5개까지 만들 수 있고, 남는 금은 7.3 g입니다.

단계	문제 해결 과정
①	나눗셈식을 바르게 세웠나요?
②	반지 몇 개를 만들고 남는 금은 몇 g인지 구했나요?

39 어떤 수를 ☐라고 하면 $☐ \times 0.8 = 12.8$이므로 $☐ = 12.8 \div 0.8 = 16$입니다.
따라서 바르게 계산하면 $16 \div 0.8 = 20$입니다.

40 어떤 수를 ☐라고 하면 $2.52 \div ☐ = 4$이므로 $☐ = 2.52 \div 4 = 0.63$입니다.
따라서 바르게 계산하면 $0.63 \div 2.52 = 0.25$입니다.

41 어떤 수를 ☐라고 하면 $☐ \div 6.4 = 3.6$이므로 $☐ = 3.6 \times 6.4 = 23.04$입니다.
따라서 어떤 수를 5.1로 나누면 $23.04 \div 5.1 = 4.51 \cdots$ 이므로 몫을 반올림하여 소수 첫째 자리까지 나타내면 4.5입니다.

42 $795.2 \div 45$의 몫을 자연수까지만 구하면 17이고, 30.2 kg이 남으므로 몸무게가 45 kg인 사람은 17명까지 탈 수 있습니다.

43 $68.7 \div 2$의 몫을 자연수까지만 구하면 34이고, 0.7 L가 남으므로 물을 가득 담아 34번 부으면 0.7 L만큼이 모자랍니다. 따라서 욕조에 물을 가득 채우려면 적어도 $34 + 1 = 35$(번) 부어야 합니다.

44 $81.05 \div 1.56$의 몫을 자연수까지만 구하면 51이고, 1.49 m가 남으므로 상자를 51개 묶었을 때 남는 끈의 길이는 1.49 m입니다.
따라서 끈을 남김없이 사용하려면 상자 하나를 더 묶어야 하므로 끈은 적어도 $1.56 - 1.49 = 0.07$(m)가 더 필요합니다.

45 3시간 30분 $= 3\frac{30}{60}$시간 $= 3.5$시간입니다.
(1시간 동안 달린 거리) $= 370 \div 3.5 = 105.71 \cdots$
➡ 105.7 km

46 16 m 22 cm $= 16.22$ m입니다.
(1 m의 무게) $= 95.18 \div 16.22 = 5.868 \cdots$
➡ 5.87 kg

47 2시간 18분 $= 2\frac{18}{60}$시간 $= 2\frac{3}{10}$시간 $= 2.3$시간입니다.
(1시간 동안 달린 거리) $= 42.195 \div 2.3$
$= 18.34 \cdots$ ➡ 18.3 km

응용에서 최상위로
^{47~50쪽}

1 302그루	**1-1** 82개	**1-2** 26개
2 24	**2-1** 0.164	**2-2** 72.1
3 13260원	**3-1** 91665원	**3-2** 9270원

4 1단계 예 1시간 45분 $= 1\frac{45}{60}$시간 $= 1.75$시간이므로
(강물이 1시간 동안 가는 거리)
$= 21 \div 1.75 = 12$(km)입니다.

2단계 예 (배가 강이 흐르는 방향으로 1시간 동안 가는
거리)=16.2+12=28.2(km)
3단계 예 (배가 42.3 km를 가는 데 걸리는 시간)
=42.3÷28.2=1.5(시간)
/ 1.5시간

4-1 1.2시간

1 (나무 사이의 간격의 수)=420÷2.8=150(군데)
도로의 처음부터 나무를 심어야 하므로
(도로 한쪽에 심어야 하는 나무의 수)
=150+1=151(그루)이고,
(도로 양쪽에 심어야 하는 나무의 수)
=(도로 한쪽에 심어야 하는 나무의 수)×2
=151×2=302(그루)입니다.

1-1 0.27 km=270 m
(가로등 사이의 간격의 수)=270÷6.75=40(군데)
(길 한쪽에 세우는 가로등의 수)=40+1=41(개)
(길 양쪽에 세우는 가로등의 수)
=(길 한쪽에 세우는 가로등의 수)×2
=41×2=82(개)

1-2
15.22+1.5=16.72(m)
1.5 m   419.5−1.5=418(m)
(의자를 설치한 간격)+(의자의 길이)
=15.22+1.5=16.72(m)
(첫 번째 의자의 끝 부분부터 산책로 끝까지의 길이)
=419.5−1.5=418(m)
(의자 사이의 간격의 수)=418÷16.72=25(군데)
이므로 필요한 의자는 모두 25+1=26(개)입니다.

2 몫이 가장 크려면 나누어지는 수를 가장 크게, 나누는
수를 가장 작게 해야 합니다.
따라서 만들 수 있는 가장 큰 소수 한 자리 수는 9.6이
고, 가장 작은 소수 한 자리 수는 0.4이므로 나누어지
는 수는 9.6이고 나누는 수는 0.4입니다.
➡ 9.6÷0.4=24

2-1 몫이 가장 작으려면 나누어지는 수를 가장 작게, 나누
는 수를 가장 크게 해야 합니다.

따라서 만들 수 있는 가장 작은 소수 두 자리 수는
1.23이고, 가장 큰 소수 한 자리 수는 7.5이므로 나누
어지는 수는 1.23이고 나누는 수는 7.5입니다.
➡ 1.23÷7.5=0.164

2-2 몫이 가장 크려면 나누어지는 수를 가장 크게, 나누는
수를 가장 작게 해야 합니다.
따라서 수 카드 3장으로 만들 수 있는 가장 큰 소수 한
자리 수는 86.5이고, 수 카드 2장으로 만들 수 있는 가
장 작은 소수 한 자리 수는 1.2이므로 나누어지는 수는
86.5이고 나누는 수는 1.2입니다.
➡ 86.5÷1.2=72.08… ➡ 72.1

3 (휘발유 1 L로 갈 수 있는 거리)
=15.96÷1.4=11.4(km)
(74.1 km를 가는 데 필요한 휘발유의 양)
=74.1÷11.4=6.5(L)
(74.1 km를 가는 데 필요한 휘발유의 가격)
=2040×6.5=13260(원)

3-1 (휘발유 1 L로 갈 수 있는 거리)
=19.84÷1.6=12.4(km)
(지난달에 사용한 휘발유의 양)
=558÷12.4=45(L)
(지난달에 사용한 휘발유의 가격)
=2037×45=91665(원)

3-2 (경유 1 L로 갈 수 있는 거리)
=19.08÷1.8=10.6(km)
(61.48 km를 가는 데 필요한 경유의 양)
=61.48÷10.6=5.8(L)
(61.48 km를 가는 데 필요한 경유의 가격)
=1850×5.8=10730(원)
(거스름돈)=20000−10730=9270(원)

4-1 1시간 30분=$1\frac{30}{60}$시간=1.5시간입니다.
(강물이 1시간 동안 가는 거리)
=19.5÷1.5=13(km)
(배가 강이 흐르는 반대 방향으로 1시간 동안 가는 거리)
=(배가 1시간 동안 가는 거리)
 −(강물이 1시간 동안 가는 거리)
=35.2−13=22.2(km)
(배가 26.64 km를 가는 데 걸리는 시간)
=26.64÷22.2=1.2(시간)

기출 단원 평가 Level ❶

1 $16.8 \div 1.2 = \dfrac{168}{10} \div \dfrac{12}{10} = 168 \div 12 = 14$

2 (1) 21, 36　(2) 384, 12

3 1.7, 32, 224, 224　　**4** (1) 14　(2) 5

5 >　　　　　　**6** 68.4, 684, 6840

7 2.4　　　　　　**8** 8

9 1.75　　　　　　**10** 24개

11 14.765 / 14.77　　**12** 3명 / 1.35 L

13 1, 2, 3, 4, 5　　　**14** 4 cm

15
```
          3.6
   2.5) 9
        7 5
        1 5 0
        1 5 0
            0
```

16 6.13배

17 730

18 52

19 $120 \div 1.5 = \dfrac{1200}{10} \div \dfrac{15}{10} = 1200 \div 15 = 80$ /

예 120을 분모가 10인 분수로 고칠 때 $\dfrac{120}{10}$ 이 아니라 $\dfrac{1200}{10}$ 으로 고쳐야 합니다.

20 지우

---

1 소수 한 자리 수끼리의 나눗셈을 분모가 10인 분수의 나눗셈으로 계산합니다.

2 나누는 수와 나누어지는 수에 같은 수를 곱하면 몫은 변하지 않습니다.

4 (1)
```
          1 4
   3.3) 4 6.2
        3 3
        1 3 2
        1 3 2
            0
```
(2)
```
            5
   3.6) 1 8.0
        1 8 0
            0
```

5 $1.61 \div 0.23 = 7$, $4.96 \div 0.8 = 6.2$

6 나누어지는 수가 10배, 100배가 되면 몫도 10배, 100배가 됩니다.

7 $9.36 > 3.9$이므로 $9.36 \div 3.9 = 2.4$입니다.

8 어떤 수에 4.5를 곱하여 36이 되었으므로 어떤 수는 $36 \div 4.5 = 8$입니다.

9 $3.64 \div 1.3 = 2.8$이므로 ㉠은 2.8입니다.
➡ ㉠$\div 1.6 = 2.8 \div 1.6 = 1.75$이므로 ㉡은 1.75입니다.

10 (필요한 봉지 수)
　＝(전체 밀가루의 무게)
　　÷(한 봉지에 담는 밀가루의 무게)
　＝$30 \div 1.25 = 24$(개)

11 $69.4 \div 4.7 = 14.765\cdots$
반올림하여 소수 둘째 자리까지 나타낸 몫 :
$14.76\overset{\frown}{5}\cdots$ ➡ 14.77

12 사람 수는 소수가 아닌 자연수이므로 몫을 자연수까지만 구해야 합니다.

13 $8.32 \div 1.6 = 5.2$이므로 $5.2 > \square$입니다.
따라서 □ 안에 들어갈 수 있는 자연수는 1, 2, 3, 4, 5입니다.

14 (가로)＝(직사각형의 넓이)÷(세로)
　　　　＝$20.56 \div 5.14 = 4$(cm)

15 소수점을 옮겨 계산한 경우, 몫의 소수점을 옮긴 위치에 찍어야 합니다.

16 (수현이의 몸무게)÷(강아지의 무게)
　　＝$38.6 \div 6.3 = 6.12\overset{\frown}{6}\cdots$ ➡ 6.13배

17 몫이 가장 크려면 나누어지는 수를 가장 크게, 나누는 수를 가장 작게 해야 합니다.
따라서 나눗셈식은 □□□÷□.□ 모양으로 나누어지는 수는 876이고, 나누는 수는 1.2입니다.
➡ $876 \div 1.2 = 730$

18 어떤 수를 □라고 하면
□$\times 4.5 = 1053$, □$= 1053 \div 4.5 = 234$입니다.
따라서 바르게 계산했을 때의 몫은 $234 \div 4.5 = 52$입니다.

서술형
19

평가 기준	배점(5점)
잘못 계산한 곳을 찾아 바르게 계산했나요?	3점
잘못된 이유를 바르게 썼나요?	2점

서술형
20 예 지우가 산 사과주스 1 L의 가격은
$1040 \div 1.3 = 800$(원)이고, 주영이가 산 사과주스
1 L의 가격은 $760 \div 0.8 = 950$(원)입니다.
따라서 같은 양일 때 지우가 산 사과주스가 더 저렴합니다.

평가 기준	배점(5점)
지우와 주영이가 산 사과주스 1 L의 가격을 각각 구했나요?	3점
누가 산 사과주스가 더 저렴한지 구했나요?	2점

기출 단원 평가 Level ❷
54~56쪽

1 (1) 49, 7, 49, 7, 7
   (2) 592, 740, 592, 740, 0.8

2 (1) 400 (2) 70   **3** 6

4 (1) < (2) <   **5** 90

6 250

7 (선 연결)

8 2.87   **9** >

10 46도막, 0.9 m   **11** 3.8

12 44.2   **13** 7.6 cm

14 92명   **15** 5

16 4봉지   **17** 151 km

18 76950원   **19** 272그루

20 0.2

2 나누어지는 수는 같고, 나누는 수가 $\frac{1}{10}$배, $\frac{1}{100}$배가
되면 몫은 10배, 100배가 됩니다.

3 가장 큰 수는 7.44이고, 가장 작은 수는 1.24이므로
몫은 $7.44 \div 1.24 = 6$입니다.

4 (1) 나누어지는 수는 같고 나누는 수가 $\frac{1}{10}$배가 되면
몫은 10배가 됩니다.
➡ $48 \div 0.6 < 48 \div 0.06$
(2) 나누는 수가 같고 나누어지는 수가 100배가 되면
몫도 100배가 됩니다.
➡ $7.42 \div 0.14 < 742 \div 0.14$

5 $\blacksquare \div \bullet = 153 \div 1.7 = \frac{1530}{10} \div \frac{17}{10}$
$= 1530 \div 17 = 90$

6 $7 \div 1.4 = 5$, $5 \div 0.02 = 250$

7 나누는 수와 나누어지는 수의 소수점을 같은 자리만큼씩 옮기면 몫이 같습니다.
$7 \div 0.14 = 70 \div 1.4$, $70 \div 0.14 = 700 \div 1.4$
$7 \div 1.4 = 0.7 \div 0.14$

8 $25.8 \div 9 = 2.866\cdots \Rightarrow 2.87$

9 $10.3 \div 4.5 = 2.28\cdots \Rightarrow 2.3$이므로
$2.3 > 2.28\cdots$입니다.

10 $92.9 \div 2$의 몫을 자연수까지만 구하면 46이고,
0.9 m가 남습니다.
따라서 철사를 46도막까지 자를 수 있고, 남는 철사는
0.9 m입니다.

11 $\square = 79.8 \div 21 = 3.8$

12 $5.88 \bigstar 152 = (5.88 \div 1.4) + (152 \div 3.8)$
$= 4.2 + 40 = 44.2$

13 (높이) = (삼각형의 넓이) × 2 ÷ (밑변의 길이)
$= 47.88 \times 2 \div 12.6$
$= 95.76 \div 12.6 = 7.6$(cm)

14 $232 \div 2.5$의 몫을 자연수까지만 구하면 92이고, 2 kg
이 남으므로 92명까지 체험을 할 수 있습니다.

15 $84.6 \div 2.2 = 38.454545\cdots$이므로 몫의 소수점 아래
숫자는 소수 첫째 자리부터 4, 5가 되풀이됩니다.
따라서 몫의 소수 이십째 자리 숫자는 5입니다.

16 $84.5 \div 5$의 몫을 자연수까지만 구하면 16이고,
$84.5 \div 7$의 몫을 자연수까지만 구하면 12입니다.
따라서 5 kg씩 나누어 담으면 7 kg씩 나누어 담을 때
보다 $16 - 12 = 4$(봉지)가 더 필요합니다.

17 2시간 12분 = $2\frac{12}{60}$시간 = $2\frac{1}{5}$시간 = 2.2시간입니다.
(1시간 동안 달린 거리) = $333 \div 2.2 = 151.3\cdots$
➡ 151 km

18 (휘발유 1 L로 갈 수 있는 거리)
　＝31.05÷2.3＝13.5(km)
　(지난달에 사용한 휘발유의 양)
　＝513÷13.5＝38(L)
　(지난달에 사용한 휘발유의 가격)
　＝2025×38＝76950(원)

^{서술형}
19 **예** (나무 사이의 간격의 수)＝324÷2.4＝135(군데)
　(도로의 한쪽에 심어야 하는 나무의 수)
　＝135＋1＝136(그루)
　(도로의 양쪽에 심어야 하는 나무의 수)
　＝136×2＝272(그루)

평가 기준	배점(5점)
한쪽에 심어야 하는 나무의 수를 구했나요?	3점
양쪽에 심어야 하는 나무의 수를 구했나요?	2점

^{서술형}
20 **예** 어떤 수를 □라고 하면 36.7÷□＝5,
　□＝36.7÷5＝7.34입니다.
　따라서 바르게 계산하면 7.34÷36.7＝0.2입니다.

평가 기준	배점(5점)
어떤 수를 구했나요?	2점
바르게 계산한 몫을 구했나요?	3점

💡 **사고력이 반짝** 　　　　　　　　**57쪽**

> 5.9

아래에 있는 두 수의 합에 0.1을 더하는 규칙입니다.
0.1＋0.5＋0.1＝0.7, 1.2＋1.4＋0.1＝2.7
2.7＋3.5＋0.1＝6.3, 4.3＋1.5＋0.1＝[5.9]

3 공간과 입체

공간 감각은 실생활에 필요한 기본적인 능력일 뿐 아니라 도형과 도형의 성질을 학습하는 것과 매우 밀접한 관련을 가집니다. 이에 본단원은 학생에게 친숙한 공간 상황과 입체를 탐색하는 것을 통해 공간 감각을 기를 수 있도록 구성하였습니다. 공간에 있는 대상들을 여러 위치와 방향에서 바라본 모양과 쌓은 모양에 대해 알아보고, 쌓기나무로 쌓은 모양들을 평면에 나타내는 다양한 표현들을 알아봅니다. 또 이 표현들을 보고 쌓은 모양과 쌓기나무의 개수를 추측하는 데 초점을 둡니다. 쌓기나무로 쌓은 모양들을 투영도, 투영도와 위에서 본 모양, 위, 앞, 옆에서 본 모양, 위에서 본 모양에 수를 쓰는 방법, 층별로 나타낸 모양으로 쌓은 모양과 쌓기나무의 개수를 추측해 봅니다. 여러 가지 방법들의 장단점을 인식할 수 있도록 지도하고, 또 쌓기나무로 조건에 맞게 모양을 만든 다음 조건을 바꾸어 새로운 모양을 만드는 문제를 해결할 수 있도록 합니다.

1 어느 방향에서 보았는지 알아보기 　**60쪽**

1 (　　) (　　) (　　) (○)

2 ㉠ 오른쪽　㉡ 위

1 첫 번째 사진은 가, 두 번째 사진은 라, 세 번째 사진은 다 방향에서 찍은 사진입니다.

　나 방향에서 찍은 사진은 이므로 네 번째

　사진은 나올 수 없습니다.

2 ㉠ : 시소가 앞에 보이고, 시소 뒤에 미끄럼틀의 옆모습이 보이므로 오른쪽에서 찍은 사진입니다.
　㉡ : 미끄럼틀과 시소의 윗부분이 보이므로 위에서 찍은 사진입니다.

2 쌓은 모양과 쌓기나무의 개수 알아보기(1) 　**61쪽**

3 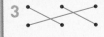 　**4** 10개

3 첫 번째 모양은 1층이 위에서부터 3개, 3개, 1개가 연결되어 있는 모양입니다.

두 번째 모양은 1층이 위에서부터 2개, 3개, 1개가 연결되어 있는 모양입니다.
세 번째 모양은 1층이 위에서부터 1개, 3개, 1개가 연결되어 있는 모양입니다.

4 1층이 7개, 2층이 3개이므로 주어진 모양과 똑같이 쌓는 데 필요한 쌓기나무는 10개입니다.

3 쌓은 모양과 쌓기나무의 개수 알아보기(2) 62쪽

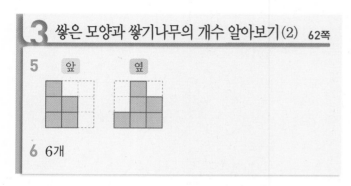

6 6개

5 위에서 본 모양을 보면 보이지 않는 쌓기나무가 없다는 것을 알 수 있습니다. 따라서 앞에서 보면 3개, 2개로 보이고, 옆에서 보면 1개, 3개, 2개로 보입니다.

6 위에서 본 모양을 보면 1층의 쌓기나무는 4개입니다. 앞에서 본 모양을 보면 ○ 부분은 쌓기나무가 3개이고, △ 부분은 쌓기나무가 각각 1개씩입니다.
따라서 1층에 4개, 2층에 1개, 3층에 1개이므로 똑같은 모양으로 쌓는 데 필요한 쌓기나무는 6개입니다.

4 쌓은 모양과 쌓기나무의 개수 알아보기(3) 63쪽

7 (1) (2)

8 옆

7 위에서 본 모양의 각 자리에 쌓인 쌓기나무의 개수를 세어 위에서 본 모양에 수를 씁니다.

8 왼쪽부터 2칸, 3칸을 색칠합니다.

5 쌓은 모양과 쌓기나무의 개수 알아보기(4) 64쪽

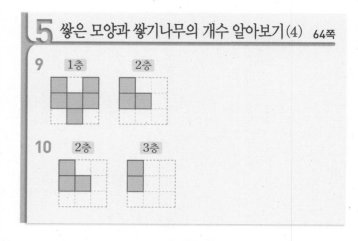

9 1층에는 쌓기나무 6개가 와 같은 모양으로 있습니다. 그리고 쌓인 모양을 보고 2층에 쌓기나무 3개를 위치에 맞게 그립니다.

10 1층 모양을 보고 쌓기나무로 쌓은 모양의 뒤에 숨겨진 쌓기나무가 없다는 것을 알 수 있습니다. 2층에는 쌓기나무가 3개, 3층에는 쌓기나무가 2개 있습니다.

6 여러 가지 모양 만들기 65쪽

11 나, 라

12 가, 나

11 나, 라는 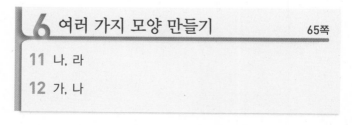 모양에 쌓기나무 2개를 붙여서 만든 모양입니다.

12 쌓기나무를 두 부분으로 묶어 보면 만들 수 있는 모양은 가와 나입니다.

가   나

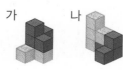

1 ㉠ 왼쪽   ㉡ 오른쪽

2 (라)(나)(가)(다)

3 가

4 ⑩ 보는 각도에 따라 뒤에 숨겨진 쌓기나무가 있을 수 있으므로 쌓기나무의 개수가 서로 다를 수 있습니다.

5

6 (1) 10개 (2) 11개

7 다

8 4개

9

앞   옆

10 8개

11

옆

12 가, 라

13 가

14 다

15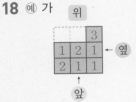

16 (1) 1개, 1개 (2) 3개, 2개 (3) 7개

17 앞

18 ⑩ 가   위   / 나   위

3   3
1 2 1 ← 옆   2 1 1 ← 옆
2 1 1   1 2 1
↑   ↑
앞   앞

19 다

20 4개

21 위   / 12개

1 2 3
1 3
3

22 앞   / 10개

23 다, 라

24 가, 나

25 (　)(　)(○)

26 나, 다

27 (1)   (2)

28 ⑩

29 50, 18, 18

30 86 cm²

1 ㉠은 집이 앞에 있고 나무가 집 뒤에 가려져 있으므로 왼쪽에서 찍은 사진입니다.
㉡은 나무가 앞에 있고 집이 나무 뒤에 가려져 있으므로 오른쪽에서 찍은 사진입니다.

2 가에서 찍으면 파란색 공이 주황색 상자 앞에 있습니다. 나에서 찍으면 파란색 공이 주황색 상자 왼쪽에 있습니다. 다에서 찍으면 파란색 공이 보이지 않습니다. 라에서 찍으면 파란색 공이 주황색 상자 오른쪽에 있습니다.

3 가를 왼쪽에서 보면 오른쪽과 같이 ○표 한 쌓기나무가 보입니다.

서술형
4

단계	문제 해결 과정
①	보는 각도에 따라 쌓기나무의 수가 다를 수 있다는 것을 알고 바르게 썼나요?

5 1층이 위에서부터 3개, 2개, 1개가 연결되어 있는 모양입니다.

6 (1) 1층이 5개, 2층이 4개, 3층이 1개이므로 주어진 모양과 똑같이 쌓는 데 쌓기나무 10개가 필요합니다.
(2) 1층이 6개, 2층이 4개, 3층이 1개이므로 주어진 모양과 똑같이 쌓는 데 쌓기나무 11개가 필요합니다.

7 가 : 5+4+1=10(개), 나 : 5+3+2=10(개)
다 : 5+5+1=11(개)

8 1층이 6개, 2층이 4개, 3층이 1개이므로 주어진 모양과 똑같이 쌓는 데 쌓기나무 11개가 필요합니다.
따라서 사용하고 남은 쌓기나무는 15-11=4(개)입니다.

9 위에서 본 모양을 보면 보이지 않는 쌓기나무가 1개 있다는 것을 알 수 있습니다.
따라서 앞에서 보면 1개, 3개, 1개로 보이고, 옆에서 보면 1개, 2개, 3개로 보입니다.

10 위에서 본 모양을 보면 1층의 쌓기나무는 5 개입니다. 앞에서 본 모양을 보면 ○ 부분은 쌓기나무가 3개 이하이고, ◇ 부분은 2개, □ 부분은 1개입니다. 옆에서 본 모양을 보면 ○ 부분 중 △ 부분은 쌓기나무가 3개이고 나머지는 1개입니다.
따라서 1층에 5개, 2층에 2개, 3층에 1개로 똑같은 모양으로 쌓는 데 필요한 쌓기나무는 8개입니다.

11 앞에서 본 모양을 보면 ○ 부분은 쌓기나무가 3개, △ 부분은 쌓기나무가 1개, □ 부분은 쌓기나무가 2개 쌓여 있습니다.
따라서 쌓기나무 8개로 쌓은 후 옆에서 보면 1개, 1개, 3개로 보입니다.

12 옆에서 본 모양을 각각 그려 봅니다.

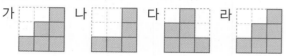

13 쌓기나무로 쌓은 모양을 위, 앞, 옆에서 본 모양 중 하나라도 상자에 있는 구멍의 모양과 같아야 상자에 넣을 수 있습니다.

14 앞에서 보았을 때 2개, 2개, 1개로 보이므로 다입니다.

15 위에서 본 모양이 서로 같은 쌓기나무입니다. 위에서 본 모양에 쌓인 쌓기나무의 개수를 세어 봅니다.

16 (1) 앞에서 본 모양에서 ㉠과 ㉢에 쌓인 쌓기나무는 각각 1개임을 알 수 있습니다.
(2) 옆에서 본 모양에서 ㉡에 쌓인 쌓기나무는 3개, ㉣에 쌓인 쌓기나무는 2개임을 알 수 있습니다.
(3) 각 자리에 쌓인 쌓기나무의 수를 더하면 $1+3+1+2=7$(개)입니다.

17 (㉠에 쌓은 쌓기나무의 수)
$=13-(1+1+3+3+3)=2$(개)
따라서 앞에서 보면 1개, 3개, 3개로 보입니다.

18 쌓기나무 11개를 사용해야 하는 조건과 위에서 본 모양을 보면 2층 이상에 쌓인 쌓기나무는 4개입니다.
1층에 7개의 쌓기나무를 위에서 본 모양과 같이 놓고 나머지 4개의 위치를 이동하면서 위, 앞, 옆에서 본 모양이 서로 같도록 만들어 봅니다.

19 1층 모양으로 가능한 모양을 찾아보면 가와 다입니다.
가는 3층 모양이 □□□ 이므로 층별로 나타낸 모양에 알맞은 모양은 다입니다.

20 2층에 놓인 쌓기나무의 수를 알아보려면 2층 이상으로 쌓아 올린 칸 수를 세어 보아야 합니다. 각 칸에 쓰여진 수가 2 이상인 곳은 4칸이므로 2층에 놓인 쌓기나무는 4개입니다.

21 쌓기나무를 층별로 나타낸 모양에서 1층 모양의 ○ 부분은 3층까지, △ 부분은 2층까지, 나머지 부분은 1층만 있습니다.
따라서 똑같은 모양으로 쌓는 데 필요한 쌓기나무는 $1+2+3+1+2+3=12$(개)입니다.

22 쌓기나무를 층별로 나타낸 모양에서 1층 모양의 ○ 부분은 3층까지, △ 부분은 2층까지 쌓여 있고, 나머지 부분은 1층만 있습니다.
따라서 앞에서 보면 3개, 2개, 1개로 보이고, 똑같은 모양으로 쌓는 데 필요한 쌓기나무는 $3+2+1+2+1+1=10$(개)입니다.

23 2층으로 가능한 모양은 가, 다, 라입니다.
2층에 다를 놓으면 3층에 라를 놓을 수 있습니다. 2층에 가를 놓으면 3층에 놓을 수 있는 모양이 없습니다. 2층에 라를 놓아도 3층에 놓을 수 있는 모양이 없습니다.
따라서 2층에 놓을 수 있는 모양은 다이고, 3층에 놓을 수 있는 모양은 라입니다.

24 다, 라는 모양에 쌓기나무 2개를 붙여서 만든 모양입니다.

25 주어진 모양을 오른쪽 옆으로 눕히면 세 번째 모양과 같습니다.

26 나와 다를 이용하여 오른쪽과 같은 모양을 만들 수 있습니다.

27 두 가지 모양을 아래와 같은 방법으로 연결합니다.
(1)   (2)

28 세 가지 모양을 다음과 같은 방법으로 연결합니다.

29 (위와 아래에 있는 면의 수)=25×2=50(개)
(앞과 뒤에 있는 면의 수)=9×2=18(개)
(오른쪽과 왼쪽에 있는 면의 수)=9×2=18(개)

30 쌓기나무 1개의 한 면의 넓이가 1 cm²이므로 쌓은 모양의 겉넓이는 50+18+18=86(cm²)입니다.

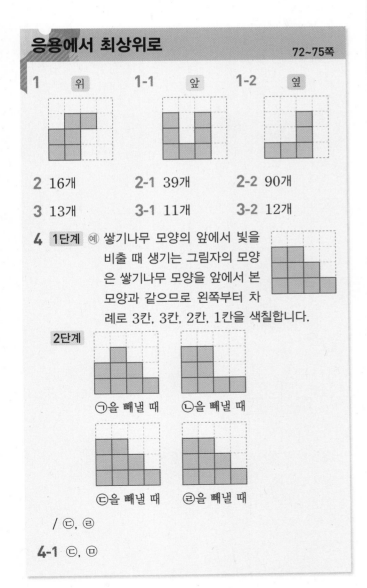

응용에서 최상위로

72~75쪽

1 위
1-1 앞
1-2 옆

2 16개 **2-1** 39개 **2-2** 90개

3 13개 **3-1** 11개 **3-2** 12개

4 1단계 예 쌓기나무 모양의 앞에서 빛을 비출 때 생기는 그림자의 모양은 쌓기나무 모양을 앞에서 본 모양과 같으므로 왼쪽부터 차례로 3칸, 3칸, 2칸, 1칸을 색칠합니다.

2단계

㉠을 뺄 때   ㉡을 뺄 때

㉢을 뺄 때   ㉣을 뺄 때

/ ㉢, ㉣

4-1 ㉢, ㉤

---

1 쌓기나무 9개로 쌓은 모양이므로 뒤에 숨겨진 쌓기나무는 없습니다. 따라서 ㉠의 자리에 쌓기나무를 2개 더 쌓으면 오른쪽과 같으므로 위에서 보면 위에서부터 2개, 2개, 2개가 연결되어 있는 모양입니다.

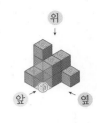

1-1 쌓기나무 10개로 쌓은 모양이므로 뒤에 숨겨진 쌓기나무는 없습니다.
따라서 ㉠의 자리에 쌓기나무를 3개 더 쌓으면 오른쪽과 같으므로 앞에서 보면 3개, 1개, 3개로 보입니다.

1-2 쌓기나무 13개로 쌓은 모양이므로 뒤에 숨겨진 쌓기나무는 없습니다.
따라서 빨간색 쌓기나무 3개를 빼내면 오른쪽과 같으므로 옆에서 보면 1개, 1개, 3개로 보입니다.

2 만들 수 있는 가장 작은 정육면체는 가로와 세로로 각각 3줄씩 3층으로 쌓은 모양이므로 3×3×3=27(개)로 쌓아야 합니다.
주어진 모양의 쌓기나무는 1층이 6개, 2층이 4개, 3층이 1개로 6+4+1=11(개)입니다.
따라서 더 필요한 쌓기나무는 27-11=16(개)입니다.

2-1 만들 수 있는 가장 작은 정육면체는 가로와 세로로 각각 4줄씩 4층으로 쌓은 모양이므로
4×4×4=64(개)로 쌓아야 합니다.
주어진 모양의 쌓기나무는 1층이 11개, 2층이 9개, 3층이 4개, 4층이 1개로 11+9+4+1=25(개)입니다.
따라서 더 필요한 쌓기나무는 64-25=39(개)입니다.

2-2 모양을 만드는 데 쌓은 쌓기나무는 1층 13개, 2층 10개, 3층 6개, 4층 3개, 5층 3개로
13+10+6+3+3=35(개)입니다.
정육면체 모양의 상자 안에 들어가는 쌓기나무는 모두 5×5×5=125(개)이므로 더 필요한 쌓기나무는 125-35=90(개)입니다.

3 위에서 본 모양의 각 자리에 쌓기나무의 수를 써 보면

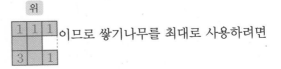

이므로 쌓기나무를 최대로 사용하려면

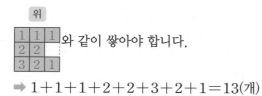

와 같이 쌓아야 합니다.

➡ $1+1+1+2+2+3+2+1=13$(개)

3-1 위에서 본 모양의 각 자리에 쌓기나무의 수를 써 보면

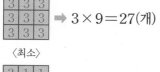

이므로 쌓기나무를 최대로 사용하려면

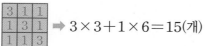

와 같이 쌓아야 합니다.

➡ $2+3+2+2+1+1=11$(개)

3-2 위에서 본 모양의 각 자리에 쌓기나무의 수를 써 봅니다.

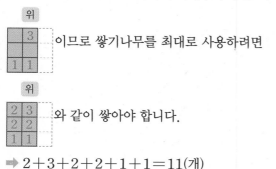

〈최대〉

➡ $3 \times 9 = 27$(개)

〈최소〉

➡ $3 \times 3 + 1 \times 6 = 15$(개)

(쌓기나무 수의 차)$=27-15=12$(개)

> **참고** 최소로 사용하여 쌓는 모양은 여러 가지가 있고, 사용한 쌓기나무는 15개로 같습니다.

4 ㉠~㉣을 한 개씩 빼낸 후 그림자의 모양을 그려 보면 그림자의 모양이 바뀌지 않는 쌓기나무는 ㉢, ㉣입니다.

4-1 쌓기나무 모양의 옆에서 빛을 비출 때 생기는 그림자의 모양과 각 쌓기나무를 빼낸 후 생기는 그림자의 모양은 다음과 같습니다.

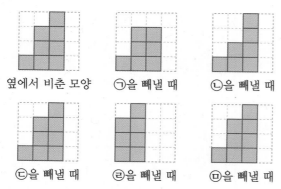

옆에서 비춘 모양 ㉠을 빼낼 때 ㉡을 빼낼 때

㉢을 빼낼 때 ㉣을 빼낼 때 ㉤을 빼낼 때

따라서 쌓기나무 하나를 빼내어도 그림자의 모양이 바뀌지 않는 쌓기나무는 ㉢, ㉤입니다.

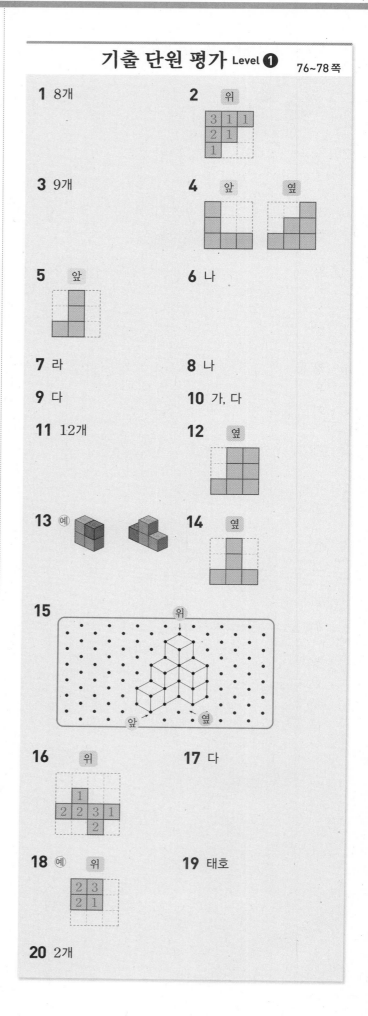

기출 단원 평가 Level ❶ 76~78쪽

1 8개

2 위

3 9개

4 앞 옆

5 앞

6 나

7 라

8 나

9 다

10 가, 다

11 12개

12 옆

13 예

14 옆

15 위 / 앞 / 옆

16 위

17 다

18 예 위

19 태호

20 2개

1 위에서 본 모양을 보면 보이지 않는 쌓기나무가 1개 있음을 알 수 있습니다.
따라서 1층이 5개, 2층이 2개, 3층이 1개이므로 주어진 모양과 똑같이 쌓는 데 필요한 쌓기나무는 8개입니다.

2 위에서 본 모양의 각 자리에 쌓인 쌓기나무의 개수를 세어 위에서 본 모양에 수를 씁니다.

3 $3+1+1+2+1+1=9$이므로 똑같은 모양으로 쌓는 데 필요한 쌓기나무는 9개입니다.

4 앞에서 보면 3개, 1개, 1개로 보이고, 옆에서 보면 1개, 2개, 3개로 보입니다.

5 앞에서 보면 1개, 3개로 보입니다.

6 쌓기나무 8개로 쌓은 모양이므로 뒤에 숨겨진 쌓기나무는 없습니다.
가는 위에서 본 모양이고, 다는 옆에서 본 모양입니다.

7 가 모양을 반 바퀴 돌렸을 때 라 모양이 됩니다.

8 주어진 쌓기나무 모양에 쌓기나무 1개를 붙여서 만들면 만들 수 있는 모양은 나입니다.

9 옆에서 본 방향에서 각 줄에 가장 높은 층수만큼 그린 모양을 찾습니다.

10 뒤에 숨겨진 보이지 않는 쌓기나무가 있을 수 있으므로 위에서 본 모양이 될 수 있는 것은 가, 다입니다.

11 쌓기나무를 층별로 나타낸 모양에서 1층 모양의 ○ 부분은 3층까지, △ 부분은 2층까지, 나머지 부분은 1층만 있습니다.
따라서 똑같은 모양으로 쌓는 데 필요한 쌓기나무는 $3+2+1+3+2+1=12$(개)입니다.

12 옆에서 보면 1개, 3개, 3개로 보입니다.

13 등 여러 가지가 있습니다.

14 앞에서 본 모양을 보면 ○ 부분은 쌓기나무가 3개, △ 부분은 쌓기나무가 1개 쌓여 있습니다.
따라서 쌓기나무 7개로 쌓은 후 옆에서 보면 1개, 3개, 1개로 보입니다.

15 1층 모양의 각 자리에 쌓은 쌓기나무의 수를 써넣으면 왼쪽과 같습니다.
따라서 쌓은 쌓기나무는 모두
$3+2+2+1=8$(개)입니다.

17 위에서 본 모양이 같은 모양은 가, 다이고 이 중에서 앞, 옆에서 본 모양이 같은 모양은 다입니다.

18 위에서 본 모양이 정사각형이므로 가능한 모양은 1층에 $2\times2=4$(개)가 놓여진 모양입니다. 3층짜리 모양이고, 2층에는 쌓기나무가 3개 있으므로 3층에는 1개가 와야 합니다.

19 예) 진선이가 만든 모양은 1층이 6개, 2층이 4개, 3층이 1개이므로 사용한 쌓기나무는 11개이고, 태호가 만든 모양은 1층이 6개, 2층이 4개, 3층이 2개, 4층이 1개이므로 사용한 쌓기나무는 13개입니다.
따라서 쌓기나무를 더 많이 사용한 사람은 태호입니다.

평가 기준	배점(5점)
진선이와 태호가 사용한 쌓기나무의 수를 각각 구했나요?	3점
쌓기나무를 더 많이 사용한 사람은 누구인지 구했나요?	2점

20 예) 앞에서 보면 2개, 3개, 1개로 보이므로 앞에서 본 모양이 변하지 않게 하려면 ㉠ 부분에 최대 2개까지 쌓을 수 있습니다.

앞

평가 기준	배점(5점)
앞에서 본 모양을 바르게 설명했나요?	2점
쌓기나무를 최대 몇 개까지 쌓을 수 있는지 구했나요?	3점

기출 단원 평가 Level ❷ 79~81쪽

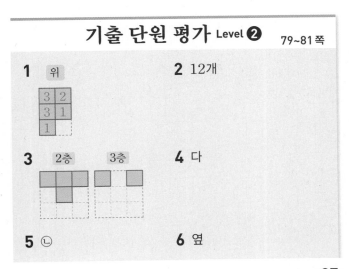

1 위
3 2
3 1
1

2 12개

3 2층 3층

4 다

5 ㉡

6 옆

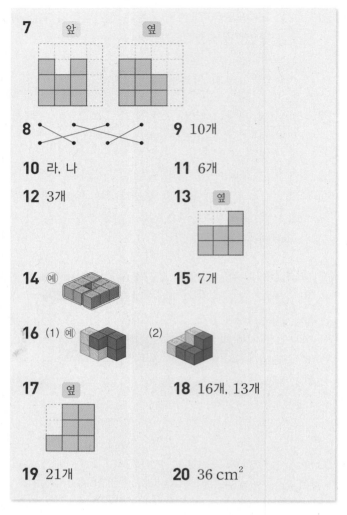

7 앞 옆

8 ⤬ (선 연결)

9 10개

10 라, 나

11 6개

12 3개

13 옆

14 (예)

15 7개

16 (1) (예) (2)

17 옆

18 16개, 13개

19 21개

20 36 cm²

1 위에서 본 모양의 각 자리에 쌓인 쌓기나무의 개수를 세어 위에서 본 모양에 수를 씁니다.

2 1층이 6개, 2층이 3개, 3층이 2개, 4층이 1개이므로 주어진 모양과 똑같이 쌓는 데 필요한 쌓기나무는 12 개입니다.

3 1층 모양을 보고 쌓기나무로 쌓은 모양의 뒤에 숨겨진 쌓기나무가 없다는 것을 알 수 있습니다.
쌓기나무가 2층에는 4개, 3층에는 2개 있습니다.

4 가, 나 : 앞 다 : 앞

5 ㉡ ○ 부분에 쌓은 쌓기나무는 2개입니다.

6 위 앞

7 앞에서 보면 3개, 2개, 3개로 보이고, 옆에서 보면 3 개, 3개, 2개로 보입니다.

9 위에서 본 모양의 각 칸에 쌓은 쌓기나무의 수를 써넣으면 오른쪽과 같으므로 쌓기나무 는 $2+1+3+1+1+2=10$(개)입니다.

10 2층으로 가능한 모양은 나, 다, 라입니다.
2층에 나를 놓으면 3층에 놓을 수 있는 모양이 없습니다.
2층에 다를 놓아도 3층에 놓을 수 있는 모양이 없습니다.
따라서 2층에 놓을 수 있는 모양은 라, 3층에 놓을 수 있는 모양은 나입니다.

11 1층이 6개, 2층이 4개, 3층이 3개, 4층이 1개이므로 주어진 모양과 똑같이 쌓는 데 필요한 쌓기나무는 14 개입니다.
따라서 주어진 모양과 똑같이 만들고 남은 쌓기나무는 $20-14=6$(개)입니다.

12 3층에 놓인 쌓기나무의 수를 알아보려면 3층 이상으로 쌓아 올린 칸 수를 세어 보아야 합니다.
각 칸에 쓰여진 수가 3 이상인 칸은 3칸이므로 3층에 놓인 쌓기나무는 3개입니다.

13 ㉠과 ㉡ 자리에 쌓기나무를 하나씩 더 쌓았 을 때의 모양은 오른쪽과 같습니다.
따라서 옆에서 보면 2개, 2개, 3개로 보입 니다.

14 모양 2개를 연결하면 주어진 모양과 같은 모양 을 만들 수 있습니다.

15 위에서 본 모양의 각 자리에 쌓은 쌓기나무 의 수를 써넣으면 오른쪽과 같습니다.
따라서 똑같은 모양으로 쌓는 데 필요한 쌓 기나무는 $1+3+1+1+1=7$(개)입니다.

17 쌓기나무 11개로 쌓은 모양이므로 뒤에 숨겨진 쌓기나 무는 없습니다.

18 위에서 본 모양의 각 자리에 쌓기나무의 수를 써 봅니다.
  • 최대로 사용하려면 다음과 같이 쌓아야 합니다.

  ➡ 2＋2＋1＋3＋3＋1＋3＋1＝16(개)

  • 최소로 사용하려면 다음과 같이 쌓아야 합니다.

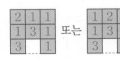

  ➡ 2＋1＋1＋1＋3＋1＋3＋1＝13(개)

^{서술형}
19 ⃝예 만들 수 있는 가장 작은 정육면체는 가로와 세로로
각각 3줄씩 3층으로 쌓은 모양이므로
3×3×3＝27(개)로 쌓아야 합니다.
주어진 모양의 쌓기나무는 1층이 3개, 2층이 2개, 3층
이 1개이므로 6개입니다.
따라서 더 필요한 쌓기나무는 27−6＝21(개)입니다.

평가 기준	배점(5점)
가장 작은 정육면체 모양을 만들 때 필요한 쌓기나무의 수를 구했나요?	2점
더 필요한 쌓기나무는 몇 개인지 구했나요?	3점

^{서술형}
20 ⃝예 위와 아래에 있는 면의 수 : 6×2＝12(개)
앞과 뒤에 있는 면의 수 : 6×2＝12(개)
오른쪽과 왼쪽 옆에 있는 면의 수 : 6×2＝12(개)
쌓기나무 1개의 한 면의 넓이는 $1\,cm^2$이므로 쌓은 모
양의 겉넓이는 12×3＝36(cm^2)입니다.

평가 기준	배점(5점)
쌓은 모양의 각 방향에 있는 모든 면의 수를 구했나요?	3점
쌓은 모양의 겉넓이를 구했나요?	2점

4 비례식과 비례배분

비례식과 비례배분 관련 내용은 수학 내적으로 초등 산술
의 결정이며 이후 수학 학습의 중요한 기초가 될 뿐 아니
라, 수학 외적으로도 타 학문 영역과 일상생활에 밀접하게
연결됩니다. 실제로 우리는 생활 속에서 두 양의 비를 직관
적으로 이해해야 하거나 비의 성질, 비례식의 성질 및 비례
배분을 이용하여 여러 가지 문제를 해결해야 하는 경험을
하게 됩니다. 비의 성질, 비례식의 성질을 이용하여 속도나
거리를 측정하고 축척을 이용하여 지도를 만들기도 합니
다. 이 단원에서는 비의 전항과 후항에 0이 아닌 같은 수를
곱하거나 0이 아닌 같은 수로 나누어도 비율이 같다는 비
의 성질을 발견하고 이를 이용하여 비를 간단한 자연수의
비로 나타내 보는 활동을 전개합니다. 또한 비율이 같은 두
비로 비례식을 만들고 비례식에서 외항의 곱과 내항의 곱
이 같다는 비례식의 성질을 발견하여 실생활 문제를 해결
하게 합니다. 나아가 전체를 주어진 비로 배분하는 비례배
분을 이해하여 생활 속에서 비례배분이 적용되는 문제를 해
결해 봅니다.

1 비의 성질 알아보기 84쪽

1   **2** 예 8 : 6, 12 : 9

3 예 10 : 25, 4 : 10

1 2 : 7은 전항과 후항에 각각 4를 곱한 8 : 28과 비율이
같습니다.
24 : 16은 전항과 후항을 각각 8로 나눈 3 : 2와 비율
이 같습니다.

2 4 : 3 ➡ (4×2) : (3×2) ➡ 8 : 6,
4 : 3 ➡ (4×3) : (3×3) ➡ 12 : 9…

3 20 : 50 ➡ (20÷2) : (50÷2) ➡ 10 : 25,
20 : 50 ➡ (20÷5) : (50÷5) ➡ 4 : 10,
20 : 50 ➡ (20÷10) : (50÷10) ➡ 2 : 5

2 간단한 자연수의 비로 나타내기 85쪽

4 (왼쪽에서부터) ⑴ 20, 15 ⑵ 6, 8

5 ① 7 / 7, 21 ② 7, 21, 20 / 35, 42
  ③ 35, 42, 7 / 5, 6

4 (1) 각 항에 5와 4의 공배수인 20을 곱합니다.
(2) 각 항을 54와 48의 공약수인 6으로 나눕니다.

5 대분수는 가분수로, 소수는 분수로 고쳐서 간단한 자연수의 비로 나타냅니다.

3 비례식 알아보기
86쪽

6 2, 20 / 5, 8 **7** ⑩ 3 : 5 = 18 : 30

8 ㉡

6
$$\overset{\text{외항}}{\underset{\text{내항}}{2 : 5 = 8 : 20}}$$

7 ㉠ $3 : 5 \Rightarrow \dfrac{3}{5}$ ㉡ $25 : 15 \Rightarrow \dfrac{25}{15} = \dfrac{5}{3}$

㉢ $12 : 5 \Rightarrow \dfrac{12}{5}$ ㉣ $18 : 30 \Rightarrow \dfrac{18}{30} = \dfrac{3}{5}$

따라서 비율이 같은 비는 ㉠과 ㉣이므로 비례식으로 나타내면 3 : 5 = 18 : 30 또는 18 : 30 = 3 : 5입니다.

8 ㉠ 1 : 5의 비율은 $\dfrac{1}{5}$이고, 3 : 15의 비율은 $\dfrac{3}{15}\left(=\dfrac{1}{5}\right)$

이므로 1 : 5와 3 : 15의 비율은 같습니다.
따라서 1 : 5 = 3 : 15는 옳은 비례식입니다.

㉡ 7 : 2의 비율은 $\dfrac{7}{2}$이고, 35 : 8의 비율은 $\dfrac{35}{8}$이므로

7 : 2와 35 : 8의 비율은 같지 않습니다.
따라서 7 : 2 = 35 : 8은 옳지 않은 비례식입니다.

㉢ 6 : 30의 비율은 $\dfrac{6}{30}\left(=\dfrac{1}{5}\right)$이고, 2 : 10의 비율은

$\dfrac{2}{10}\left(=\dfrac{1}{5}\right)$이므로 6 : 30과 2 : 10의 비율은 같습니다.

따라서 6 : 30 = 2 : 10은 옳은 비례식입니다.

4 비례식의 성질 알아보기
87쪽

9 7.2, 7.2 **10** 9 / 9, 90, 90, 15

11 (1) 20 (2) 36 (3) 11 (4) 5

9 외항의 곱 : $2.4 \times 3 = 7.2$
내항의 곱 : $0.9 \times 8 = 7.2$

10 비례식에서 외항의 곱과 내항의 곱이 같다는 성질을 이용합니다.

11 (1) $5 \times 24 = 6 \times \square$, $6 \times \square = 120$, $\square = 20$
(2) $4 \times \square = 9 \times 16$, $4 \times \square = 144$, $\square = 36$
(3) $8 \times 77 = \square \times 56$, $\square \times 56 = 616$, $\square = 11$
(4) $\square \times 50 = 2 \times 125$, $\square \times 50 = 250$, $\square = 5$

5 비례식의 활용
88쪽

12 (1) ⑩ $5 : 4 = 25 : \square$ (2) 20 cm

13 (1) ⑩ $3 : 240 = \square : 560$ (2) 7시간

12 (1) (가로) : (세로) 또는 (세로) : (가로)의 관계에 맞게 비례식을 세웁니다.
(2) $5 : 4 = 25 : \square \Rightarrow 5 \times \square = 4 \times 25$,
$5 \times \square = 100$, $\square = 20$
따라서 달력의 세로는 20 cm로 해야 합니다.

13 (1) (걸리는 시간) : (가는 거리) 또는
(가는 거리) : (걸리는 시간)의 관계에 맞게 비례식을 세웁니다.
(2) $3 : 240 = \square : 560 \Rightarrow 3 \times 560 = 240 \times \square$,
$240 \times \square = 1680$, $\square = 1680 \div 240 = 7$
따라서 560 km를 가는 데 걸리는 시간은 7시간입니다.

6 비례배분해 보기
89쪽

14 (1) 7, $\dfrac{7}{10}$, 3, $\dfrac{3}{10}$ (2) $\dfrac{7}{10}$, 28, $\dfrac{3}{10}$, 12

15 10, 35 **16** 12개

15 $45 \times \dfrac{2}{2+7} = 45 \times \dfrac{2}{9} = 10$

$45 \times \dfrac{7}{2+7} = 45 \times \dfrac{7}{9} = 35$

16 수현 : $21 \times \dfrac{4}{3+4} = 21 \times \dfrac{4}{7} = 12$(개)

기본에서 응용으로

1 ①

2 (왼쪽에서부터) 6, 6, 5

3 $8:14, 12:21, 16:28$

4 나, 라

5 36000 cm^2

6 (1) 예 $12:5$ (2) 예 $25:39$

7 예 41

8 $3:4$

9 $3:5$

10 예 $3\frac{1}{2}:1.2 \Rightarrow 3.5:1.2 \Rightarrow 35:12$ /

예 $3\frac{1}{2}:1.2 \Rightarrow \frac{7}{2}:\frac{12}{10} \Rightarrow 35:12$

11 $5:3$

12 4

13 $3:8, 3:8$ / 예 두 비의 비율이 같으므로 매실주스의 진하기는 같습니다.

14 예 $2, 5, \frac{1}{5}, \frac{1}{2}$

15 (1) $2:15=4:30$ (2) $3:5=9:15$

16 ㉡

17 민영 / 예 두 비 $5:3$과 $10:9$의 비율이 다르므로 $5:3=10:9$로 나타낼 수 없습니다.

18 (　　)
(　○　)
(　　)

19 112

20 ╳ (선 연결)

21 ㉢

22 18

23 예 $3:5=12:20$

24 18컵

25 7200원

26 62500원

27 2시간 30분

28 비의 성질 예 사과 20개의 가격을 □원이라고 하면
$4:5000 \Rightarrow 20:□$에서 $4 \times 5 = 20$이므로
$□ = 5000 \times 5$, $□ = 25000$입니다.
따라서 사과 20개의 가격은 25000원입니다.
비례식의 성질 예 사과 20개의 가격을 □원이라고 하면
$4:5000 = 20:□$에서 $4 \times □ = 5000 \times 20$,
$4 \times □ = 100000$, $□ = 25000$입니다.
따라서 사과 20개의 가격은 25000원입니다.

29 30 m, 6 m

30 9000원, 6000원

31 150 g

32 10시간

33 40묶음, 50묶음

34 1000 m, 800 m

35 20 cm

36 54 cm^2

37 28장

38 16 cm^2

39 15 cm

40 4 cm

41 예 $3:10$

42 $\frac{1}{6}$

43 예 $3:1$

44 175개

45 45개

46 5600원

---

1 비의 전항과 후항에 각각 0을 곱하면 $0:0$이 되므로 0을 곱할 수 없습니다.

2 $72:30 \Rightarrow (72 \div 6):(30 \div 6) \Rightarrow 12:5$

3 $4:7 \Rightarrow (4 \times 2):(7 \times 2) \Rightarrow 8:14$,
$4:7 \Rightarrow (4 \times 3):(7 \times 3) \Rightarrow 12:21$,
$4:7 \Rightarrow (4 \times 4):(7 \times 4) \Rightarrow 16:28$,
$4:7 \Rightarrow (4 \times 5):(7 \times 5) \Rightarrow 20:35\cdots$
따라서 조건에 맞는 비는 $8:14, 12:21, 16:28$입니다.

4 가. $8:6 \Rightarrow (8 \div 2):(6 \div 2) \Rightarrow 4:3$
나. $12:8 \Rightarrow (12 \div 4):(8 \div 4) \Rightarrow 3:2$
다. $16:12 \Rightarrow (16 \div 4):(12 \div 4) \Rightarrow 4:3$
라. $24:16 \Rightarrow (24 \div 8):(16 \div 8) \Rightarrow 3:2$

서술형
5 예 세로를 □cm라고 하면 $5:8 \Rightarrow 150:□$입니다.
전항을 비교해 보면 $5 \times 30 = 150$이므로 후항에도 30을 곱하면 $8 \times 30 = 240$입니다.
따라서 세로는 240 cm이므로 직사각형의 넓이는 $150 \times 240 = 36000(\text{cm}^2)$입니다.

단계	문제 해결 과정
①	직사각형의 세로를 구했나요?
②	직사각형의 넓이를 구했나요?

6 (1) 예 $0.4:\frac{1}{6} \Rightarrow \frac{4}{10}:\frac{1}{6} \Rightarrow (\frac{4}{10} \times 30):(\frac{1}{6} \times 30)$
$\Rightarrow 12:5$

(2) 예 $1\frac{2}{3}:2\frac{3}{5} \Rightarrow \frac{5}{3}:\frac{13}{5} \Rightarrow (\frac{5}{3} \times 15):(\frac{13}{5} \times 15)$
$\Rightarrow 25:39$

7 예 $\frac{4}{9}:\frac{7}{15} \Rightarrow (\frac{4}{9} \times 45):(\frac{7}{15} \times 45) \Rightarrow 20:21$
따라서 (전항)+(후항)$=20+21=41$입니다.

8 밑변의 길이는 21 cm이고 높이는 28 cm이므로
$21:28 \Rightarrow (21 \div 7):(28 \div 7) \Rightarrow 3:4$입니다.

9 $0.6 = \dfrac{6}{10} = \dfrac{3}{5} \Rightarrow 3:5$

10 전항 $3\dfrac{1}{2}$을 소수로 바꾸면 $3\dfrac{1}{2} = \dfrac{7}{2} = \dfrac{35}{10} = 3.5$입니다. $3.5:1.2$가 되므로 전항과 후항에 각각 10을 곱하면 $35:12$가 됩니다.

후항 1.2를 분수로 바꾸면 $1.2 = \dfrac{12}{10}$입니다.

$3\dfrac{1}{2}:\dfrac{12}{10}$는 $\dfrac{7}{2}:\dfrac{12}{10}$가 되므로 전항과 후항에 각각 10을 곱하면 $35:12$가 됩니다.

11 ⓔ 1분 동안에 희정이는 전체의 $\dfrac{1}{12}$만큼, 수민이는 전체의 $\dfrac{1}{20}$만큼 타자를 치므로

$\dfrac{1}{12}:\dfrac{1}{20} \Rightarrow (\dfrac{1}{12} \times 60):(\dfrac{1}{20} \times 60) \Rightarrow 5:3$입니다.

12 5와 4의 공배수는 20이므로

$\dfrac{\square}{5}:\dfrac{9}{4} \Rightarrow (\dfrac{\square}{5} \times 20):(\dfrac{9}{4} \times 20)$
$\Rightarrow (\square \times 4):45 \Rightarrow 16:45$입니다.

따라서 $\square \times 4 = 16$, $\square = 4$이므로 $\square$ 안에 알맞은 수는 4입니다.

서술형
13 진우 : 소수로 나타낸 비 $0.3:0.8$의 전항과 후항에 각각 10을 곱하여 간단한 자연수의 비 $3:8$로 나타낼 수 있습니다.

소영 : 분수로 나타낸 비 $\dfrac{3}{10}:\dfrac{4}{5}$의 전항과 후항에 각각 10을 곱하여 간단한 자연수의 비 $3:8$로 나타낼 수 있습니다.

따라서 진우와 소영이가 만든 매실주스의 진하기는 서로 같습니다.

단계	문제 해결 과정
①	진우와 소영이가 만든 매실주스의 매실 원액과 물의 비를 간단한 자연수의 비로 바르게 나타냈나요?
②	진우와 소영이가 만든 매실주스의 진하기를 바르게 비교했나요?

14 $2:5 \Rightarrow \dfrac{2}{5}$, $6:10 \Rightarrow \dfrac{6}{10} = \dfrac{3}{5}$, $8:15 \Rightarrow \dfrac{8}{15}$,

$\dfrac{1}{5}:\dfrac{1}{2} = (\dfrac{1}{5} \times 10):(\dfrac{1}{2} \times 10) = 2:5 \Rightarrow \dfrac{2}{5}$

$2:5$와 $\dfrac{1}{5}:\dfrac{1}{2}$의 비율이 같으므로 비례식으로 나타내면

$2:5 = \dfrac{1}{5}:\dfrac{1}{2}$ 또는 $\dfrac{1}{5}:\dfrac{1}{2} = 2:5$입니다.

15 비율을 비로 나타낼 때에는 분자를 전항에, 분모를 후항에 씁니다.

(1) $\dfrac{2}{15} \Rightarrow 2:15$, $\dfrac{4}{30} \Rightarrow 4:30$이므로
$\dfrac{2}{15} = \dfrac{4}{30} \Rightarrow 2:15 = 4:30$입니다.

(2) $\dfrac{3}{5} \Rightarrow 3:5$, $\dfrac{9}{15} \Rightarrow 9:15$이므로
$\dfrac{3}{5} = \dfrac{9}{15} \Rightarrow 3:5 = 9:15$입니다.

16 기호 '='의 양쪽에 있는 비의 비율이 같은 식을 찾으면 $5:6 = 10:12$, $30:45 = 60:90$이므로 ⓛ이 나옵니다.

서술형
17 $5:3$의 비율은 $\dfrac{5}{3}$이고, $10:9$의 비율은 $\dfrac{10}{9}$입니다.

단계	문제 해결 과정
①	틀리게 말한 사람의 이름을 바르게 썼나요?
②	틀린 것을 찾아 바르게 고쳤나요?

18 외항의 곱과 내항의 곱이 같은지 확인해 봅니다.
$10:3 = 50:30$
$\Rightarrow 10 \times 30 = 300$, $3 \times 50 = 150$ (×)
$\dfrac{1}{9}:\dfrac{4}{9} = 1:4 \Rightarrow \dfrac{1}{9} \times 4 = \dfrac{4}{9}$, $\dfrac{4}{9} \times 1 = \dfrac{4}{9}$ (○)
$0.8:1.2 = 4:3$
$\Rightarrow 0.8 \times 3 = 2.4$, $1.2 \times 4 = 4.8$ (×)

19 비례식에서 외항의 곱과 내항의 곱은 같으므로
$16 \times 7 = 28 \times \square$, $28 \times \square = 112$입니다.

20 • $\dfrac{2}{3}:\square = \dfrac{1}{2}:9 \Rightarrow \dfrac{2}{3} \times 9 = \square \times \dfrac{1}{2}$,
$\square \times \dfrac{1}{2} = 6$, $\square = 6 \div \dfrac{1}{2} = 6 \times 2 = 12$
• $\square:0.4 = 25:1 \Rightarrow \square \times 1 = 0.4 \times 25$, $\square = 10$

21 ㉠ $3 \times \square = 5 \times 12$, $3 \times \square = 60$, $\square = 20$
㉡ $4.2 \times 5 = 3 \times \square$, $3 \times \square = 21$, $\square = 7$
㉢ $2\dfrac{2}{5} \times 5 = \dfrac{4}{9} \times \square$, $\dfrac{4}{9} \times \square = \dfrac{12}{5} \times 5$,
$\dfrac{4}{9} \times \square = 12$, $\square = 12 \div \dfrac{4}{9} = 12 \times \dfrac{9}{4} = 27$

따라서 $\square$ 안에 들어갈 수가 가장 큰 것은 ㉢입니다.

22 비례식에서 외항의 곱과 내항의 곱은 같으므로

$\bigcirc \times 4 = 12$에서 $\bigcirc = 3$입니다.

또 $\dfrac{4}{5} \times \bigcirc = 12$에서 $\bigcirc = 12 \div \dfrac{4}{5} = 12 \times \dfrac{5}{4} = 15$

입니다.

➡ $\bigcirc + \bigcirc = 3 + 15 = 18$

23 두 수의 곱이 같은 카드를 찾아서 외항과 내항에 놓아 비례식을 만듭니다.

$3 \times 20 = 60$, $5 \times 12 = 60$이므로 $3 : 5 = 12 : 20$,

$3 : 12 = 5 : 20$ 등으로 비례식을 만들 수 있습니다.

24 넣어야 할 물을 □컵이라 하고 비례식을 세우면

$5 : 3 = 30 : □$입니다.

➡ $5 \times □ = 3 \times 30$, $5 \times □ = 90$, $□ = 18$

따라서 넣어야 할 물은 18컵입니다.

25 주스 9병의 가격을 □원이라 하고 비례식을 세우면

$3 : 2400 = 9 : □$입니다.

➡ $3 \times □ = 2400 \times 9$, $3 \times □ = 21600$, $□ = 7200$

따라서 주스 9병을 사려면 7200원이 필요합니다.

26 1년 동안 1250000원을 예금하여 얻는 이자를 □원이

라고 하면 $10000 : 500 = 1250000 : □$,

$10000 \times □ = 500 \times 1250000$,

$10000 \times □ = 625000000$, $□ = 62500$입니다.

따라서 1년 동안 1250000원을 예금하면 이자는

62500원입니다.

27 750 km를 가는 데 걸리는 시간을 □시간이라고 하면

$1 : 300 = □ : 750$, $750 = 300 \times □$,

$□ = 750 \div 300$, $□ = 2.5$입니다.

2.5시간은 2시간 30분이므로 750 km를 가는 데 걸

리는 시간은 2시간 30분입니다.

28

단계	문제 해결 과정
①	비의 성질을 이용하여 바르게 설명했나요?
②	비례식의 성질을 이용하여 바르게 설명했나요?

29 다윤 : $36 \times \dfrac{5}{5+1} = 36 \times \dfrac{5}{6} = 30$(m)

정우 : $36 \times \dfrac{1}{5+1} = 36 \times \dfrac{1}{6} = 6$(m)

30 언니 : $15000 \times \dfrac{3}{3+2} = 15000 \times \dfrac{3}{5} = 9000$(원)

수현 : $15000 \times \dfrac{2}{3+2} = 15000 \times \dfrac{2}{5} = 6000$(원)

31 (소금의 양)$= 400 \times \dfrac{3}{3+5} = 400 \times \dfrac{3}{8} = 150$(g)

32 하루는 24시간입니다.

따라서 밤의 길이는 $24 \times \dfrac{5}{7+5} = 10$(시간)입니다.

33 학생 수의 비를 간단한 자연수의 비로 나타내면

$20 : 25 = (20 \div 5) : (25 \div 5) = 4 : 5$입니다.

1반 : $90 \times \dfrac{4}{4+5} = 90 \times \dfrac{4}{9} = 40$(묶음)

2반 : $90 \times \dfrac{5}{4+5} = 90 \times \dfrac{5}{9} = 50$(묶음)

34 서진 : $1800 \times \dfrac{5}{5+4} = 1800 \times \dfrac{5}{9} = 1000$(m)

윤서 : $1800 \times \dfrac{4}{5+4} = 1800 \times \dfrac{4}{9} = 800$(m)

35 예) 둘레가 110 cm이므로

(가로)+(세로)$= 110 \div 2 = 55$(cm)입니다.

55 cm를 가로와 세로의 비 7 : 4로 나누면 직사각형의

세로는 $55 \times \dfrac{4}{7+4} = 55 \times \dfrac{4}{11} = 20$(cm)입니다.

단계	문제 해결 과정
①	가로와 세로의 합을 구했나요?
②	세로를 구했나요?

36 삼각형 ㄱㄴㄹ과 삼각형 ㄱㄹㄷ은 높이가 같고 밑변의

길이의 비는 5 : 6입니다. 따라서 두 삼각형의 넓이의 비

는 밑변의 길이의 비와 같은 5 : 6이므로 삼각형 ㄱㄹㄷ

의 넓이는 $99 \times \dfrac{6}{5+6} = 99 \times \dfrac{6}{11} = 54$(cm²)입니다.

37 (유라) : (승현)$= \dfrac{1}{3} : \dfrac{1}{7} = \left(\dfrac{1}{3} \times 21\right) : \left(\dfrac{1}{7} \times 21\right)$

$= 7 : 3$

유라 : $70 \times \dfrac{7}{7+3} = 49$(장)

승현 : $70 \times \dfrac{3}{7+3} = 21$(장)

➡ 유라는 승현이보다 $49 - 21 = 28$(장) 더 많이 모았

습니다.

38 세로가 같으므로 직사각형 가와 나의 넓이의 비는 가로의

비와 같은 9 : 4입니다.

나의 넓이를 □ cm²라고 하면

$9 : 4 = 36 : □$, $9 \times □ = 4 \times 36$, $9 \times □ = 144$,

$□ = 144 \div 9 = 16$입니다.

따라서 나의 넓이는 16 cm²입니다.

39 삼각형 ㄱㄴㄹ과 삼각형 ㄱㄹㄷ은 높이가 같으므로 두 삼각형의 넓이의 비는 밑변의 길이의 비와 같습니다.
선분 ㄴㄹ의 길이를 $\square$ cm라고 하면
$5:4=\square:12$, $5\times12=4\times\square$, $4\times\square=60$,
$\square=60\div4=15$입니다.
따라서 선분 ㄴㄹ의 길이는 15 cm입니다.

40 (가의 넓이)$=2\times2=4(\text{cm}^2)$
나의 한 변의 길이를 $\square$ cm라고 하면
(나의 넓이)$=(\square\times\square)$ cm^{2}이므로
$1:4=4:(\square\times\square)$, $\square\times\square=16$, $\square=4$입니다.
따라서 나의 한 변의 길이는 4 cm입니다.

41 ㉠ ㉮$\times\dfrac{2}{3}$=㉯$\times\dfrac{1}{5}$을 비례식으로 나타내면
㉮ : ㉯$=\dfrac{1}{5}:\dfrac{2}{3}$이고, 간단한 자연수의 비로 나타내면
㉮ : ㉯$=(\dfrac{1}{5}\times15):(\dfrac{2}{3}\times15)=3:10$입니다.

42 ㉮$\times\dfrac{3}{5}$=㉯$\times\dfrac{1}{10}$을 비례식으로 나타내면
㉮ : ㉯$=\dfrac{1}{10}:\dfrac{3}{5}=(\dfrac{1}{10}\times10):(\dfrac{3}{5}\times10)=1:6$
입니다.
따라서 $\dfrac{㉮}{㉯}=\dfrac{1}{6}$입니다.

43 ㉠ ㉮$\times\dfrac{7}{10}$=㉯$\times2.1$이므로 ㉮ : ㉯$=2.1:\dfrac{7}{10}$입니다. 따라서 간단한 자연수의 비로 나타내면
㉮ : ㉯$=2.1:\dfrac{7}{10}=(2.1\times10):(\dfrac{7}{10}\times10)$
$=21:7=(21\div7):(7\div7)=3:1$
입니다.

44 처음에 있던 사탕의 수를 $\square$개라고 하면
$\square\times\dfrac{3}{7}=75$, $\square=75\div\dfrac{3}{7}=75\times\dfrac{7}{3}=175$
입니다.

45 두 사람이 넣은 화살의 수를 $\square$개라고 하면
$\square\times\dfrac{5}{9}=25$, $\square=25\div\dfrac{5}{9}=25\times\dfrac{9}{5}=45$입니다.
따라서 두 사람이 넣은 화살은 모두 45개입니다.

46 (준호) : (민수)$=\dfrac{3}{4}:\dfrac{5}{12}=(\dfrac{3}{4}\times12):(\dfrac{5}{12}\times12)$
$=9:5$
두 사람이 모은 돈을 모두 $\square$원이라고 하면
$\square\times\dfrac{9}{14}=3600$,
$\square=3600\div\dfrac{9}{14}=3600\times\dfrac{14}{9}=5600$입니다.
따라서 두 사람이 모은 돈은 모두 5600원입니다.

응용에서 최상위로
97~100쪽

1 ㉠ 6 : 5	**1-1** ㉠ 3 : 10	**1-2** 24 cm^2
2 ㉠ 4 : 5	**2-1** ㉠ 2 : 3	**2-2** 10바퀴
3 60만 원	**3-1** 256 kg	**3-2** 6만 원

4 1단계 ㉠ (지도 위에서 거리) : (실제 거리)
$=1:40000$이므로 지도 위에서 1 cm는 실제로 40000 cm$=400$ m입니다.

2단계 ㉠ 공원 입구에서 지하철역까지 지도 위에서의 거리는 3 cm이므로 실제 거리를 $\square$ m라고 하면 $1:400=3:\square$, $1\times\square=400\times3$, $\square=1200$입니다.
따라서 공원 입구에서 지하철역까지의 실제 거리는 1200 m입니다.

/ 1200 m

4-1 3200 m

1 ㉠ 겹쳐진 부분의 넓이는 ㉮의 $\dfrac{1}{2}$이고, ㉯의 $\dfrac{3}{5}$이므로 곱셈식으로 나타내면 ㉮$\times\dfrac{1}{2}$=㉯$\times\dfrac{3}{5}$입니다.
➡ ㉮ : ㉯$=\dfrac{3}{5}:\dfrac{1}{2}$
$=(\dfrac{3}{5}\times10):(\dfrac{1}{2}\times10)=6:5$

1-1 ㉠ 겹쳐진 부분의 넓이는 ㉮의 $\dfrac{2}{3}$이고, ㉯의 $\dfrac{1}{5}$이므로 ㉮$\times\dfrac{2}{3}$=㉯$\times\dfrac{1}{5}$입니다.
➡ ㉮ : ㉯$=\dfrac{1}{5}:\dfrac{2}{3}$
$=(\dfrac{1}{5}\times15):(\dfrac{2}{3}\times15)=3:10$

1-2 겹쳐진 부분의 넓이는 ㉮의 $\dfrac{3}{8}$이고, ㉯의 $\dfrac{1}{2}$이므로

㉮ $\times \dfrac{3}{8} =$ ㉯ $\times \dfrac{1}{2}$입니다.

➡ ㉮ : ㉯ $= \dfrac{1}{2} : \dfrac{3}{8} = \left(\dfrac{1}{2} \times 8\right) : \left(\dfrac{3}{8} \times 8\right) = 4 : 3$

㉯의 넓이를 □ cm²라고 하면

$4 : 3 = 32 : □$, $4 \times □ = 3 \times 32$,

$4 \times □ = 96$, $□ = 96 \div 4$,

$□ = 24$입니다.

따라서 ㉯의 넓이는 24 cm²입니다.

> **다른 풀이**

겹쳐진 부분의 넓이는 ㉮의 $\dfrac{3}{8}$이고, ㉯의 $\dfrac{1}{2}$이므로

㉮ $\times \dfrac{3}{8} =$ ㉯ $\times \dfrac{1}{2}$입니다.

㉮의 넓이가 32 cm²이므로

$32 \times \dfrac{3}{8} =$ ㉯ $\times \dfrac{1}{2}$, $12 =$ ㉯ $\times \dfrac{1}{2}$,

㉯ $= 24$ cm²입니다.

2 ㉤ 톱니바퀴 ㉮의 맞물린 톱니 수 ➡ $20 \times$ (㉮의 회전수)
톱니바퀴 ㉯의 맞물린 톱니 수 ➡ $16 \times$ (㉯의 회전수)
두 톱니바퀴 ㉮와 ㉯의 맞물린 톱니 수는 같으므로
$20 \times$ (㉮의 회전수) $= 16 \times$ (㉯의 회전수)입니다.
➡ (㉮의 회전수) : (㉯의 회전수)
 $= 16 : 20 = (16 \div 4) : (20 \div 4)$
 $= 4 : 5$

2-1 ㉤ 톱니바퀴 ㉮의 맞물린 톱니 수 ➡ $48 \times$ (㉮의 회전수)
톱니바퀴 ㉯의 맞물린 톱니 수 ➡ $32 \times$ (㉯의 회전수)
두 톱니바퀴 ㉮와 ㉯의 맞물린 톱니 수는 같으므로
$48 \times$ (㉮의 회전수) $= 32 \times$ (㉯의 회전수)입니다.
➡ (㉮의 회전수) : (㉯의 회전수)
 $= 32 : 48 = (32 \div 16) : (48 \div 16)$
 $= 2 : 3$

2-2 (㉮의 회전수) : (㉯의 회전수)
 $= 30 : 12 = (30 \div 6) : (12 \div 6)$
 $= 5 : 2$
㉯의 회전수를 □바퀴라고 하면
$5 : 2 = 25 : □$, $5 \times □ = 2 \times 25$, $5 \times □ = 50$,
$□ = 10$입니다.
따라서 톱니바퀴 ㉯는 10바퀴를 돕니다.

3 두 사람이 투자한 금액의 비는
갑 : 을 = 200만 : 50만 = 4 : 1입니다.
전체 이익금을 □만 원이라고 하면 갑이 받은 이익금은
$□ \times \dfrac{4}{4+1} = □ \times \dfrac{4}{5} = 48$이므로
$□ = 48 \div \dfrac{4}{5} = 48 \times \dfrac{5}{4} = 60$입니다.
따라서 두 사람이 받은 이익금은 모두 60만 원입니다.

3-1 두 사람이 일한 시간의 비는 A : B $= 25 : 15 = 5 : 3$
입니다.
두 사람이 받은 전체 쌀을 □kg이라고 하면 A가 받은
쌀은 $□ \times \dfrac{5}{5+3} = □ \times \dfrac{5}{8} = 160$이므로
$□ = 160 \div \dfrac{5}{8} = 160 \times \dfrac{8}{5} = 256$입니다.
따라서 두 사람이 받은 쌀은 모두 256 kg입니다.

3-2 두 사람이 주운 밤의 무게의 비는
(혜미) : (정윤) $= 48 : 30 = 8 : 5$입니다.
전체 이익금을 □만 원이라고 하면 정윤이가 받은 이익
금은 $□ \times \dfrac{5}{8+5} = □ \times \dfrac{5}{13} = 10$이므로
$□ = 10 \div \dfrac{5}{13} = 10 \times \dfrac{13}{5} = 26$입니다.
➡ 혜미 : $26만 \times \dfrac{8}{13} = 16만$ (원)이므로 혜미는 정윤
 이보다 이익금을 $16만 - 10만 = 6만$ (원) 더 많이
 받았습니다.

> **다른 풀이**

주운 밤의 무게의 비와 받은 이익금의 비가 같으므로
혜미가 받은 이익금을 □원이라고 하면
$8 : 5 = □ : 100000$입니다.
$8 \times 100000 = 5 \times □$이므로 $5 \times □ = 800000$,
$□ = 800000 \div 5 = 160000$(원)입니다.
➡ $16만 - 10만 = 6만$ (원)

4-1 (지도 위에서 거리) : (실제 거리) $= 1 : 80000$이므로
 지도 위에서 1 cm는 실제로 80000 cm $= 800$ m를
 나타냅니다.
 두 해수욕장 사이의 거리가 지도 위에서 4 cm이므로
 실제 거리를 □m라고 하면
 $1 : 800 = 4 : □$, $1 \times □ = 800 \times 4$, $□ = 3200$입니다.
 따라서 A 해수욕장과 B 해수욕장 사이의 실제 거리는
 3200 m입니다.

기출 단원 평가 Level ❶ 101~103쪽

1 6, 7 / 21, 2

2 3 : 4=12 : 16 또는 12 : 16=3 : 4

3 (왼쪽에서부터) 15, 15, 5

4 ㉣

5 (왼쪽에서부터) 8, 5

6 132

7 예 3 : 8, 30 : 80

8 예 23

9 (1) 28 (2) 3

10 12개

11 예 3 : 7=6 : 14

12 20

13 322 g

14 예 3 : 10

15 108 cm²

16 8

17 70 g

18 1200 kg

19 소진, 8자루

20 175분

1
$$\underset{\text{내항}}{\overset{\text{외항}}{6 : 21 = 2 : 7}}$$

2 $1 : 4 \Rightarrow \dfrac{1}{4}$, $3 : 4 \Rightarrow \dfrac{3}{4}$, $5 : 8 \Rightarrow \dfrac{5}{8}$,

$12 : 16 \Rightarrow \dfrac{12}{16} = \dfrac{3}{4}$이므로

$3 : 4 = 12 : 16$ 또는 $12 : 16 = 3 : 4$입니다.

3 비의 전항과 후항에 0이 아닌 같은 수를 곱하여도 비율은 같습니다.

4 ㉠ $1 \times 9 = 9$, $3 \times 2 = 6$ (×)
㉡ $10 \times 14 = 140$, $7 \times 200 = 1400$ (×)
㉢ $\dfrac{5}{9} \times 5 = \dfrac{25}{9} = 2\dfrac{7}{9}$, $\dfrac{7}{9} \times 7 = \dfrac{49}{9} = 5\dfrac{4}{9}$ (×)
㉣ $1.8 \times 5 = 9$, $1.5 \times 6 = 9$ (○)

5 간단한 자연수의 비로 나타내기 위해 전항과 후항을 각각 전항과 후항의 최대공약수인 8로 나누면 5 : 8이 됩니다.

6 비례식에서 외항의 곱과 내항의 곱은 같으므로
$3 \times 44 = 11 \times \square$, $11 \times \square = 132$입니다.

7 15 : 40의 전항과 후항을 각각 5로 나누면 3 : 8이 됩니다.
15 : 40의 전항과 후항에 각각 2를 곱하면 30 : 80이 됩니다.

8 예 비 $\dfrac{5}{8} : \dfrac{1}{3}$의 전항과 후항에 각각 분모의 공배수인 24를 곱합니다.
$\Rightarrow \dfrac{5}{8} : \dfrac{1}{3} = \left(\dfrac{5}{8} \times 24\right) : \left(\dfrac{1}{3} \times 24\right) = 15 : 8$
따라서 전항과 후항의 합은 15+8=23입니다.

9 (1) $63 \times 4 = \square \times 9$, $\square \times 9 = 252$,
$\square = 252 \div 9 = 28$
(2) $8.4 \times \square = 3.6 \times 7$, $8.4 \times \square = 25.2$,
$\square = 25.2 \div 8.4 = 3$

10 형이 먹은 사탕을 $\square$개라 하고 비례식을 세우면
$4 : 5 = \square : 15$입니다.
$\Rightarrow 5 \times \square = 4 \times 15$, $5 \times \square = 60$, $\square = 12$
따라서 형이 먹은 사탕은 12개입니다.

11 두 수의 곱이 같은 카드를 찾아서 외항과 내항에 놓아 비례식을 만듭니다.
$3 \times 14 = 42$, $7 \times 6 = 42$이므로 비례식을
$3 : 7 = 6 : 14$, $3 : 6 = 7 : 14$ 등으로 만들 수 있습니다.

12 비례식에서 외항의 곱과 내항의 곱은 같으므로
㉠ $\times 2 = 10$에서 ㉠=5입니다. 또 $\dfrac{2}{3} \times$ ㉡ $= 10$에서
㉡ $= 10 \div \dfrac{2}{3} = 10 \times \dfrac{3}{2} = 15$입니다.
$\Rightarrow$ ㉠+㉡=5+15=20

13 바닷물 14 L를 증발시켜서 얻을 수 있는 소금의 양을
$\square$g이라고 하면
$5 : 115 = 14 : \square$, $5 \times \square = 115 \times 14$,
$5 \times \square = 1610$, $\square = 1610 \div 5 = 322$입니다.
따라서 소금 322 g을 얻을 수 있습니다.

14 예 ㉮ $\times \dfrac{2}{3} =$ ㉯ $\times \dfrac{1}{5}$을 비례식으로 나타내면
㉮ : ㉯ $= \dfrac{1}{5} : \dfrac{2}{3}$이므로 간단한 자연수의 비로 나타내면
㉮ : ㉯ $= \left(\dfrac{1}{5} \times 15\right) : \left(\dfrac{2}{3} \times 15\right) = 3 : 10$

15 $3:5=\square:15$에서 $3\times15=5\times\square$,
$5\times\square=45$, $\square=9$입니다.
➡ (사다리꼴의 넓이)$=(9+15)\times9\div2$
$\qquad\qquad\qquad\quad=24\times9\div2=108(\text{cm}^2)$

16 $5:(7+\square)=20:60$에서 $7+\square=\bullet$라고 하면
$5:\bullet=20:60$, $5\times60=\bullet\times20$,
$\bullet\times20=300$, $\bullet=15$입니다.
따라서 $7+\square=15$, $\square=8$입니다.

다른 풀이

비의 성질을 이용합니다.
$5\times4=20$이므로 $(7+\square)\times4=60$,
$7+\square=60\div4$, $7+\square=15$, $\square=8$입니다.

17 (설탕의 양)$=350\times\dfrac{3}{3+12}=350\times\dfrac{3}{15}=70(\text{g})$

18 (팥) : (콩)$=10:7$이므로 팥의 생산량을 $\square$kg이라고
하면 $10:7=\square:840$, $7\times\square=10\times840$,
$7\times\square=8400$, $\square=8400\div7=1200$입니다.
따라서 팥의 생산량은 $1200\,\text{kg}$입니다.

서술형
19 예 (지우가 가진 연필 수)
$=48\times\dfrac{5}{5+7}=48\times\dfrac{5}{12}=20(\text{자루})$이고,
(소진이가 가진 연필 수)
$=48\times\dfrac{7}{5+7}=48\times\dfrac{7}{12}=28(\text{자루})$입니다.
$28-20=8$이므로 소진이가 연필을 8자루 더 많이
가졌습니다.

평가 기준	배점(5점)
지우와 소진이가 가진 연필 수를 각각 구했나요?	3점
누가 연필을 몇 자루 더 많이 가졌는지 구했나요?	2점

서술형
20 예 1시간 30분$=60$분$+30$분$=90$분입니다.
$350\,\text{km}$를 가는 데 걸리는 시간을 $\square$분이라 하여
비례식을 세우면 $90:180=\square:350$입니다.
➡ $180\times\square=90\times350$, $180\times\square=31500$,
$\square=175$
따라서 기차가 $350\,\text{km}$를 가는 데 175분이 걸립니다.

평가 기준	배점(5점)
비례식을 바르게 세웠나요?	3점
350 km를 가는 데 몇 분이 걸리는지 구했나요?	2점

기출 단원 평가 Level ❷ 104~106쪽

1 (위에서부터) 3, 9, 3 　　**2** (1) 예 $7:20$　(2) 예 $5:6$
3 ③, ⑤ 　　　　　　　　**4** ㉡
5 24 　　　　　　　　　　**6** 63, 8
7 예 $7:4$ 　　　　　　　　**8** ㉢
9 $150\times\dfrac{2}{3+2}=150\times\dfrac{2}{5}=60(\text{장})$
10 2 　　　　　　　　　　**11** 16 km
12 예 $6:7$ 　　　　　　　**13** 8, 2, 5
14 3 cm 　　　　　　　　**15** 18000원
16 예 $3:2$ 　　　　　　　**17** 예 $9:7$
18 18만 원 　　　　　　　**19** 예 $6:5$
20 315 cm^2

1 비의 전항과 후항에 각각 0이 아닌 같은 수를 곱하여도
비율은 같습니다.

2 (1) 예 $2.8:8=(2.8\times10):(8\times10)=28:80$
$\qquad\qquad\quad=(28\div4):(80\div4)=7:20$
(2) 예 $5\dfrac{5}{6}:7=(\dfrac{35}{6}\times6):(7\times6)=35:42$
$\qquad\qquad=(35\div7):(42\div7)=5:6$

3 $3:7$의 비율은 $\dfrac{3}{7}$이므로 비율이 $\dfrac{3}{7}$인 것을 찾습니다.
① $7:3$의 비율 ➡ $\dfrac{7}{3}$
② $\dfrac{1}{3}:\dfrac{1}{7}=(\dfrac{1}{3}\times21):(\dfrac{1}{7}\times21)=7:3$이므로
　　비율은 $\dfrac{7}{3}$입니다.
③ $1:2\dfrac{1}{3}=1:\dfrac{7}{3}=(1\times3):(\dfrac{7}{3}\times3)=3:7$이므로
　　비율은 $\dfrac{3}{7}$입니다.
④ $12:21$의 비율 ➡ $\dfrac{12}{21}=\dfrac{4}{7}$
⑤ $9:21$의 비율 ➡ $\dfrac{9}{21}=\dfrac{3}{7}$
따라서 $3:7$과 비례식으로 나타낼 수 있는 비는 ③, ⑤
입니다.

4 ㉠ $1:0.4=(1\times10):(0.4\times10)=10:4$
$\quad\quad\quad=(10\div2):(4\div2)=5:2$

㉡ $\dfrac{1}{4}:\dfrac{1}{5}=(\dfrac{1}{4}\times20):(\dfrac{1}{5}\times20)=5:4$

㉢ $25:10=(25\div5):(10\div5)=5:2$

5 비례식에서 외항의 곱과 내항의 곱은 같으므로 내항의 곱도 120입니다.
➡ $5\times㉠=120$, $㉠=120\div5=24$

6 첫 번째 식의 후항을 비교하면 $4\times9=36$이므로
$㉠=7\times9=63$입니다.
두 번째 식의 전항을 비교하면 $5\times7=35$이므로
$㉡\times7=56$에서 $㉡=8$입니다.

7 예 (밑변의 길이) : (높이)
$=5.6:3.2=(5.6\times10):(3.2\times10)$
$=56:32=(56\div8):(32\div8)=7:4$

8 ㉠ $9\times\square=2\times63$, $9\times\square=126$, $\square=14$
㉡ $150\times\square=85\times30$, $150\times\square=2550$, $\square=17$
㉢ $9\times1\dfrac{5}{9}=\square\times\dfrac{2}{7}$, $\square\times\dfrac{2}{7}=14$, $\square=49$

9 전체를 주어진 비로 배분하기 위해서는 전체를 의미하는 전항과 후항의 합을 분모로 하는 분수의 비로 나타내어야 합니다.

10 3과 8의 공배수는 24이므로
$\dfrac{\square}{3}:\dfrac{7}{8}=(\dfrac{\square}{3}\times24):(\dfrac{7}{8}\times24)$
$\quad\quad\quad=(\square\times8):21=16:21$입니다.
따라서 $\square\times8=16$, $\square=2$이므로 $\square$ 안에 알맞은 수는 2입니다.

11 갈 수 있는 거리를 $\square$ km라 하고 비례식을 세우면
$3:24=2:\square$입니다.
➡ $3\times\square=24\times2$, $3\times\square=48$, $\square=16$
따라서 휘발유 2 L로 갈 수 있는 거리는 16 km입니다.

12 우영이가 하루에 한 일의 양 : $\dfrac{1}{7}$

세미가 하루에 한 일의 양 : $\dfrac{1}{6}$

➡ 예 (우영) : (세미) $=\dfrac{1}{7}:\dfrac{1}{6}$
$\quad\quad\quad\quad=(\dfrac{1}{7}\times42):(\dfrac{1}{6}\times42)=6:7$

13 $㉠:20=㉡:㉢$에서 내항의 곱이 40이므로
$20\times㉡=40$에서 $㉡=2$입니다.
또 비율이 $\dfrac{2}{5}$이므로 $\dfrac{㉠}{20}=\dfrac{2}{5}$에서 $㉠=8$이고,
$\dfrac{2}{㉢}=\dfrac{2}{5}$에서 $㉢=5$입니다.

14 1 m$=100$ cm이므로 1.5 m$=150$ cm입니다.
모형의 높이를 $\square$ cm라고 하면
$1:50=\square:150$, $50\times\square=150$,
$\square=150\div50=3$입니다.
따라서 모형의 높이는 3 cm로 해야 합니다.

15 (지우) : (동생) $=\dfrac{3}{4}:\dfrac{2}{3}$
$\quad\quad\quad\quad\quad=(\dfrac{3}{4}\times12):(\dfrac{2}{3}\times12)$
$\quad\quad\quad\quad\quad=9:8$

지우 : $34000\times\dfrac{9}{9+8}=34000\times\dfrac{9}{17}$
$\quad\quad\quad\quad\quad\quad\quad=18000(원)$

16 평행선 사이의 거리를 $\square$ cm라고 하면
(직사각형의 넓이)$=(18\times\square)$ cm^2,
(삼각형의 넓이)$=24\times\square\div2=(12\times\square)$ cm^{2}입니다.
➡ 예 (직사각형의 넓이) : (삼각형의 넓이)
$\quad\quad=(18\times\square):(12\times\square)=18:12$
$\quad\quad=(18\div6):(12\div6)=3:2$

17 두 톱니바퀴의 톱니 수와 회전수의 곱은 같으므로
$42\times(㉮의 회전수)=54\times(㉯의 회전수)$입니다.
➡ 예 (㉮의 회전수) : (㉯의 회전수)
$\quad\quad=54:42=(54\div6):(42\div6)=9:7$

18 두 사람이 일한 시간의 비는
(선우) : (태영)$=15:12=(15\div3):(12\div3)$
$\quad\quad\quad\quad\quad\quad=5:4$
입니다.
두 사람이 받은 돈을 $\square$만 원이라고 하면
$\square\times\dfrac{5}{5+4}=10$이므로 $\square\times\dfrac{5}{9}=10$,
$\square=10\div\dfrac{5}{9}=(10\div5)\times9=18$입니다.
따라서 두 사람이 받은 돈은 모두 18만 원입니다.

서술형
19 예 겹쳐진 부분의 넓이는 ㉮의 $\frac{1}{3}$이고, ㉯의 $\frac{2}{5}$이므로

㉮ $\times \frac{1}{3} =$ ㉯ $\times \frac{2}{5}$ 입니다.

➡ ㉮ : ㉯ $= \frac{2}{5} : \frac{1}{3}$

$= (\frac{2}{5} \times 15) : (\frac{1}{3} \times 15) = 6 : 5$

평가 기준	배점(5점)
겹쳐진 부분의 넓이를 곱셈식으로 나타냈나요?	2점
간단한 자연수의 비로 나타냈나요?	3점

서술형
20 예 (가로)+(세로)$=72 \div 2 = 36$(cm)이므로

가로 : $36 \times \frac{7}{7+5} = 36 \times \frac{7}{12} = 21$(cm),

세로 : $36 \times \frac{5}{7+5} = 36 \times \frac{5}{12} = 15$(cm)입니다.

따라서 직사각형의 넓이는 $21 \times 15 = 315$(cm²)입니다.

평가 기준	배점(5점)
직사각형의 가로와 세로를 각각 구했나요?	3점
직사각형의 넓이를 구했나요?	2점

💡 사고력이 반짝   107쪽

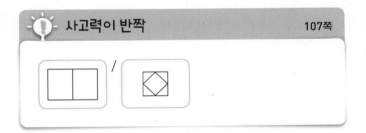

5 원의 넓이

이 단원에서는 여러 원들의 지름과 둘레를 직접 비교해 보며 원의 지름과 둘레가 '일정한 비율'을 가지고 있음을 생각해 봅니다. 또 원 모양이 들어 있는 물체의 지름과 둘레를 재어서 원주율이 일정한 비율을 가지고 있다는 것을 귀납적으로 발견하도록 합니다. 이를 통해 원주율을 알고, 원주율을 이용하여 원주, 지름, 반지름을 구해 보도록 합니다. 원의 넓이에서는 먼저 원에 내접하는 정사각형과 외접하는 정사각형의 넓이 및 단위 넓이의 세기 활동을 통해 원의 넓이를 어림해 봅니다. 그리고 원을 분할하여 다른 도형(평행사변형, 직사각형)으로 만들어 원의 넓이 구하는 방법을 유도해 봄으로써 수학적 개념이 확장되는 과정을 이해하도록 합니다.

1 원주와 지름의 관계 알아보기   110쪽

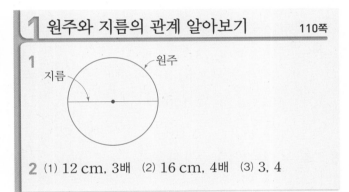

1

2 (1) 12 cm, 3배   (2) 16 cm, 4배   (3) 3, 4

2 원주율 알아보기   111쪽

3 선우

4 (1) 3.1, 3.14
   (2) 예 원주율은 나누어떨어지지 않고 끝없이 이어지기 때문입니다.

3 주은 : 원주는 지름의 약 3배입니다.
    영민 : 지름은 원을 지나는 선분 중 가장 긴 선분입니다.

4 (1) (원주)÷(지름)$=18.85 \div 6 = 3.141 \cdots$이므로 반올림하여 소수 첫째 자리까지 나타내면 3.1이고, 소수 둘째 자리까지 나타내면 3.14입니다.

3 원주와 지름 구하기 112쪽

5 3.1, 40.3

6 6, 원주, 원주율, 18.6, 3.1, 6

4 원의 넓이 어림하기 113쪽

7 12, 12, 72 / 12, 12, 144 / 72, 144

5 원의 넓이 구하는 방법 알아보기 114쪽

8 (왼쪽에서부터) 7, 21 / 147 cm²

9 5, 5×5×3.14, 78.5
/ 9, 9×9×3.14, 254.34

10 (1) 607.6 cm² (2) 1004.4 cm²

8 (직사각형의 가로)=(원주)×$\frac{1}{2}$
$$=7×2×3×\frac{1}{2}=21(cm)$$
(직사각형의 세로)=(반지름)=7 cm
➡ (원의 넓이)=21×7=147(cm²)

9 반지름은 지름의 반이고, 원의 넓이를 구하는 식은
(반지름)×(반지름)×(원주율)입니다.

10 (1) (원의 넓이)=14×14×3.1=607.6(cm²)
(2) (반지름)=36÷2=18(cm)
➡ (원의 넓이)=18×18×3.1=1004.4(cm²)

6 여러 가지 원의 넓이 구하기 115쪽

11 (1) 151.9 cm² (2) 12.4 cm² (3) 139.5 cm²

12 (1) 72.96 cm² (2) 162 cm²

11 (1) 큰 원의 반지름은 2+5=7(cm)입니다.
➡ 7×7×3.1=151.9(cm²)
(2) 2×2×3.1=12.4(cm²)

(3) (색칠한 부분의 넓이)
=(큰 원의 넓이)−(작은 원의 넓이)
=151.9−12.4=139.5(cm²)

12 (1) (색칠한 부분의 넓이)
=(원의 넓이)−(마름모의 넓이)
=8×8×3.14−16×16÷2
=200.96−128=72.96(cm²)

(2) 오른쪽과 같이 반원 부분을 옮
기면 직사각형이 됩니다.
(색칠한 부분의 넓이)
=(직사각형의 넓이)
=18×9=162(cm²)

9 cm
18 cm

기본에서 응용으로 116~122쪽

1 (1) ○ (2) × (3) × 2 ㉡

3 ㉢ 4 (1) × (2) ○

5 3.14, 3.14 6 연우

7 3.14배 8 3.14배

9 =

10 (1) 25.12 cm (2) 37.68 cm

11 7, 34.54 12 20 cm, 10 cm

13 31 cm 14 ㉠

15 30 cm 16 434 cm

17 24 cm 18 ( )(○)(○)

19 162, 324, 162, 324

20 (1) 32, 64 (2) 120, 172

21 (1) 252 cm² (2) 336 cm² (3) ㉒ 294 cm²

22 113.04 cm² 23 27.9 cm²

24 42.14 cm²

25 ㉒ 직사각형의 가로는 원주의 $\frac{1}{2}$과 같고, 세로는 원의
반지름과 같으므로 원의 넓이는
$$5×2×3×\frac{1}{2}×5=75(cm²)입니다.$$

26 (1) 155 cm² (2) 99.2 cm²

27 588 cm²	28 ㄹ
29 314 cm²	30 7
31 379.94 cm²	32 9배
33 57.6 m²	
34 (1) 60.5 cm² (2) 210 cm²	
35 3456 m²	36 600 cm²
37 372 m	38 5바퀴
39 6바퀴	40 69 cm
41 97.5 cm	42 2 cm

1 (2) 원주는 지름의 약 3~4배입니다.
(3) 작은 원일수록 원주는 짧습니다.

2 지름이 2 cm인 원의 원주는 지름의 3배인 6 cm보다 길고, 지름의 4배인 8 cm보다 짧습니다.
따라서 원의 원주와 가장 비슷한 그림은 ㉡입니다.

3 원의 지름이 길어지면 원주도 길어지므로 원의 지름을 비교해 봅니다.
원의 지름이 각각 ㉠ 10 cm, ㉡ 8 cm, ㉢ 12 cm이므로 원주가 가장 긴 원은 ㉢입니다.

4 (1) 원의 크기에 상관없이 원주율은 일정합니다.
(2) 검은색 선분은 초록색 원의 지름이고, 원주는 지름의 약 3배입니다.

5 (원주)÷(지름)의 값은 원의 크기에 상관없이 일정합니다.

6 원주율은 원의 지름에 대한 원주의 비율로 원의 크기에 상관없이 일정합니다.
따라서 잘못 말한 사람은 연우입니다.

7 병뚜껑이 한 바퀴 굴러간 거리는 병뚜껑의 원주와 같습니다. 따라서 병뚜껑의 원주는 지름의
$12.56÷4=3.14$(배)입니다.

8 (쟁반의 둘레)÷(지름)$=87.96÷28=3.141···$이므로 반올림하여 소수 둘째 자리까지 나타내면 3.14입니다.

9 왼쪽 원 : (원주)÷(지름)$=55.8÷18=3.1$
오른쪽 원 : (원주)÷(지름)$=74.4÷24=3.1$

10 (1) $8×3.14=25.12$(cm)
(2) $6×2×3.14=37.68$(cm)

> **주의** (2) $6×3.14=18.84$(cm)로 구하지 않도록 합니다.

11 $21÷3=7$, $11×3.14=34.54$

12 (지름)=(원주)÷(원주율)이므로 이 쟁반의 지름은
$62.8÷3.14=20$(cm)이고, 반지름은
$20÷2=10$(cm)입니다.

13 (큰 원의 반지름)$=3+2=5$(cm)
(큰 원의 원주)$=5×2×3.1=31$(cm)

14 두 원의 지름을 비교해 봅니다.
㉠ (지름)=(원주)÷(원주율)
  $=186÷3.1=60$(cm)
㉡ 원의 지름은 50 cm입니다.
따라서 더 큰 원은 ㉠입니다.

15 길이가 93 cm인 종이 띠를 겹치지 않게 이어 붙여 원을 만들었으므로 원의 원주가 93 cm입니다.
➡ (지름)=(원주)÷(원주율)$=93÷3.1=30$(cm)

^{서술형}
16 ⑳ 필요한 끈은 원의 원주와 같습니다.
(원주)=(지름)$×3.1$이고,
(지름)=(반지름)$×2=140$(cm)이므로
(필요한 끈의 길이)$=140×3.1=434$(cm)입니다.

단계	문제 해결 과정
①	원주 구하는 방법을 알고 있나요?
②	필요한 끈은 적어도 몇 cm인지 구했나요?

17 (작은 원의 반지름)$=49.6÷3.1÷2=8$(cm)
(큰 원의 반지름)=(작은 원의 지름)
  $=8×2=16$(cm)
(두 원의 반지름의 합)$=8+16=24$(cm)

18 모자의 둘레가 호재의 머리 둘레보다 커야 합니다.
주황색 모자 : $17×3=51$(cm)
보라색 모자 : $10×2×3=60$(cm)
초록색 모자 : $18×3=54$(cm)

19 원 안의 정사각형의 넓이는 $18×18÷2=162$(cm²)이고, 원 밖의 정사각형의 넓이는 $18×18=324$(cm²)입니다.
➡ 162 cm² $<$ (원의 넓이) <324 cm²

20 (1) (원 안의 정사각형의 넓이)=$8×8÷2=32(cm^2)$
(원 밖의 정사각형의 넓이)=$8×8=64(cm^2)$
➡ $32\,cm^2<$(원의 넓이)$<64\,cm^2$

(2) 원을 4등분하여 모눈의 수를 세어 보면 원 안에 있는 초록색 모눈의 수는 $30×4=120$(개)이고, 원 밖에 있는 빨간색 안쪽 모눈의 수는 $43×4=172$(개)입니다.
➡ $120\,cm^2<$(원의 넓이)$<172\,cm^2$

21 (1) (원 안의 정육각형의 넓이)=$42×6=252(cm^2)$
(2) (원 밖의 정육각형의 넓이)=$56×6=336(cm^2)$
(3) $252\,cm^2$보다 크고, $336\,cm^2$보다 작게 썼으면 모두 정답입니다.

22 $6×6×3.14=113.04(cm^2)$

23 컴퍼스를 $3\,cm$만큼 벌려 그린 원의 반지름은 $3\,cm$입니다.
➡ (원의 넓이)=$3×3×3.1=27.9(cm^2)$

24 (정사각형의 넓이)=$14×14=196(cm^2)$
(원의 넓이)=$7×7×3.14=153.86(cm^2)$
➡ $196-153.86=42.14(cm^2)$

25 서술형

단계	문제 해결 과정
①	잘못된 곳을 찾았나요?
②	잘못된 곳을 바르게 고쳤나요?

26 (반원의 넓이)=(원의 넓이)$×\frac{1}{2}$

(1) $10×10×3.1×\frac{1}{2}=155(cm^2)$

(2) $8×8×3.1×\frac{1}{2}=99.2(cm^2)$

27 (원의 지름)=(정사각형의 대각선의 길이)=$28\,cm$이므로 (원의 반지름)=$14\,cm$입니다.
➡ (원의 넓이)=$14×14×3=588(cm^2)$

28 프라이팬의 내부 바닥면의 넓이를 비교해 봅니다.
㉠ $6×6×3.1=111.6(cm^2)$
㉡ $7×7×3.1=151.9(cm^2)$
㉢ (반지름)=$55.8÷3.1÷2=9(cm)$
➡ (바닥면의 넓이)=$9×9×3.1=251.1(cm^2)$
따라서 ㉢>㉢>㉡>㉠이므로 내부 바닥면이 가장 넓은 프라이팬인 ㉢을 사용해야 합니다.

29 직사각형 안에 그려야 하므로 원의 지름은 직사각형의 가로나 세로보다 길 수 없습니다.
따라서 그릴 수 있는 가장 큰 원의 지름은 $20\,cm$이므로 원의 넓이는 $10×10×3.14=314(cm^2)$입니다.

30 $□×□×3=147$, $□×□=147÷3=49$에서 $7×7=49$이므로 $□=7$입니다.

31 (한쪽 면의 반지름)=$69.08÷3.14÷2=11(cm)$
(한쪽 면의 넓이)=$11×11×3.14$
$=379.94(cm^2)$

32 (원 가의 넓이)=$2×2×3=12(cm^2)$
원 나의 반지름은 $2×3=6(cm)$이므로
(원 나의 넓이)=$6×6×3=108(cm^2)$입니다.
➡ $108÷12=9$(배)

33 색칠한 부분의 넓이는 한 변의 길이가 $16\,m$인 정사각형의 넓이에서 반지름이 $8\,m$인 원의 넓이를 뺀 것과 같습니다.
➡ (색칠한 부분의 넓이)=$16×16-8×8×3.1$
$=256-198.4=57.6(m^2)$

34 (1) (색칠한 부분의 넓이)
=(반원의 넓이)-(삼각형의 넓이)
$=11×11×3×\frac{1}{2}-22×11÷2$
$=181.5-121=60.5(cm^2)$

(2) (가장 큰 원의 반지름)=$(14+10)÷2=12(cm)$
(색칠한 부분의 넓이)
=(가장 큰 원의 넓이)-(중간 원의 넓이)
－(가장 작은 원의 넓이)
$=12×12×3-7×7×3-5×5×3$
$=432-147-75$
$=210(cm^2)$

35 (직사각형 부분의 넓이)=$55×40=2200(m^2)$
(반원 부분의 넓이)=$20×20×3.14=1256(m^2)$
➡ (운동장의 넓이)=$2200+1256=3456(m^2)$

36 밑에 있는 작은 반원을 위쪽으로 옮기면 빨간색 부분은 반지름이 $20\,cm$인 반원과 같습니다.

➡ (빨간색 부분의 넓이)
$=20×20×3×\frac{1}{2}=600(cm^2)$

37 (굴렁쇠가 한 바퀴 굴러간 거리)
$=0.2 \times 2 \times 3.1 = 1.24$(m)
(집에서 도서관까지의 거리)
$=$(굴렁쇠가 300바퀴 굴러간 거리)
$=1.24 \times 300 = 372$(m)

38 (훌라후프가 한 바퀴 굴러간 거리)
$=50 \times 2 \times 3 = 300$(cm)
15 m$=1500$ cm이므로
(훌라후프가 굴러간 바퀴 수)
$=1500 \div 300 = 5$(바퀴)

39 (바퀴가 한 바퀴 굴러간 거리)
$=25 \times 3.1 = 77.5$(cm)
4 m 65 cm$=465$ cm이므로
(외발자전거가 굴러간 바퀴 수)
$=465 \div 77.5 = 6$(바퀴)입니다.

40 (색칠한 부분의 둘레)
$=$(지름이 18 cm인 원주의 반)
　$+$(지름이 24 cm인 원주의 반)$+3+3$
$=18 \times 3 \div 2 + 24 \times 3 \div 2 + 6$
$=27 + 36 + 6 = 69$(cm)

41 (색칠한 부분의 둘레)
$=$(지름이 30 cm인 원의 둘레의 $\frac{3}{4}$)$+15+15$
$=30 \times 3 \times \frac{3}{4} + 30$
$=67.5 + 30 = 97.5$(cm)

42 왼쪽 도형의 색칠한 부분의 둘레는 지름이 16 cm인 원의 둘레와 같으므로 $16 \times 3 = 48$(cm)입니다.
(오른쪽 도형의 색칠한 부분의 둘레)
$=$(지름이 20 cm인 원의 둘레의 반)$+20$
$=20 \times 3 \div 2 + 20 = 50$(cm)
$\Rightarrow 50 - 48 = 2$(cm)

응용에서 최상위로

1 62.8 cm²	**1-1** 125.6 cm²	**1-2** 22.68 cm
2 99.4 cm	**2-1** 142 cm	**2-2** 90 cm
3 92.52 cm	**3-1** 110 cm	**3-2** 71 cm

---

4 **1단계** 예 가장 작은 원의 반지름이 $8 \div 2 = 4$(cm)이므로 두 번째로 작은 원의 반지름은 $4+4=8$(cm)입니다.

　2단계 예 9점 이상을 받을 수 있는 부분은 노란색 원이므로 넓이는 $8 \times 8 \times 3.14 = 200.96$(cm²)입니다.

/ 200.96 cm²

4-1 523.9 cm²

1 원의 일부분의 넓이는 반지름이 12 cm인 원의 넓이의 $\frac{50°}{360°} = \frac{5}{36}$와 같습니다.
　$\Rightarrow 12 \times 12 \times 3.14 \times \frac{5}{36} = 62.8$(cm²)

1-1 원의 일부분에서
　㉠$=360° - 216° = 144°$이므로
　원의 일부분의 넓이는 반지름이 10 cm인 원의 넓이의 $\frac{144°}{360°} = \frac{2}{5}$와 같습니다.
　$\Rightarrow 10 \times 10 \times 3.14 \times \frac{2}{5} = 125.6$(cm²)

1-2 (원의 일부분의 둘레)
　$=$(반지름이 7 cm인 원의 원주)$\times \frac{72°}{360°}$
　　$+$(반지름)$\times 2$
　$=7 \times 2 \times 3.1 \times \frac{1}{5} + 7 \times 2$
　$=8.68 + 14 = 22.68$(cm)

2 4개의 곡선 부분의 길이의 합은 지름이 14 cm인 원의 원주와 같습니다.
　(색칠한 부분의 둘레)
　$=$(지름이 14 cm인 원의 원주)$+$(정사각형의 둘레)
　$=14 \times 3.1 + 14 \times 4 = 43.4 + 56 = 99.4$(cm)

2-1 2개의 곡선 부분의 길이의 합은 반지름이 20 cm인 원의 원주의 $\frac{1}{2}$과 같습니다.
　(색칠한 부분의 둘레)
　$=$(반지름이 20 cm인 원의 원주)$\times \frac{1}{2}$
　　$+$(정사각형의 둘레)
　$=20 \times 2 \times 3.1 \times \frac{1}{2} + 20 \times 4$
　$=62 + 80 = 142$(cm)

2-2 (색칠한 부분의 둘레)

$$= (지름이\ 30\ cm인\ 원의\ 원주) \times \frac{1}{2}$$

$$+ (지름이\ 12\ cm인\ 원의\ 원주) \times \frac{1}{2}$$

$$+ (지름이\ 18\ cm인\ 원의\ 원주) \times \frac{1}{2}$$

$$= 30 \times 3 \times \frac{1}{2} + 12 \times 3 \times \frac{1}{2} + 18 \times 3 \times \frac{1}{2}$$

$$= 45 + 18 + 27 = 90 (cm)$$

3 $254.34 \div 3.14 = 81$이고 $9 \times 9 = 81$이므로 둥근 통의 밑면의 반지름은 $9\ cm$입니다.
따라서 곡선 부분의 길이의 합은 지름이 $18\ cm$인 원의 원주와 같습니다.
(사용한 끈의 길이)
= (지름이 18 cm인 원의 원주) + (선분의 길이)
$$= 18 \times 3.14 + 18 \times 2$$
$$= 56.52 + 36 = 92.52 (cm)$$

3-1 $363 \div 3 = 121$이고 $11 \times 11 = 121$이므로 둥근 통의 반지름은 $11\ cm$입니다.

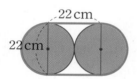

따라서 곡선 부분의 길이의 합은 지름이 $22\ cm$인 원의 원주와 같습니다.
(사용한 끈의 길이)
= (지름이 22 cm인 원의 원주) + (선분의 길이)
$$= 22 \times 3 + 22 \times 2$$
$$= 66 + 44 = 110 (cm)$$

3-2 $77.5 \div 3.1 = 25$이고 $5 \times 5 = 25$이므로 캔 뚜껑의 반지름은 $5\ cm$입니다. 따라서 곡선 부분의 길이의 합은 반지름이 $5\ cm$인 원의 원주와 같습니다.

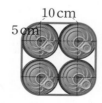

(사용한 테이프의 길이)
= (반지름이 5 cm인 원의 원주) + (선분의 길이)
$$= 5 \times 2 \times 3.1 + 10 \times 4$$
$$= 31 + 40 = 71 (cm)$$

4-1 가장 작은 원의 반지름이 $6 \div 2 = 3(cm)$이므로 두 번째로 작은 원의 반지름은 $3 + 5 = 8(cm)$이고, 세 번째로 작은 원의 반지름은 $8 + 5 = 13(cm)$입니다. 따라서 6점 이상을 받을 수 있는 부분은 6점짜리 파란색 원 안쪽 부분이므로 넓이는
$13 \times 13 \times 3.1 = 523.9(cm^2)$입니다.

기출 단원 평가 Level ❶ 127~129쪽

1 3.14, 3.14

2 (1) 50.24 cm   (2) 62.8 cm

3 7 cm   **4** (왼쪽에서부터) 8, 16

5 288, 576, 288, 576

6 507 cm²   **7** 24.8 cm

8 ㉡   **9** 25.5 cm

10 13 cm   **11** 56.52 cm²

12 ㉢, ㉠, ㉡   **13** 972 cm²

14 36개   **15** 263.76 m

16 94.2 cm   **17** 192 cm²

18 356.5 cm²   **19** 15.7 cm

20 원 모양 피자

---

1 원주율은 원의 지름에 대한 원주의 비율이므로 (원주) ÷ (지름)입니다.
$18.84 \div 6 = 3.14,\ 47.1 \div 15 = 3.14$

2 (1) $16 \times 3.14 = 50.24(cm)$
(2) $10 \times 2 \times 3.14 = 62.8(cm)$

3 (원의 지름) = (원주) ÷ (원주율)
$$= 21.98 \div 3.14 = 7(cm)$$

4 (직사각형의 가로) = (원주의 $\frac{1}{2}$)
$$= (16 \times 3.1 \times \frac{1}{2})\ cm$$

(직사각형의 세로) = (반지름) = 8 cm

5 (정사각형 ㅁㅂㅅㅇ의 넓이)$=24 \times 24 \div 2$
$$=288(\text{cm}^2)$$
(정사각형 ㄱㄴㄷㄹ의 넓이)$=24 \times 24 = 576(\text{cm}^2)$
➡ $288 \text{ cm}^2 <$ (원의 넓이) $< 576 \text{ cm}^2$

6 (반지름)$=26 \div 2 = 13(\text{cm})$
(원의 넓이)$=13 \times 13 \times 3 = 507(\text{cm}^2)$

7 (작은 원의 원주)$=5 \times 2 \times 3.1 = 31(\text{cm})$
큰 원의 반지름은 $5+4=9(\text{cm})$이므로
(큰 원의 원주)$=9 \times 2 \times 3.1 = 55.8(\text{cm})$입니다.
➡ $55.8 - 31 = 24.8(\text{cm})$

8 두 원의 지름을 비교해 봅니다.
㉠ 원의 지름은 45 cm입니다.
㉡ (지름)$=$(원주)$\div$(원주율)$=157 \div 3.14 = 50(\text{cm})$
입니다.
따라서 더 큰 원은 ㉡입니다.

9 (도형의 둘레)$=$(반원의 원주)$+$(원의 지름)
$$=10 \times 3.1 \div 2 + 5 \times 2$$
$$=15.5 + 10 = 25.5(\text{cm})$$

10 원주가 81.64 cm이므로
(반지름)$=81.64 \div 3.14 \div 2 = 13(\text{cm})$입니다.

11 (반원의 넓이)$=6 \times 6 \times 3.14 \times \dfrac{1}{2} = 56.52(\text{cm}^2)$

12 ㉠ $7 \times 2 \times 3.14 = 43.96(\text{cm})$
㉡ $13 \times 3.14 = 40.82(\text{cm})$
따라서 원주가 큰 원부터 차례로 기호를 쓰면
㉢, ㉠, ㉡입니다.

13 정사각형 안에 그릴 수 있는 가장 큰 원의 지름은 정사
각형의 한 변의 길이와 같은 36 cm입니다.
따라서 원의 넓이는 $18 \times 18 \times 3 = 972(\text{cm}^2)$입니다.

14 (원주)$=30 \times 2 \times 3 = 180(\text{cm})$이므로 점은 모두
$180 \div 5 = 36(개)$ 찍을 수 있습니다.

15 (집에서 학교까지의 거리)$=35 \times 2 \times 3.14 \times 120$
$$=26376(\text{cm})$$
$1 \text{ m} = 100 \text{ cm}$이므로 $26376 \text{ cm} = 263.76 \text{ m}$입니다.

16 (작은 원의 지름)$=31.4 \div 3.14 = 10(\text{cm})$
(큰 원의 지름)$=10 \times 3 = 30(\text{cm})$
(큰 원의 원주)$=30 \times 3.14 = 94.2(\text{cm})$

17 (색칠한 부분의 넓이)
$=$(가장 큰 원의 넓이)$-$(가장 작은 원의 넓이)
$\qquad -$(중간 원의 넓이)
$=12 \times 12 \times 3 - 4 \times 4 \times 3 - 8 \times 8 \times 3$
$=432 - 48 - 192 = 192(\text{cm}^2)$

18 (노란색 원의 반지름)$=55.8 \div 3.1 \div 2 = 9(\text{cm})$

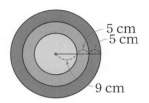

반지름이 5 cm씩 늘어나므로 파란색 부분의 넓이는
반지름이 14 cm인 원의 넓이에서 반지름이 9 cm인
원의 넓이를 뺀 것과 같습니다.
➡ $14 \times 14 \times 3.1 - 9 \times 9 \times 3.1$
$\quad = 607.6 - 251.1 = 356.5(\text{cm}^2)$

^{서술형}
19 ⓐ (큰 바퀴의 지름)$=47.1 \div 3.14 = 15(\text{cm})$이고,
(작은 바퀴의 지름)$=15 \div 3 = 5(\text{cm})$이므로
(작은 바퀴의 원주)$=5 \times 3.14 = 15.7(\text{cm})$입니다.

평가 기준	배점(5점)
작은 바퀴의 지름을 구했나요?	3점
작은 바퀴의 원주를 구했나요?	2점

^{서술형}
20 ⓐ (정사각형 모양 피자의 넓이)$=30 \times 30$
$$=900(\text{cm}^2)$$
(원 모양 피자의 넓이)$=17 \times 17 \times 3.14$
$$=907.46(\text{cm}^2)$$
따라서 $900 \text{ cm}^2 < 907.46 \text{ cm}^2$이므로 넓이가 더 넓
은 원 모양 피자를 선택하는 것이 더 이득입니다.

평가 기준	배점(5점)
두 피자의 넓이를 각각 구했나요?	3점
어느 피자를 선택해야 더 이득이 되는지 구했나요?	2점

기출 단원 평가 Level ❷ 130~132쪽

1 ②, ⑤	**2** 66 cm
3 80, 132	**4** 48 cm²
5 9 cm	**6** 68.2 cm
7 306.4 cm²	**8** ㉡, 251.1 cm²

9 363 cm²	**10** 7 cm
11 4배, 16배	**12** 14
13 24 cm	**14** 45880 km
15 97.2 m	**16** 148.8 cm²
17 30.84 cm	**18** 97.6 cm
19 4바퀴	**20** 135.9 m²

1 ② 원주율은 원의 크기에 상관없이 일정합니다.
⑤ 원주율은 원의 지름에 대한 원주의 비율입니다.

2 굴렁쇠가 한 바퀴 굴러간 거리 204.6 cm가 원주와 같습니다.
(원의 지름)=(원주)÷(원주율)이므로 굴렁쇠의 지름은 $204.6 \div 3.1 = 66$(cm)입니다.

3 원을 4등분하여 모눈의 수를 세어 보면 원 안에 있는 초록색 모눈의 수는 $20 \times 4 = 80$(개)이고, 원 밖에 있는 빨간색 선 안쪽 모눈의 수는 $33 \times 4 = 132$(개)입니다.
➡ 80 cm² < (원의 넓이) < 132 cm²

4 원의 넓이는 직사각형의 넓이와 같으므로
$12 \times 4 = 48$(cm²)입니다.

5 (원의 지름)=(원주)÷(원주율)이므로
(원 가의 지름)=$78 \div 3 = 26$(cm)이고,
(원 나의 지름)=$51 \div 3 = 17$(cm)입니다.
➡ $26 - 17 = 9$(cm)

6 컴퍼스를 벌린 길이는 그린 원의 반지름과 같습니다.
➡ (원주)=$11 \times 2 \times 3.1 = 68.2$(cm)

7 (직사각형의 넓이)=$12 \times 9 = 108$(cm²),
(원의 넓이)=$8 \times 8 \times 3.1 = 198.4$(cm²)이므로 두 도형의 넓이의 합은 $108 + 198.4 = 306.4$(cm²)입니다.

8 지름이 클수록 원이 크므로 지름을 비교해 봅니다.
㉠ 16 cm
㉡ $52.7 \div 3.1 = 17$(cm)
㉢ $9 \times 2 = 18$(cm)
따라서 가장 큰 원은 ㉢이고, 넓이는
$9 \times 9 \times 3.1 = 251.1$(cm²)입니다.

9 (접시의 반지름)=$66 \div 3 \div 2 = 11$(cm)이므로
(접시의 넓이)=$11 \times 11 \times 3 = 363$(cm²)입니다.

10 (작은 원의 지름)=$43.96 \div 3.14 = 14$(cm)이므로 작은 원의 반지름은 $14 \div 2 = 7$(cm)입니다. 큰 원의 반지름은 작은 원의 지름과 같은 14 cm이므로 두 원의 반지름의 차는 $14 - 7 = 7$(cm)입니다.

11 (원 가의 원주)=$5 \times 2 \times 3.1 = 31$(cm)
(원 나의 원주)=$20 \times 2 \times 3.1 = 124$(cm)
➡ $124 \div 31 = 4$(배)
(원 가의 넓이)=$5 \times 5 \times 3.1 = 77.5$(cm²)
(원 나의 넓이)=$20 \times 20 \times 3.1 = 1240$(cm²)
➡ $1240 \div 77.5 = 16$(배)

> **참고** 반지름이 ■배가 되면 원주는 ■배가 되고, 원의 넓이는 (■×■)배가 됩니다.

12 $\square \times \square \times 3 = 588$, $\square \times \square = 196$에서
$14 \times 14 = 196$이므로 $\square = 14$입니다.

13 정사각형의 한 변의 길이가 원주가 74.4 cm인 원의 지름보다 커야 피자를 담을 수 있습니다.
(원의 지름)=$74.4 \div 3.1 = 24$이므로 상자의 밑면의 한 변의 길이는 적어도 24 cm이어야 합니다.

14 지상에서 1000 km 떨어진 위치에 인공위성이 있으므로 인공위성이 지구의 중심으로부터 떨어져 있는 거리는 $6400 + 1000 = 7400$(km)입니다.
따라서 반지름이 7400 km인 원주를 구하면 되므로 인공위성이 한 바퀴 돈 거리는
$7400 \times 2 \times 3.1 = 45880$(km)입니다.

15 (색칠한 부분의 둘레)
=(지름이 12 m인 원의 원주)+(선분의 길이)
=$12 \times 3.1 + 30 \times 2$
=$37.2 + 60 = 97.2$(m)

16 중간 원의 반지름은 $10 - 2 = 8$(cm)이므로
(중간 원의 넓이)=$8 \times 8 \times 3.1 = 198.4$(cm²)이고,
(가장 작은 원의 넓이)=$4 \times 4 \times 3.1 = 49.6$(cm²)입니다.
➡ (색칠한 부분의 넓이)=$198.4 - 49.6$
      =148.8(cm²)

17 (색칠한 부분의 둘레)
=$12 +$(반지름이 6 cm인 원의 원주)$\times \dfrac{1}{2}$
=$12 + 6 \times 2 \times 3.14 \times \dfrac{1}{2}$
=$12 + 18.84 = 30.84$(cm)

18 198.4÷3.1＝64이고 8×8＝64이므로 둥근 통의
반지름은 8 cm입니다.

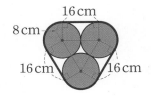

(사용한 끈의 길이)
＝(반지름이 8 cm인 원의 원주)＋(선분의 길이)
＝8×2×3.1＋16×3
＝49.6＋48＝97.6(cm)

^{서술형}
19 예 (굴렁쇠가 한 바퀴 굴러가는 거리)
＝(굴렁쇠의 원주)＝28×2×3＝168(cm)
따라서 굴렁쇠는 모두 672÷168＝4(바퀴) 굴러가게
됩니다.

평가 기준	배점(5점)
굴렁쇠가 한 바퀴 굴러가는 거리를 원주를 이용하여 구했나요?	3점
굴렁쇠가 굴러가는 바퀴 수를 구했나요?	2점

^{서술형}
20 예 꽃밭의 넓이는 반원의 넓이 2개와 직사각형의 넓이
를 합한 것과 같습니다. 정사각형의 한 변의 반이 반원
의 지름이므로 반원의 반지름은
12÷2÷2＝3(m)이고, 직사각형의 가로는 12 m,
세로는 12－3＝9(m)입니다.
➡ (꽃밭의 넓이)＝3×3×3.1÷2×2＋12×9
＝27.9＋108＝135.9(m²)

평가 기준	배점(5점)
꽃밭은 반원 2개와 직사각형으로 이루어져 있음을 알았나요?	2점
꽃밭의 넓이를 구했나요?	3점

사고력이 반짝 133쪽

가로 방향으로 세 번째 그림은 첫 번째 그림과 두 번째 그림
을 합쳐서 나타내는 규칙입니다. 이때 두 그림이 겹치는 곳
은 색칠하지 않습니다.

---

6 원기둥, 원뿔, 구

이 단원에서는 원기둥의 구성 요소와 성질, 전개도 및 원뿔
과 구의 구성 요소와 성질을 탐구하는 데 초점을 두고 조작
활동을 통해 원기둥의 전개도를 이해하고 그려 보는 활동
을 전개합니다. 또한 앞서 학습한 입체도형 구체물과 원뿔,
구 모양의 구체물을 분류하는 활동을 통해 원뿔과 구를 이
해하고 원뿔과 구 모형을 관찰하고 조작하는 활동을 통해
구성 요소와 성질을 탐색합니다. 이후 원기둥, 원뿔, 구 모
형을 이용하여 건축물을 만들어 보는 활동을 통해 공간 감
각을 형성합니다. 이 단원에서 학습하는 원기둥, 원뿔, 구
에 대한 개념은 이후 중학교의 입체도형의 성질에서 회전
체와 입체도형의 겉넓이와 부피 학습과 직접적으로 연계되
므로 학생들이 원기둥, 원뿔, 구의 개념 및 성질과 원기둥
의 전개도에 대한 정확한 이해를 바탕으로 원기둥, 원뿔,
구의 같은 점과 다른 점을 파악하고 표현할 수 있도록 지도
해야 합니다.

---

1 원기둥 알아보기 136쪽

1 나, 마

2

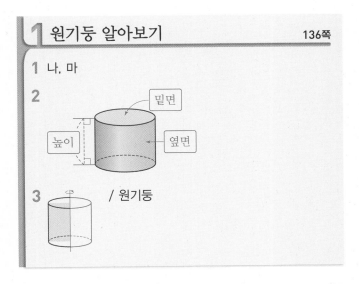

3 / 원기둥

1 두 밑면이 서로 평행하고 합동인 원으로 된 둥근기둥
모양의 도형을 찾습니다.

---

2 원기둥의 전개도 알아보기 137쪽

4 (1)　　　(2)

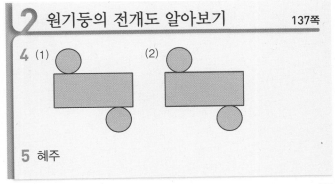

5 혜주

4 (1) 원기둥의 높이와 같은 길이의 선분은 옆면의 세로입니다.
　　(2) 밑면의 둘레와 같은 길이의 선분은 옆면의 가로입니다.

5 민석 : 두 밑면은 합동이지만 옆면이 직사각형이 아닙니다.
　　서희 : 두 밑면이 합동이 아닙니다.
　　종민 : 전개도를 접었을 때 밑면이 겹쳐지게 됩니다.

3 원뿔 알아보기
138쪽

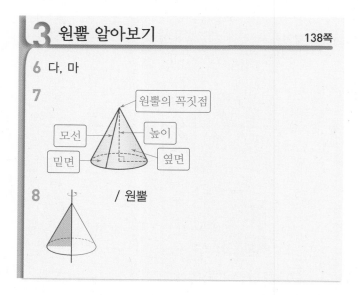

6 다, 마

7

8 / 원뿔

6 밑면이 원이고 옆면이 굽은 면인 뿔 모양의 입체도형을 찾습니다.

4 구 알아보기
139쪽

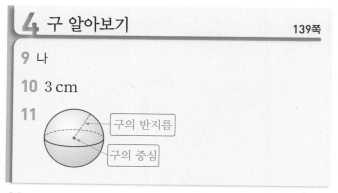

9 나

10 3 cm

11

기본에서 응용으로

1 ③

2

3 2개, 1개　　**4** 6 cm　　**5** ①

6 예 두 밑면이 서로 평행하지 않고 합동이 아닙니다.

7 8 cm, 8 cm

8 같은 점 예 기둥 모양입니다.
　　　　　　밑면이 2개이고, 서로 평행하고 합동입니다. 등
　　다른 점 예 밑면의 모양이 가는 직사각형, 나는 원입니다.
　　　　　　옆면의 모양이 가는 직사각형, 나는 굽은 면입니다. 가는 꼭짓점이 있고, 나는 꼭짓점이 없습니다. 등

9 (1) 원, 2개　　(2) 직사각형, 1개

10 예 두 밑면이 서로 합동이 아니므로 원기둥의 전개도라고 할 수 없습니다.

11 (왼쪽에서부터) 18.6, 7

12 예

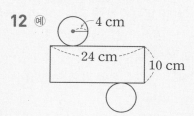

13 43.96 cm

14 (1) 108 cm² (2) 288 cm² (3) 504 cm²

15 427.8 cm²　　　　**16** 714 cm²

17 124 cm²　　　　**18** 756 cm²

19 ②　　　　**20** (1) 모선의 길이 (2) 높이

21 6 cm, 4 cm　　**22** 선분 ㄱㄷ, 선분 ㄱㄹ

23 ②, ③, ⑤

24 예 밑면이 원이 아니고 옆면도 굽은 면이 아닙니다.

25 10 cm, 8 cm　　**26** (1) ○ (2) ×

27 원기둥, 3 cm

28 같은 점 예 밑면이 1개입니다. 꼭짓점이 있습니다. 등
　　다른 점 예 원뿔은 밑면이 원이고, 각뿔은 밑면이 다각형입니다. 원뿔은 옆면이 굽은 면이고, 각뿔은 옆면이 평평한 면입니다. 등

29 ①, ⑤　　　　**30** 4 cm

31 (1) 10 cm (2)

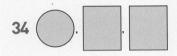

32 원

33 예 밑면이 있는 것과 밑면이 없는 것으로 분류했습니다.

34

35 다

36 같은 점 예 밑면의 모양이 원입니다.
　　　　　　옆면은 굽은 면입니다. 등

　　다른 점 예 원뿔은 꼭짓점이 있지만 원기둥은 꼭짓점
　　　　　　이 없습니다. 원뿔은 밑면이 1개이고, 원
　　　　　　기둥은 밑면이 2개입니다. 등

37

1 두 밑면이 서로 평행하고 합동인 원으로 된 둥근 기둥 모양의 도형을 찾습니다.

2 원기둥에서 서로 평행하고 합동인 두 면을 밑면이라고 합니다.

3 원기둥의 밑면은 2개이고, 옆면은 1개입니다.

4 돌리기 전의 직사각형의 가로는 원기둥의 높이와 같고, 직사각형의 세로는 원기둥의 밑면의 반지름과 같습니다.

5 ① 두 밑면은 서로 평행합니다.

7 밑면의 지름은 반지름의 2배이므로 $4 \times 2 = 8$(cm)입니다.
앞에서 본 모양이 정사각형이므로 원기둥의 높이와 밑면의 지름은 같습니다. 따라서 높이는 8 cm입니다.

서술형
8

단계	문제 해결 과정
①	같은 점을 바르게 썼나요?
②	다른 점을 바르게 썼나요?

11 원기둥의 전개도에서 옆면의 세로는 원기둥의 높이와 같으므로 7 cm이고, 옆면의 가로는 밑면의 둘레와 같으므로 $3 \times 2 \times 3.1 = 18.6$(cm)입니다.

12 옆면의 가로는 밑면의 둘레와 같으므로 $4 \times 2 \times 3 = 24$(cm)입니다.

13 옆면의 가로는 밑면의 둘레와 같으므로 (옆면의 가로)$=7 \times 2 \times 3.14 = 43.96$(cm)입니다.

14 (1) $6 \times 6 \times 3 = 108$(cm^2)
(2) $(6 \times 2 \times 3) \times 8 = 288$(cm^2)
(3) (원기둥의 겉넓이)
　　$=$(한 밑면의 넓이)$\times 2 +$(옆면의 넓이)
　　$=108 \times 2 + 288 = 216 + 288 = 504$(cm^2)

15 (밑면의 반지름)$=6 \div 2 = 3$(cm)
(원기둥의 겉넓이)
　　$=(3 \times 3 \times 3.1) \times 2 + (6 \times 3.1) \times 20$
　　$=55.8 + 372 = 427.8$(cm^2)

16 (밑면의 반지름)$=42 \div 3 \div 2 = 7$(cm)
(원기둥의 겉넓이)
　　$=$(한 밑면의 넓이)$\times 2 +$(옆면의 넓이)
　　$=(7 \times 7 \times 3) \times 2 + 42 \times 10$
　　$=147 \times 2 + 420 = 714$(cm^2)

17 (가의 겉넓이)
　　$=(2 \times 2 \times 3.1) \times 2 + (2 \times 2 \times 3.1) \times 8$
　　$=24.8 + 99.2 = 124$(cm^2)
나의 밑면의 반지름을 □ cm라 하면
□$\times$□$\times 3.1 = 49.6$, □$\times$□$= 16$, □$= 4$
(나의 겉넓이)$=49.6 \times 2 + (4 \times 2 \times 3.1) \times 6$
　　　　　　　$=99.2 + 148.8 = 248$(cm^2)
➡ $248 - 124 = 124$(cm^2)

18 직사각형 모양의 종이를 돌렸을 때 만들어지는 도형은 오른쪽과 같은 원기둥입니다.
(입체도형의 겉넓이)
　　$=(9 \times 9 \times 3) \times 2 + (9 \times 2 \times 3) \times 5$
　　$=486 + 270 = 756$(cm^2)

19 밑면이 원이고 옆면이 굽은 면인 뿔 모양의 입체도형을 찾습니다.

21 돌리기 전의 직각삼각형의 밑변의 길이는 원뿔의 밑면의 반지름과 같고, 직각삼각형의 높이는 원뿔의 높이와 같습니다.

22 한 원뿔에서 모선의 길이는 모두 같으므로 선분 ㄱㄴ과 길이가 같은 선분은 선분 ㄱㄷ, 선분 ㄱㄹ입니다.

23 ① 원뿔은 밑면이 1개입니다.
④ 원뿔의 옆면은 굽은 면입니다.

25 원뿔에서 모선의 길이는 원뿔의 꼭짓점과 밑면인 원의 둘레의 한 점을 잇는 선분이므로 10 cm입니다.

26 (2) 모선의 길이는 5 cm이지만 모선의 길이는 항상 높이보다 깁니다.

27 원기둥의 높이 : 15 cm, 원뿔의 높이 : 12 cm
➡ 원기둥의 높이가 $15-12=3$(cm) 더 높습니다.

서술형
28

단계	문제 해결 과정
①	원뿔과 각뿔의 같은 점을 바르게 썼나요?
②	원뿔과 각뿔의 다른 점을 바르게 썼나요?

29 공 모양의 입체도형을 찾으면 ①, ⑤입니다.

30 중심에서 구의 겉면의 한 점을 이은 선분이 반지름이므로 4 cm입니다.

31 (1) 반원의 반지름이 구의 반지름이 되므로 구의 반지름은 $20\div2=10$(cm)입니다.
(2) 반원의 중심이 구의 중심이 되므로 반원의 중심에 표시합니다.

32 원기둥과 원뿔의 밑면의 모양은 원입니다.

33 가, 나, 라는 밑면이 있고, 다는 밑면이 없습니다.

34 원기둥을 위에서 본 모양은 원이고, 앞과 옆에서 본 모양은 직사각형입니다.

35 구는 어느 방향에서 보아도 보이는 모양이 원으로 항상 같습니다.

서술형
36

단계	문제 해결 과정
①	같은 점을 바르게 썼나요?
②	다른 점을 바르게 썼나요?

37 조형물은 반구의 모양으로 위, 앞, 옆에서 본 모양의 전체적인 모양을 그립니다.

응용에서 최상위로
146~149쪽

1 27.9 cm²	**1-1** 12.56 cm
1-2 16 cm	**2** 6 cm²
2-1 10 cm²	**2-2** 254.34 cm²
3 22 cm	**3-1** 영우, 26 cm
3-2 다	

4 1단계 예 원기둥의 밑면의 반지름은 구의 반지름과 같은 5 cm입니다.
2단계 예 원기둥의 밑면의 반지름이 5 cm이므로 원기둥의 전개도에서 옆면의 가로는 $5\times2\times3.14=31.4$(cm)입니다.
3단계 예 전개도에서 옆면의 세로, 즉 원기둥의 높이는 구의 지름과 같으므로 $5\times2=10$(cm)입니다.
/ 5 cm, 31.4 cm, 10 cm

4-1 8 cm, 49.6 cm, 16 cm

1 (옆면의 가로)=(옆면의 넓이)÷(원기둥의 높이)
$=148.8\div8=18.6$(cm)
(밑면의 반지름)$=18.6\div3.1\div2=3$(cm)
(한 밑면의 넓이)$=3\times3\times3.1=27.9$(cm²)

1-1 (옆면의 가로)=(옆면의 넓이)÷(원기둥의 높이)
$=113.04\div9=12.56$(cm)
(한 밑면의 둘레)=(옆면의 가로)=12.56 cm

1-2 (옆면의 가로)=(한 밑면의 둘레)$=14\times3=42$(cm)
(원기둥의 높이)=(옆면의 넓이)÷(옆면의 가로)
$=672\div42=16$(cm)

2 돌리기 전의 평면도형은 밑변의 길이가 3 cm, 높이가 4 cm인 직각삼각형입니다.
따라서 돌리기 전의 평면도형의 넓이는
$3\times4\div2=6$(cm²)입니다.

2-1 돌리기 전의 평면도형은 가로가 2 cm, 세로가 5 cm인 직사각형입니다.
따라서 돌리기 전의 평면도형의 넓이는
$2\times5=10$(cm²)입니다.

2-2 만들어진 입체도형은 반지름이 9 cm인 구와 같습니다. 구를 중심이 지나도록 반으로 잘랐을 때 생긴 면은 반지름이 9 cm인 원이므로 원의 넓이는
$9 \times 9 \times 3.14 = 254.34 (cm^2)$입니다.

3 (옆면의 가로) = (밑면의 반지름) × 2 × (원주율)
$= 5 \times 2 \times 3 = 30 (cm)$

〈방법 1〉

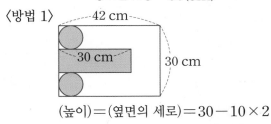

(높이) = (옆면의 세로) = $30 - 10 \times 2$
$= 10 (cm)$

〈방법 2〉

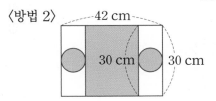

(높이) = (옆면의 세로) = $42 - 10 \times 2$
$= 22 (cm)$

따라서 최대한 높은 상자를 만들려면 높이를 22 cm로 해야 합니다.

3-1 민하 : (옆면의 가로) = (밑면의 반지름) × 2 × (원주율)
$= 7 \times 2 \times 3 = 42 (cm)$
(높이) = (옆면의 세로)
= (종이 한 변의 길이) − (밑면의 지름) × 2
$= 36 - 14 \times 2 = 8 (cm)$

영우 : (옆면의 가로)
= (밑면의 반지름) × 2 × (원주율)
$= 4 \times 2 \times 3 = 24 (cm)$
(높이) = (옆면의 세로)
= (종이 한 변의 길이) − (밑면의 지름) × 2
$= 50 - 8 \times 2 = 34 (cm)$

따라서 영우가 만든 상자의 높이가 $34 - 8 = 26 (cm)$ 더 높습니다.

3-2

원기둥	옆면의 가로	최대 높이
가	$4.5 \times 2 \times 3 = 27 (cm)$	$60 - 9 \times 2 = 42 (cm)$
나	$7 \times 2 \times 3 = 42 (cm)$	$32 - 14 \times 2 = 4 (cm)$
다	$8 \times 2 \times 3 = 48 (cm)$	$32 - 16 \times 2 = 0 (cm)$

밑면의 반지름이 8 cm일 때 최대 높이는 0 cm이므로 만들 수 없는 원기둥은 다입니다.

4-1 원기둥의 밑면의 반지름은 구의 반지름과 같은 8 cm 입니다.
원기둥의 밑면의 반지름이 8 cm이므로 원기둥의 전개도에서 옆면의 가로는 $8 \times 2 \times 3.1 = 49.6 (cm)$입니다.
전개도에서 옆면의 세로, 즉 원기둥의 높이는 구의 지름과 같으므로 $8 \times 2 = 16 (cm)$입니다.

기출 단원 평가 Level ❶ 150~152쪽

1 라 **2** 가 **3** 나

4

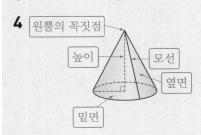

5 6 cm **6** 10 cm

7 선분 ㄱㄹ, 선분 ㄴㄷ **8** 선분 ㄱㄴ, 선분 ㄹㄷ

9 민성 **10** ㉢, ㉣

11 (위에서부터) 원, 직사각형 / 2, 2 / 1, 4

12

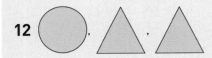

13 4 cm **14** 18 cm

15 $244.92 \, cm^2$ **16** $810 \, cm^2$

17 $99.2 \, cm^2$ **18** $372 \, cm^2$

19 나 / ⑩ 나는 두 밑면이 합동이 아니고, 옆면의 모양이 직사각형이 아닙니다.

20 5 cm

---

1 밑면이 원이고 옆면이 굽은 면인 뿔 모양의 입체도형을 찾습니다.

2 공 모양의 입체도형을 찾습니다.

3 직사각형 모양의 종이를 한 변을 기준으로 하여 돌리면 원기둥이 만들어집니다.

5 원기둥의 높이는 두 밑면에 수직인 선분의 길이이므로 6 cm입니다.

6 반원의 지름이 구의 지름이 되므로 10 cm입니다.

7 원기둥의 전개도에서 옆면의 가로는 밑면의 둘레와 길이가 같습니다.

8 원기둥의 전개도에서 옆면의 세로는 높이와 길이가 같습니다.

9 원뿔의 모선은 무수히 많으므로 잘못 설명한 사람은 민성입니다.

10 ㉠ 구의 중심은 1개입니다.
㉡ 구의 반지름은 여러 개입니다.

11 원기둥은 옆면이 굽은 면이고 1개이지만 사각기둥은 옆면이 직사각형이고 4개입니다.

12 원뿔을 위에서 본 모양은 원이고, 앞과 옆에서 본 모양은 삼각형입니다.

13 원기둥의 높이는 12 cm이고, 원뿔의 높이는 16 cm이므로 두 도형의 높이의 차는 $16-12=4$(cm)입니다.

14 (옆면의 가로)=(밑면의 둘레)
$=3\times2\times3=18$(cm)

15 (옆면의 넓이)$=18.84\times10=188.4$(cm^2)
(겉넓이)$=28.26\times2+188.4$
$=56.52+188.4=244.92$(cm^2)

16 (원기둥의 겉넓이)
$=$(한 밑면의 넓이)$\times2+$(옆면의 넓이)
$=(9\times9\times3)\times2+(9\times2\times3)\times6$
$=486+324=810$(cm^2)

17 돌리기 전의 평면도형은 오른쪽과 같이 반지름이 8 cm인 반원입니다.
(평면도형의 넓이)$=8\times8\times3.1\div2$
$=99.2$(cm^2)

8 cm

18 원기둥이 지나간 부분의 넓이는 원기둥의 옆면의 넓이와 같습니다.
➡ $10\times3.1\times12=372$(cm^2)

19

평가 기준	배점(5점)
원기둥의 전개도가 아닌 것을 찾았나요?	2점
원기둥의 전개도가 아닌 이유를 바르게 썼나요?	3점

20 ⓐ 옆면의 가로는 밑면의 둘레와 같으므로
$3\times2\times3.1=18.6$(cm)이고,
(높이)=(옆면의 넓이)÷(옆면의 가로)이므로
$93\div18.6=5$(cm)입니다.

평가 기준	배점(5점)
옆면의 가로를 구했나요?	2점
높이를 구했나요?	3점

기출 단원 평가 Level ❷ 153~155쪽

1 나, 마, 바 / 가, 라 / 다

2 밑면의 지름 **3** 7 cm

4 (1) ○ (2) × (3) ×

5 12 cm, 15 cm, 18 cm

6 (   ) (○   ) (   )

7 10 cm **8** ㉠

9 ⓐ 밑면의 개수 **10** 12

11 ⓐ 두 밑면이 합동이 아니므로 원기둥이 아닙니다.

12 ④, ⑤ **13** 912 cm^2

14 50 cm **15** 540 cm^2

16 6 cm **17** 218.16 cm^2

18 151.9 cm^2 **19** 노란색, 126 cm^2

20 8 cm

---

3 전개도를 접어 만든 입체도형은 원기둥이고 높이는 7 cm입니다.

4 (2) 원뿔의 밑면은 1개입니다.
(3) 원기둥을 앞에서 본 모양은 직사각형입니다.

5 모선은 원뿔의 꼭짓점과 밑면인 원의 둘레의 한 점을 이은 선분이고, 높이는 원뿔의 꼭짓점에서 밑면에 수직인 선분의 길이라는 것에 주의합니다.

6 가는 옆면이 직사각형이 아니고, 다는 밑면이 한쪽에 나란히 있으므로 원기둥을 만들 수 없습니다.

7 돌리긴 전의 직사각형의 가로는 원기둥의 높이와 같고, 직사각형의 세로는 원기둥의 밑면의 반지름과 같습니다.

8 ㉠ 무수히 많습니다. ㉡ 1개 ㉢ 2개
따라서 수가 가장 큰 것은 ㉠입니다.

9 오각기둥과 원기둥의 밑면은 2개이고, 사각뿔과 원뿔의 밑면은 1개입니다.

10 (지름)$\times 3.1 = 37.2$ ➡ $37.2 \div 3.1 = 12$(cm)

11 원기둥의 두 밑면은 서로 평행하고 합동입니다.

12 ① 원뿔의 밑면은 원이지만 각뿔의 밑면은 다각형입니다.
② 원뿔의 꼭짓점은 1개이지만 각뿔의 꼭짓점의 수는 밑면의 모양에 따라 다릅니다.
③ 원뿔의 옆면은 굽은 면이고 각뿔의 옆면은 삼각형입니다.

13 (밑면의 반지름)$= 48 \div 3 \div 2 = 8$(cm)
➡ (원기둥의 겉넓이)$= (8 \times 8 \times 3) \times 2 + 48 \times 11$
$= 384 + 528 = 912$(cm^2)

14 원뿔을 앞에서 본 모양은 오른쪽 그림과 같은 이등변삼각형입니다.
따라서 이등변삼각형의 둘레는
$17 + 17 + 16 = 50$(cm)입니다.

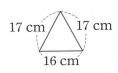

17 cm   17 cm
16 cm

15 직사각형 모양의 종이를 돌렸을 때 만들어지는 도형은 오른쪽과 같은 원기둥입니다.
(원기둥의 겉넓이)
$= (6 \times 6 \times 3) \times 2 + (6 \times 2 \times 3) \times 9$
$= 216 + 324 = 540$(cm^2)

9 cm
6 cm

16 원기둥의 밑면의 지름을 □ cm라고 하면
옆면의 가로는 (□$\times 3$)cm이고,
세로는 밑면의 지름과 같은 □ cm입니다.
따라서 (옆면의 둘레)$= □ \times 3 \times 2 + □ \times 2$
$= □ \times 6 + □ \times 2$
$= □ \times 8 = 48$
이므로 □$= 6$입니다.

17 (물감을 칠해야 할 넓이)
$= (2 \times 2 \times 3.14 \div 2) \times 2 + (2 \times 2 \times 3.14 \div 2) \times 20$
$+ (2 + 2) \times 20$
$= 12.56 + 125.6 + 80 = 218.16$(cm^2)

18 직각삼각형 모양의 종이를 돌렸을 때 만들어지는 입체도형은 오른쪽과 같이 밑면의 반지름이 7 cm인 원뿔입니다.
따라서 밑면의 넓이는 $7 \times 7 \times 3.1 = 151.9$(cm^2)입니다.

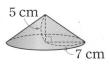

5 cm
7 cm

서술형
19 예 (빨간색 색종이의 넓이)$=$ (한 밑면의 넓이)$\times 2$
$= (7 \times 7 \times 3) \times 2$
$= 294$(cm^2)
(노란색 색종이의 넓이)$=$ (옆면의 넓이)
$= 14 \times 3 \times 10$
$= 420$(cm^2)
따라서 노란색 색종이가 $420 - 294 = 126$(cm^2) 더 필요합니다.

평가 기준	배점(5점)
빨간색 색종이의 넓이를 구했나요?	2점
노란색 색종이의 넓이를 구했나요	2점
어떤 색종이가 몇 cm^2 더 필요한지 구했나요?	1점

서술형
20 예 밑면의 반지름을 □ cm라고 하면
□$\times 2 \times 3.14 \times 11 = 552.64$,
□$\times 69.08 = 552.64$,
□$= 552.64 \div 69.08 = 8$입니다.
따라서 밑면의 반지름은 8 cm입니다.

평가 기준	배점(5점)
원기둥의 옆면의 넓이 구하는 방법을 알고 있나요?	3점
밑면의 반지름을 구했나요?	2점

1 분수의 나눗셈

서술형 문제

2~5쪽

1 **방법 1** 예 자연수의 나눗셈과 곱셈으로 바꾸어 계산합니다.

$$8 \div \frac{4}{9} = (8 \div 4) \times 9 = 2 \times 9 = 18$$

방법 2 예 나누는 진분수의 분모와 분자를 바꾸어 곱합니다.

$$8 \div \frac{4}{9} = \overset{2}{8} \times \frac{9}{\underset{1}{4}} = 18$$

/ 18

2 6   **3** 16

4 15명   **5** $2\frac{1}{14}$ m

6 72쪽   **7** 8개

8 $2\frac{2}{5}$ L

1

단계	문제 해결 과정
①	한 가지 방법으로 계산했나요?
②	다른 한 가지 방법으로 계산했나요?

2 예 ㉮ $\frac{9}{11} \div \frac{5}{11} = 9 \div 5 = \frac{9}{5} = 1\frac{4}{5}$,

㉯ $\frac{3}{13} \div \frac{10}{13} = 3 \div 10 = \frac{3}{10}$ 입니다.

➡ ㉮ ÷ ㉯ $= 1\frac{4}{5} \div \frac{3}{10} = \frac{9}{5} \div \frac{3}{10} = \frac{\overset{3}{9}}{\underset{1}{5}} \times \frac{\overset{2}{10}}{\underset{1}{3}} = 6$

단계	문제 해결 과정
①	㉮의 값을 구했나요?
②	㉯의 값을 구했나요?
③	㉮ ÷ ㉯의 값을 구했나요?

3 예 어떤 수를 □라고 하면 $\square \times \frac{3}{8} = 2\frac{1}{4}$,

$\square = 2\frac{1}{4} \div \frac{3}{8} = \frac{9}{4} \div \frac{3}{8} = \frac{\overset{3}{9}}{\underset{1}{4}} \times \frac{\overset{2}{8}}{\underset{1}{3}} = 6$ 입니다.

따라서 바르게 계산하면 $6 \div \frac{3}{8} = \overset{2}{6} \times \frac{8}{\underset{1}{3}} = 16$ 입니다.

단계	문제 해결 과정
①	어떤 수를 구했나요?
②	바르게 계산하면 얼마인지 구했나요?

4 예 (나누어 줄 수 있는 사람 수)

$$= \frac{20}{3} \div \frac{4}{9} = \frac{60}{9} \div \frac{4}{9}$$

$$= 60 \div 4 = 15(명)$$

따라서 15명에게 나누어 줄 수 있습니다.

단계	문제 해결 과정
①	나누어 줄 수 있는 사람 수를 구하는 식을 바르게 세웠나요?
②	나누어 줄 수 있는 사람 수를 구했나요?

5 예 (직사각형의 넓이) = (가로) × (세로)이므로 직사각형의 가로는

$$\frac{3}{14} \div \frac{3}{4} = \frac{\overset{1}{3}}{\underset{7}{14}} \times \frac{\overset{2}{4}}{\underset{1}{3}} = \frac{2}{7}(m)입니다.$$

따라서 직사각형의 둘레는

$$\left(\frac{2}{7} + \frac{3}{4}\right) \times 2 = \left(\frac{8}{28} + \frac{21}{28}\right) \times 2$$

$$= \frac{29}{\underset{14}{28}} \times \overset{1}{2} = \frac{29}{14} = 2\frac{1}{14}(m)$$

입니다.

단계	문제 해결 과정
①	직사각형의 가로를 구했나요?
②	직사각형의 둘레를 구했나요?

6 예 종현이가 읽지 않은 부분은 전체의 $1 - \frac{5}{8} = \frac{3}{8}$입니다.

따라서 전체의 $\frac{3}{8}$이 남은 쪽수인 27쪽이므로 과학책의 전체 쪽수는

$$27 \div \frac{3}{8} = (27 \div 3) \times 8 = 9 \times 8 = 72(쪽)입니다.$$

단계	문제 해결 과정
①	종현이가 읽지 않은 부분은 전체의 얼마인지 구했나요?
②	과학책의 전체 쪽수를 구했나요?

7 예) $4\frac{1}{6}\div\frac{5}{9}=\frac{25}{6}\div\frac{5}{9}=\frac{\overset{5}{\cancel{25}}}{\underset{2}{\cancel{6}}}\times\frac{\overset{3}{\cancel{9}}}{\underset{1}{\cancel{5}}}=\frac{15}{2}=7\frac{1}{2}$

따라서 포도주스를 모두 나누어 담으려면 병은 적어도 8 개 필요합니다.

단계	문제 해결 과정
①	문제에 알맞은 나눗셈식을 바르게 세웠나요?
②	병은 적어도 몇 개 필요한지 구했나요?

8 예) 3분 45초$=3\frac{45}{60}$분$=3\frac{3}{4}$분

따라서 1분 동안 나온 물의 양은

$9\div3\frac{3}{4}=9\div\frac{15}{4}=\overset{3}{\cancel{9}}\times\frac{4}{\underset{5}{\cancel{15}}}=\frac{12}{5}=2\frac{2}{5}$(L)

입니다.

단계	문제 해결 과정
①	3분 45초는 몇 분인지 구했나요?
②	1분 동안 나온 물의 양을 구했나요?

다시 점검하는 기출 단원 평가 Level ❶ 6~8쪽

1 4, 1, 4

2 (선 연결 그림)

3 $1\frac{1}{2}$

4 2, 6, 12

5 $\frac{7}{9}\div\frac{2}{5}=\frac{35}{45}\div\frac{18}{45}=35\div18=\frac{35}{18}=1\frac{17}{18}$

6 $\frac{3}{4}\div\frac{4}{9}=\frac{3}{4}\times\frac{9}{4}=\frac{27}{16}=1\frac{11}{16}$

7 (1) $13\frac{1}{2}$ (2) $\frac{16}{33}$

8 $<$

9 ㉢

10 ㉢

11 9

12 10도막

13 $1\frac{1}{8}$

14 $\frac{9}{14}$

15 $\frac{13}{14}$배

16 $5\frac{5}{7}$ kg

17 $3\frac{1}{3}$ cm

18 2병, $\frac{5}{12}$ L

19 $\frac{4}{9}$

20 5개

---

1 $\frac{4}{5}$에서 $\frac{1}{5}$을 4번 덜어 낼 수 있으므로

$\frac{4}{5}\div\frac{1}{5}=4\div1=4$입니다.

2 $\frac{6}{7}\div\frac{3}{7}=6\div3=2$

$\frac{8}{9}\div\frac{2}{9}=8\div2=4$

$\frac{7}{8}\div\frac{1}{8}=7\div1=7$

3 $\frac{6}{8}\div\frac{1}{2}=\frac{6}{8}\div\frac{4}{8}=6\div4=\frac{\overset{3}{\cancel{6}}}{\underset{2}{\cancel{4}}}=\frac{3}{2}=1\frac{1}{2}$

5 분모가 다른 분수의 나눗셈은 분모를 같게 통분하여 분 자끼리 나누어 구합니다.

6 분수의 나눗셈은 나누어지는 분수는 그대로 두고, 나누 는 분수의 분모와 분자를 바꾸어 분수의 곱셈으로 나타 내어 계산합니다.

7 (1) $12\div\frac{8}{9}=\overset{3}{\cancel{12}}\times\frac{9}{\underset{2}{\cancel{8}}}=\frac{27}{2}=13\frac{1}{2}$

(2) $\frac{2}{11}\div\frac{3}{8}=\frac{2}{11}\times\frac{8}{3}=\frac{16}{33}$

8 $3\frac{5}{9}\div\frac{2}{3}=\frac{32}{9}\div\frac{2}{3}=\frac{\overset{16}{\cancel{32}}}{\underset{3}{\cancel{9}}}\times\frac{\overset{1}{\cancel{3}}}{\underset{1}{\cancel{2}}}=\frac{16}{3}=5\frac{1}{3}$

➡ $5<5\frac{1}{3}$

9 ㉠ $\frac{2}{5}\div\frac{1}{5}=2\div1=2$

㉡ $1\frac{7}{8}\div2\frac{1}{2}=\frac{15}{8}\div\frac{5}{2}=\frac{\overset{3}{\cancel{15}}}{\underset{4}{\cancel{8}}}\times\frac{\overset{1}{\cancel{2}}}{\underset{1}{\cancel{5}}}=\frac{3}{4}$

㉢ $3\div\frac{3}{4}=(3\div3)\times4=4$

$4>2>\frac{3}{4}$이므로 계산 결과가 가장 큰 것은 ㉢입니다.

10 계산 결과가 1보다 큰 것은 나누어지는 수가 나누는 수보다 큰 경우입니다.

ⓐ $\dfrac{2}{5} < \dfrac{7}{8}$

ⓑ $\dfrac{6}{7} < \dfrac{13}{11}$

ⓒ $2\dfrac{3}{5} > \dfrac{5}{6}$

ⓓ $4\dfrac{2}{9} < 5\dfrac{1}{2}$

따라서 계산 결과가 1보다 큰 것은 ⓒ입니다.

11 ⓐ $\dfrac{6}{11} \div \dfrac{2}{11} = 6 \div 2 = 3$

ⓑ $4\dfrac{1}{2} \div \dfrac{3}{4} = \dfrac{9}{2} \div \dfrac{3}{4} = \dfrac{\overset{3}{\cancel{9}}}{2} \times \dfrac{\overset{2}{\cancel{4}}}{\underset{1}{\cancel{3}}} = 6$

➡ $3 + 6 = 9$

12 (도막의 수) $= 3 \div \dfrac{3}{10} = (3 \div 3) \times 10 = 10$(도막)

13 분자가 분모보다 1 작은 수는 분모가 클수록 큰 수이므로 가장 큰 수는 $\dfrac{15}{16}$이고, 가장 작은 수는 $\dfrac{5}{6}$입니다.

➡ $\dfrac{15}{16} \div \dfrac{5}{6} = \dfrac{\overset{3}{\cancel{15}}}{\underset{8}{\cancel{16}}} \times \dfrac{\overset{3}{\cancel{6}}}{\underset{1}{\cancel{5}}} = \dfrac{9}{8} = 1\dfrac{1}{8}$

14 $\square = \dfrac{18}{49} \div \dfrac{4}{7} = \dfrac{18}{49} \div \dfrac{28}{49} = 18 \div 28$

$= \dfrac{\overset{9}{\cancel{18}}}{\underset{14}{\cancel{28}}} = \dfrac{9}{14}$

15 (상혁이의 기록) ÷ (주미의 기록)

$= 16\dfrac{1}{4} \div 17\dfrac{1}{2} = \dfrac{65}{4} \div \dfrac{35}{2} = \dfrac{\overset{13}{\cancel{65}}}{\underset{2}{\cancel{4}}} \times \dfrac{\overset{1}{\cancel{2}}}{\underset{7}{\cancel{35}}}$

$= \dfrac{13}{14}$(배)

16 (철근 1 m의 무게)

$= 3\dfrac{4}{7} \div \dfrac{5}{8} = \dfrac{25}{7} \div \dfrac{5}{8} = \dfrac{\overset{5}{\cancel{25}}}{7} \times \dfrac{8}{\underset{1}{\cancel{5}}}$

$= \dfrac{40}{7} = 5\dfrac{5}{7}$(kg)

17 (평행사변형의 넓이) = (밑변의 길이) × (높이)이므로

(밑변의 길이) $= \dfrac{35}{4} \div \dfrac{21}{8} = \dfrac{\overset{5}{\cancel{35}}}{\underset{1}{\cancel{4}}} \times \dfrac{\overset{2}{\cancel{8}}}{\underset{3}{\cancel{21}}}$

$= \dfrac{10}{3} = 3\dfrac{1}{3}$(cm)

18 $1\dfrac{3}{4} \div \dfrac{2}{3} = \dfrac{7}{4} \div \dfrac{2}{3} = \dfrac{7}{4} \times \dfrac{3}{2} = \dfrac{21}{8} = 2\dfrac{5}{8}$이므로

2병이 되고 남은 주스는 $\dfrac{2}{3}$ L의 $\dfrac{5}{8}$입니다.

$\dfrac{\overset{1}{\cancel{2}}}{3} \times \dfrac{5}{\underset{4}{\cancel{8}}} = \dfrac{5}{12}$이므로 남은 주스는 $\dfrac{5}{12}$ L입니다.

19 ⓐ 어떤 수를 □라고 하면 $\square \times 3\dfrac{1}{2} = 5\dfrac{4}{9}$에서

$\square = 5\dfrac{4}{9} \div 3\dfrac{1}{2} = \dfrac{49}{9} \div \dfrac{7}{2} = \dfrac{\overset{7}{\cancel{49}}}{9} \times \dfrac{2}{\underset{1}{\cancel{7}}}$

$= \dfrac{14}{9} = 1\dfrac{5}{9}$

입니다.

따라서 바르게 계산하면

$1\dfrac{5}{9} \div 3\dfrac{1}{2} = \dfrac{14}{9} \div \dfrac{7}{2} = \dfrac{\overset{2}{\cancel{14}}}{9} \times \dfrac{2}{\underset{1}{\cancel{7}}} = \dfrac{4}{9}$입니다.

평가 기준	배점(5점)
어떤 수를 구했나요?	2점
바르게 계산한 값을 구했나요?	3점

20 ⓐ 정사각형은 네 변의 길이가 모두 같으므로 정사각형 1개를 만드는 데 필요한 끈의 길이는

$\dfrac{4}{5} \times 4 = \dfrac{16}{5} = 3\dfrac{1}{5}$(m)입니다.

$16 \div 3\dfrac{1}{5} = 16 \div \dfrac{16}{5} = (16 \div 16) \times 5 = 5$이므로 만들 수 있는 정사각형은 모두 5개입니다.

평가 기준	배점(5점)
정사각형 1개를 만드는 데 필요한 끈의 길이를 구했나요?	2점
만들 수 있는 정사각형은 모두 몇 개인지 구했나요?	3점

1 6, 3, 2
2 $\dfrac{11}{12}$

3 $\dfrac{5}{12}\div\dfrac{10}{11}=\dfrac{\overset{1}{5}}{12}\times\dfrac{11}{\underset{2}{10}}=\dfrac{11}{24}$

4

5 $3\div\dfrac{2}{5}=\dfrac{15}{5}\div\dfrac{2}{5}=15\div2=\dfrac{15}{2}=7\dfrac{1}{2}$

6 12, 15
7 30, $1\dfrac{1}{7}$

8 >
9 ㉡

10 15그루
11 14도막

12 ㉠
13 $3\dfrac{8}{9}$배

14 $\dfrac{1}{22}$ kg
15 $18\dfrac{2}{3}$

16 $2\dfrac{3}{5}$
17 $1\dfrac{1}{14}$ m

18 1, 2, 3
19 $5\dfrac{1}{2}$ km

20 26번

---

2 $\dfrac{11}{13}\div\dfrac{12}{13}=11\div12=\dfrac{11}{12}$

3 나누는 수의 분모와 분자를 바꾸어 곱합니다.

4 $\dfrac{4}{5}\div\dfrac{3}{4}=\dfrac{4}{5}\times\dfrac{4}{3}=\dfrac{16}{15}=1\dfrac{1}{15}$

$\dfrac{1}{5}\div\dfrac{1}{3}=\dfrac{1}{5}\times3=\dfrac{3}{5}$

5 자연수를 분수로 나타내는 과정이 잘못되었습니다.

6 $9\div\dfrac{3}{4}=(9\div3)\times4=3\times4=12$

$12\div\dfrac{4}{5}=(12\div4)\times5=3\times5=15$

---

7 $6\div\dfrac{1}{5}=6\times5=30$

$\dfrac{10}{7}\div\dfrac{5}{4}=\dfrac{\overset{2}{10}}{7}\times\dfrac{4}{\underset{1}{5}}=\dfrac{8}{7}=1\dfrac{1}{7}$

8 $1\dfrac{1}{15}\div\dfrac{2}{5}=\dfrac{16}{15}\div\dfrac{2}{5}=\dfrac{\overset{8}{16}}{\underset{3}{15}}\times\dfrac{\overset{1}{5}}{\underset{1}{2}}=\dfrac{8}{3}=2\dfrac{2}{3}$

$1\dfrac{3}{7}\div\dfrac{5}{6}=\dfrac{10}{7}\div\dfrac{5}{6}=\dfrac{\overset{2}{10}}{7}\times\dfrac{6}{\underset{1}{5}}=\dfrac{12}{7}=1\dfrac{5}{7}$

➡ $2\dfrac{2}{3}>1\dfrac{5}{7}$

9 ㉠ $\dfrac{4}{5}\div\dfrac{2}{3}=\dfrac{\overset{2}{4}}{5}\times\dfrac{3}{\underset{1}{2}}=\dfrac{6}{5}=1\dfrac{1}{5}$

㉡ $\dfrac{12}{25}\div\dfrac{3}{10}=\dfrac{\overset{4}{12}}{\underset{5}{25}}\times\dfrac{\overset{2}{10}}{\underset{1}{3}}=\dfrac{8}{5}=1\dfrac{3}{5}$

㉢ $\dfrac{8}{15}\div\dfrac{4}{9}=\dfrac{\overset{2}{8}}{\underset{5}{15}}\times\dfrac{\overset{3}{9}}{\underset{1}{4}}=\dfrac{6}{5}=1\dfrac{1}{5}$

10 (단풍나무의 수)=(은행나무의 수)$\div\dfrac{1}{3}$

$=5\div\dfrac{1}{3}=5\times3=15$(그루)

11 (도막의 수)$=5\dfrac{5}{6}\div\dfrac{5}{12}=\dfrac{35}{6}\div\dfrac{5}{12}$

$=\dfrac{70}{12}\div\dfrac{5}{12}=70\div5=14$(도막)

12 ㉠ $\square\times1\dfrac{2}{9}=3\dfrac{1}{7}$,

$\square=3\dfrac{1}{7}\div1\dfrac{2}{9}=\dfrac{22}{7}\div\dfrac{11}{9}=\dfrac{\overset{2}{22}}{7}\times\dfrac{9}{\underset{1}{11}}$

$=\dfrac{18}{7}=2\dfrac{4}{7}$

㉡ $2\dfrac{1}{6}\times\square=4\dfrac{1}{3}$,

$\square=4\dfrac{1}{3}\div2\dfrac{1}{6}=\dfrac{13}{3}\div\dfrac{13}{6}=\dfrac{\overset{1}{13}}{\underset{1}{3}}\times\dfrac{\overset{2}{6}}{\underset{1}{13}}=2$

➡ $2\dfrac{4}{7}>2$

13 (수박의 무게)÷(멜론의 무게)

$$=8\frac{8}{9}\div2\frac{2}{7}=\frac{80}{9}\div\frac{16}{7}=\frac{80}{9}\times\frac{7}{\underset{1}{\overset{5}{16}}}$$

$$=\frac{35}{9}=3\frac{8}{9}\text{(배)}$$

14 (1 m²의 감자밭에 뿌린 거름의 양)

$$=1\frac{5}{6}\div40\frac{1}{3}=\frac{11}{6}\div\frac{121}{3}=\frac{\overset{1}{11}}{\underset{2}{6}}\times\frac{\overset{1}{3}}{\underset{11}{121}}$$

$$=\frac{1}{22}\text{(kg)}$$

15 $9\frac{1}{3}\div1\frac{1}{6}=\frac{28}{3}\div\frac{7}{6}=\frac{56}{6}\div\frac{7}{6}=56\div7=8$

이므로 $\square\times\frac{3}{7}=8$에서

$\square=8\div\frac{3}{7}=8\times\frac{7}{3}=\frac{56}{3}=18\frac{2}{3}$입니다.

16 $\frac{3}{8}\bigstar\frac{1}{6}=(\frac{3}{8}+\frac{1}{6})\div(\frac{3}{8}-\frac{1}{6})$

$$=(\frac{9}{24}+\frac{4}{24})\div(\frac{9}{24}-\frac{4}{24})$$

$$=\frac{13}{24}\div\frac{5}{24}=13\div5$$

$$=\frac{13}{5}=2\frac{3}{5}$$

17 (높이)=(삼각형의 넓이)×2÷(밑변의 길이)

$$=\frac{27}{\underset{14}{28}}\times\overset{1}{2}\div\frac{9}{5}$$

$$=\frac{27}{14}\div\frac{9}{5}=\frac{\overset{3}{27}}{14}\times\frac{5}{\underset{1}{9}}$$

$$=\frac{15}{14}=1\frac{1}{14}\text{(m)}$$

18 $\frac{9}{16}\div\frac{1}{4}=\frac{9}{16}\div\frac{4}{16}=9\div4=\frac{9}{4}$이고,

$1\frac{2}{7}\div\frac{\square}{7}=\frac{9}{7}\div\frac{\square}{7}=9\div\square=\frac{9}{\square}$이므로

$\frac{9}{4}<\frac{9}{\square}$입니다.

따라서 $\square$ 안에 들어갈 수 있는 자연수는 4보다 작은 1, 2, 3입니다.

19 예 45분$=\frac{45}{60}$시간$=\frac{3}{4}$시간

(한 시간에 갈 수 있는 거리)

$$=4\frac{1}{8}\div\frac{3}{4}=\frac{33}{8}\div\frac{3}{4}=\frac{\overset{11}{33}}{\underset{2}{8}}\times\frac{\overset{1}{4}}{\underset{1}{3}}$$

$$=\frac{11}{2}=5\frac{1}{2}\text{(km)}$$

평가 기준	배점(5점)
45분을 시간으로 바꾸었나요?	2점
한 시간에 갈 수 있는 거리를 구했나요?	3점

20 예 (더 부어야 하는 물의 양)

$$=19\frac{1}{2}\times(1-\frac{2}{5})$$

$$=19\frac{1}{2}\times\frac{3}{5}=\frac{39}{2}\times\frac{3}{5}$$

$$=\frac{117}{10}=11\frac{7}{10}\text{(L)}$$

$$11\frac{7}{10}\div\frac{9}{20}=\frac{117}{10}\div\frac{9}{20}=\frac{\overset{13}{117}}{\underset{1}{10}}\times\frac{\overset{2}{20}}{\underset{1}{9}}=26$$

이므로 물을 적어도 26번 부어야 합니다.

평가 기준	배점(5점)
더 부어야 하는 물의 양을 구했나요?	2점
물을 적어도 몇 번 부어야 하는지 구했나요?	3점

2 소수의 나눗셈

서술형 문제

12~15쪽

1 이유 예 자연수 24를 분모가 10인 분수로 바꿀 때 $\frac{24}{10}$가 아니라 $\frac{240}{10}$으로 바꾸어야 합니다.

바른계산 $24 \div 1.2 = \frac{240}{10} \div \frac{12}{10}$
$= 240 \div 12 = 20$

2 4배   **3** 8.9 m

4 7자루, 2.14 kg   **5** 0.01

6 32   **7** 8

8 98.55 km

1

단계	문제 해결 과정
①	잘못된 이유를 썼나요?
②	소수의 나눗셈을 분수의 나눗셈으로 바르게 계산했나요?

2 예 (집에서 학교까지의 거리)÷(집에서 서점까지의 거리)=4.8÷1.2=4입니다.
따라서 집에서 학교까지의 거리는 집에서 서점까지의 거리의 4배입니다.

단계	문제 해결 과정
①	나눗셈식을 바르게 세웠나요?
②	집에서 학교까지의 거리는 집에서 서점까지의 거리의 몇 배인지 구했나요?

3 예 (직사각형의 넓이)=(가로)×(세로)이므로
(세로)=(직사각형의 넓이)÷(가로)입니다.
따라서 밭의 세로는 82.77÷9.3=8.9(m)입니다.

단계	문제 해결 과정
①	나눗셈식을 바르게 세웠나요?
②	밭의 세로는 몇 m인지 구했나요?

4 예 (전체 대추의 무게)÷(한 자루에 담는 대추의 무게)를 구하면 오른쪽과 같으므로 7자루에 담고 2.14 kg이 남습니다.

$$\begin{array}{r} 7 \\ 5{\overline{\smash{\big)}\,37.14}} \\ \underline{35} \\ 2.14 \end{array}$$

단계	문제 해결 과정
①	나눗셈식을 바르게 세웠나요?
②	자루 수와 남는 대추는 몇 kg인지 구했나요?

5 예 65.3÷4.7=13.893…이므로
소수 첫째 자리까지 나타내면 13.89… ➡ 13.9이고
소수 둘째 자리까지 나타내면 13.893… ➡ 13.89입니다.
따라서 두 수의 차는 13.9−13.89=0.01입니다.

단계	문제 해결 과정
①	나눗셈의 몫을 반올림하여 소수 첫째 자리와 소수 둘째 자리까지 각각 나타냈나요?
②	두 몫의 차를 구했나요?

6 예 8.32*2.6=(8.32÷2.6)×2
$= 3.2 \times 2 = 6.4$
6.4*0.4=(6.4÷0.4)×2
$= 16 \times 2 = 32$

단계	문제 해결 과정
①	8.32*2.6을 계산했나요?
②	(8.32*2.6)*0.4를 계산했나요?

7 예 1.4÷2.7=0.518518…이므로 몫의 소수 첫째 자리부터 숫자 5, 1, 8이 반복됩니다. 반복되는 숫자가 3개이므로 18÷3=6에서 몫의 소수 18째 자리 숫자는 소수 셋째 자리 숫자와 같은 8입니다.

단계	문제 해결 과정
①	1.4÷2.7을 계산하여 규칙을 찾았나요?
②	몫의 소수 18째 자리 숫자를 구했나요?

8 예 2시간 45분=$2\frac{45}{60}$시간=2.75시간
271÷2.75=98.545… ➡ 98.55
따라서 채은이가 탄 버스가 한 시간 동안 달린 거리는 98.55 km입니다.

단계	문제 해결 과정
①	나눗셈식을 바르게 세웠나요?
②	채은이가 탄 버스가 한 시간 동안 달린 거리를 구했나요?

다시 점검하는 기출 단원 평가 Level ❶

16~18쪽

1 (1) 27 (2) 14

2
$$\begin{array}{r} 27 \\ 3.4{\overline{\smash{\big)}\,91.8}} \\ \underline{68} \\ 238 \\ \underline{238} \\ 0 \end{array}$$

3 ②

4 5

5 16, 160, 1600

6 5.8

7 (위에서부터) 1, 2

정답과 풀이 **57**

8 13, 5.2	**9** >
10 ㉢	**11** 16개
12 1.3배	**13** 2
14 70개	**15** 6도막, 3.31 cm
16 2.7 km	**17** 6.5 cm
18 10.5	**19** 13.5
20 18그루	

1 (1) $64.8 \div 2.4 = 648 \div 24 = 27$
(2) $5.18 \div 0.37 = 518 \div 37 = 14$

2 몫의 소수점의 위치는 나누어지는 수의 옮긴 소수점의 위치와 같습니다.

3 $28.42 \div 2.9 = 9.8$
① $2842 \div 29 = 98$
② $284.2 \div 29 = 9.8$
③ $284.2 \div 2.9 = 98$
④ $2842 \div 2.9 = 980$
⑤ $284.2 \div 290 = 0.98$

4 $23 \div 4.6 = 230 \div 46 = 5$

5 나누는 수가 같을 때 나누어지는 수가 10배씩 커지면 몫도 10배씩 커집니다.

6 $\square = 35.38 \div 6.1 = 5.8$

7

$$0.8) \overline{\begin{array}{r} ㉠4 \\ 1\,1.㉡ \end{array}}$$

11.㉡을 0.8로 나누면 ㉠4가 되므로
㉠=1, ㉡=2입니다.

8 $48.62 \div 3.74 = 13$
$13 \div 2.5 = 5.2$

9 $26.97 \div 3.1 = 8.7 > 38.54 \div 4.7 = 8.2$

10 ㉠ $16.2 \div 3.6 = 4.5$
㉡ $15.4 \div 2.8 = 5.5$
㉢ $8.19 \div 1.95 = 4.2$
➡ ㉢ < ㉠ < ㉡

11 (필요한 컵 수)$= 9.6 \div 0.6$
$= 16$(개)

12 (오빠의 몸무게)$\div$(언니의 몸무게)
$= 61.36 \div 47.2$
$= 1.3$(배)

13 $56.18 \div 0.9 = 62.4222\cdots$
소수 둘째 자리부터 2가 반복되므로 소수 13째 자리 숫자는 2입니다.

14

$$35) \overline{\begin{array}{r} 7\,0 \\ 2\,4\,6\,5.5 \\ \underline{2\,4\,5} \\ 1\,5.5 \end{array}}$$

따라서 상자를 70개까지 실을 수 있습니다.

15

$$6) \overline{\begin{array}{r} 6 \\ 3\,9.3\,1 \\ \underline{3\,6} \\ 3.3\,1 \end{array}}$$

따라서 끈은 6도막까지 자를 수 있고 3.31 cm가 남습니다.

16 $3.72 \div 1.4 = 2.65\cdots \Rightarrow 2.7$
따라서 희수는 1시간 동안 2.7 km를 갈 수 있습니다.

17 (삼각형의 넓이)$=$(밑변의 길이)$\times$(높이)$\div 2$이므로
(높이)$=$(삼각형의 넓이)$\times 2 \div$(밑변의 길이)입니다.
따라서 삼각형의 높이는
$25.35 \times 2 \div 7.8 = 50.7 \div 7.8 = 6.5$(cm)입니다.

18 몫이 가장 작으려면 나누는 수를 가장 크게 해야 합니다. 따라서 만들 수 있는 가장 큰 소수 두 자리 수는 8.54이므로 나누는 수는 8.54입니다.
➡ $89.67 \div 8.54 = 10.5$

서술형
19 예 어떤 수를 $\square$라고 하면 $\square \div 3 = 3.6$이므로
$\square = 3.6 \times 3 = 10.8$입니다.
따라서 어떤 수를 0.8로 나눈 몫은
$10.8 \div 0.8 = 13.5$입니다.

평가 기준	배점(5점)
어떤 수를 구했나요?	2점
어떤 수를 0.8로 나눈 몫을 구했나요?	3점

서술형
20 ⓐ (한쪽에 심어야 하는 나무 수)
= (전체 도로의 길이)÷(간격)+1
= $57.6÷7.2+1$
= 9(그루)
(양쪽에 심어야 하는 나무 수)
= (한쪽에 심어야 하는 나무 수)×2
= $9×2$
= 18(그루)

평가 기준	배점(5점)
문제에 알맞은 식을 세웠나요?	2점
필요한 나무 수를 구했나요?	3점

다시 점검하는 기출 단원 평가 Level ② 19~21쪽

1 $10.35÷4.5=\dfrac{103.5}{10}÷\dfrac{45}{10}$
$=103.5÷45=2.3$

2 (교차 선 연결)

3 570, 5700

4 4

5 <

6 2.9

7 ⑤

8 (위에서부터) 4.5, 1.52

9 1, 2, 3, 4

10 3배

11 ㉢, ㉡, ㉣, ㉠

12 2.4

13 12상자

14 7

15 33번

16 4.09 kg

17 11.8 cm

18 3.944

19 66개

20 14350원

1 나누는 수가 소수 한 자리 수이므로 분모가 10인 분수로 바꾸어 계산합니다.

2
$$0.8\overline{)4.8} \quad \begin{array}{r} 6 \\ \underline{4\ 8} \\ 0 \end{array}$$
➡ $4.8÷0.8=6$

$$1.3\overline{)9.1} \quad \begin{array}{r} 7 \\ \underline{9\ 1} \\ 0 \end{array}$$
➡ $9.1÷1.3=7$

$$4.7\overline{)23.5} \quad \begin{array}{r} 5 \\ \underline{2\ 3\ 5} \\ 0 \end{array}$$
➡ $23.5÷4.7=5$

3 나누어지는 수가 같을 때 나누는 수가 $\dfrac{1}{10}$배씩 작아지면 몫은 10배씩 커집니다.

4 가장 큰 수는 8.68, 가장 작은 수는 2.17이므로 몫은 $8.68÷2.17=4$입니다.

5 $42÷2.8=15$ ⓛ $63÷3.5=18$

6 $9.26÷3.14=2.94\cdots$ ➡ 2.9

7 $\underset{①}{35÷1.4}=\underset{②}{3.5÷0.14}$
$=\underset{③}{350÷14}$
$=\underset{④}{0.35÷0.014}$
$=25$
⑤ $3.5÷0.014=250$

8 $6.84÷1.52=4.5$
$6.84÷4.5=1.52$

9 $16.45÷3.5=4.7$
$4.7>□$이므로 □ 안에 들어갈 수 있는 자연수는 1, 2, 3, 4입니다.

10 (집~학교)÷(집~서점)
$=4.86÷1.62=3$(배)

11 ㉠ $21.7÷0.7=31$
㉡ $32÷1.6=20$
㉢ $45.6÷2.4=19$
㉣ $66.75÷2.67=25$
➡ ㉢<㉡<㉣<㉠

12 어떤 수를 □라고 하면
$□×3.8=34.656,$
$□=34.656÷3.8=9.12$
바르게 계산하면 $9.12÷3.8=2.4$입니다.

13 (상자 수)$=174÷14.5=12$(상자)

14 $9.4 \div 2.2 = 4.272727\cdots$
2와 7이 반복되므로 소수 8째 자리 숫자는 7입니다.

15

```
        3 2
   2 ) 6 4.9
       6
       ─────
         4
         4
       ─────
       0.9
```

따라서 물을 적어도 33번 부어야 합니다.

16 $9 \, m \, 45 \, cm = 9.45 \, m$
$(1 \, m의 \, 무게) = 38.62 \div 9.45$
$= 4.086\cdots$
$\Rightarrow 4.09 \, kg$

17 (다른 대각선의 길이)
$=(마름모의 \, 넓이) \times 2 \div (한 \, 대각선의 \, 길이)$
$= 42.48 \times 2 \div 7.2$
$= 84.96 \div 7.2$
$= 11.8(cm)$

18 몫이 가장 크게 되려면 나누어지는 수를 가장 크게, 나누는 수를 가장 작게 해야 합니다. 따라서 만들 수 있는 가장 큰 소수 두 자리 수는 9.86, 가장 작은 소수 한 자리 수는 2.5이므로 $9.86 \div 2.5 = 3.944$입니다.

서술형
19 예 (한쪽에 꽂아야 하는 깃발 수)
$=(전체 \, 다리의 \, 길이) \div (간격) + 1$
$= 40 \div 1.25 + 1 = 33(개)$이므로
(양쪽에 꽂아야 하는 깃발 수)
$=(한쪽에 \, 꽂아야 \, 하는 \, 깃발 \, 수) \times 2$
$= 33 \times 2 = 66(개)$입니다.

평가 기준	배점(5점)
한쪽에 꽂아야 하는 깃발의 수를 구했나요?	4점
필요한 깃발의 수를 구했나요?	1점

서술형
20 예 (휘발유 1 L로 갈 수 있는 거리)
$= 18.45 \div 1.5 = 12.3(km)$이므로
(86.1 km를 가는 데 필요한 휘발유의 양)
$= 86.1 \div 12.3 = 7(L)$입니다.
따라서 (86.1 km를 가는 데 필요한 휘발유의 값)
$= 2050 \times 7 = 14350(원)$입니다.

평가 기준	배점(5점)
휘발유 1 L로 갈 수 있는 거리를 구했나요?	2점
필요한 휘발유의 양과 값을 구했나요?	3점

3 공간과 입체

서술형 문제

1 3개
2 3개
3

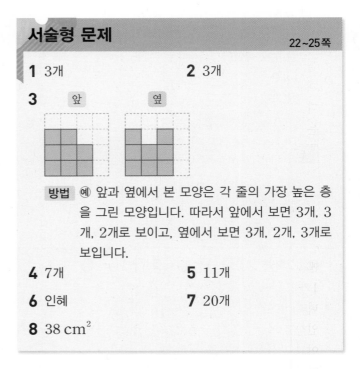

방법 예 앞과 옆에서 본 모양은 각 줄의 가장 높은 층을 그린 모양입니다. 따라서 앞에서 보면 3개, 3개, 2개로 보이고, 옆에서 보면 3개, 2개, 3개로 보입니다.

4 7개
5 11개
6 인혜
7 20개
8 38 cm²

1 예 각 층별로 쌓인 쌓기나무의 수를 세어 보면 1층 7개, 2층 3개, 3층 2개이므로 사용한 쌓기나무는 $7 + 3 + 2 = 12(개)$입니다. 따라서 사용하고 남은 쌓기나무는 $15 - 12 = 3(개)$입니다.

단계	문제 해결 과정
①	사용한 쌓기나무의 개수를 구했나요?
②	사용하고 남은 쌓기나무의 개수를 구했나요?

2 예 왼쪽 그림의 쌓기나무는
$1 + 2 + 1 + 1 + 2 + 2 = 9(개)$이고, 오른쪽 모양의 쌓기나무는 $6 + 4 + 2 = 12(개)$입니다. 따라서 오른쪽과 똑같이 쌓으려면 쌓기나무는 $12 - 9 = 3(개)$ 더 필요합니다.

단계	문제 해결 과정
①	왼쪽과 오른쪽의 쌓기나무의 개수를 각각 구했나요?
②	더 필요한 쌓기나무의 개수를 구했나요?

3

단계	문제 해결 과정
①	앞과 옆에서 본 모양을 그리는 방법을 썼나요?
②	앞과 옆에서 본 모양을 각각 그렸나요?

4 예 각 칸에 있는 수가 2 이상인 칸은 2층에 쌓기나무가 놓인 것입니다. 각 칸에 있는 수가 2 이상인 칸은 7칸이므로 2층에 있는 쌓기나무는 7개입니다.

단계	문제 해결 과정
①	각 칸의 수가 2 이상인 칸 수를 구했나요?
②	2층에 있는 쌓기나무의 개수를 구했나요?

5 ㉠ 앞에서 본 모양을 보면 ㉡과 ㉣에 쌓인 쌓기나무는 2개씩입니다. 옆에서 본 모양을 보면 ㉠, ㉤에 쌓인 쌓기나무는 각각 3개씩이고, ㉢에 쌓인 쌓기나무는 1개입니다. 따라서 똑같은 모양으로 쌓는 데 필요한 쌓기나무는 $3+2+1+2+3=11$(개)입니다.

단계	문제 해결 과정
①	앞, 옆에서 본 모양을 보고 위에서 본 모양의 각 자리에 놓이는 쌓기나무의 개수를 구했나요?
②	똑같은 모양으로 쌓는 데 필요한 쌓기나무의 수를 구했나요?

6 ㉠ 지우가 만든 모양은 1층이 5개, 2층이 2개, 3층이 1개이므로 사용한 쌓기나무는 $5+2+1=8$(개)입니다.
인혜가 만든 모양은 1층이 5개, 2층이 3개, 3층이 1개이므로 사용한 쌓기나무는 $5+3+1=9$(개)입니다.
따라서 쌓기나무를 더 많이 사용한 사람은 인혜입니다.

단계	문제 해결 과정
①	지우와 인혜가 사용한 쌓기나무의 개수를 각각 구했나요?
②	쌓기나무를 더 많이 사용한 사람은 누구인지 구했나요?

7 ㉠ 만들 수 있는 가장 작은 정육면체는 가로와 세로로 각각 3줄씩 3층으로 쌓은 모양이므로 $3 \times 3 \times 3=27$(개)로 쌓아야 합니다.
주어진 모양의 쌓기나무는 1층이 5개, 2층이 2개이므로 7개입니다.
따라서 더 필요한 쌓기나무는 $27-7=20$(개)입니다.

단계	문제 해결 과정
①	가장 작은 정육면체 모양을 만들 때 필요한 쌓기나무의 개수를 구했나요?
②	더 필요한 쌓기나무는 몇 개인지 구했나요?

8 ㉠ (위와 아래에 있는 면의 수)$=6 \times 2=12$(개)
(앞과 뒤에 있는 면의 수)$=8 \times 2=16$(개)
(오른쪽과 왼쪽 옆에 있는 면의 수)$=5 \times 2=10$(개)
쌓기나무 한 개의 한 면의 넓이는 $1\,cm^2$이므로 만든 모양의 겉넓이는 $12+16+10=38(cm^2)$입니다.

단계	문제 해결 과정
①	각 방향의 모든 면의 수를 구했나요?
②	만든 모양의 겉넓이를 구했나요?

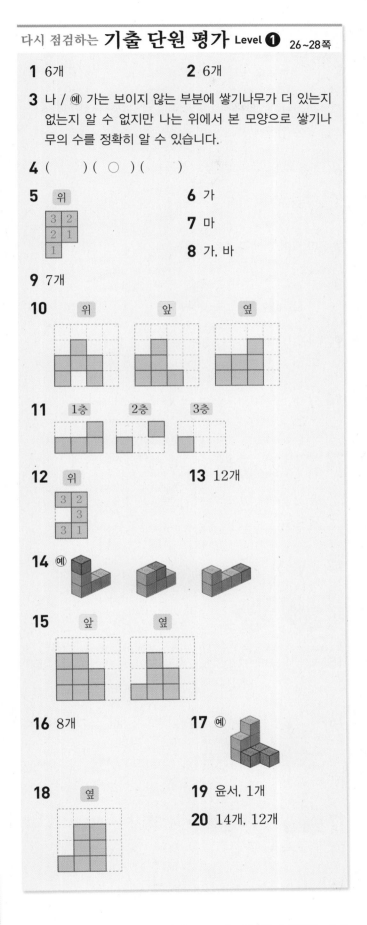

1 6개　　　　　　　　**2** 6개

3 나 / ㉠ 가는 보이지 않는 부분에 쌓기나무가 더 있는지 없는지 알 수 없지만 나는 위에서 본 모양으로 쌓기나무의 수를 정확히 알 수 있습니다.

4 (　　　) (○) (　　　)

5 위

6 가

7 마

8 가, 바

9 7개

10 위　　　앞　　　옆

11 1층　　2층　　3층

12 위

13 12개

14 ㉠

15 앞　　옆

16 8개

17 ㉠

18 옆

19 윤서, 1개

20 14개, 12개

2 1층이 3개, 2층이 3개이므로 필요한 쌓기나무는 6개입니다.

4 첫 번째 : 앞에서 본 모양
두 번째 : 옆에서 본 모양
세 번째 : 위에서 본 모양

5 위에서 본 모양의 각 자리에 쌓인 쌓기나무의 개수를 세어 위에서 본 모양에 수를 씁니다.

6 1층 모양은 가, 나 모두 같습니다.
나는 2층 모양이 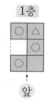 입니다.

7 다 모양을 왼쪽으로 눕혔을 때 마 모양이 됩니다.

8 가   바

9 사용한 쌓기나무가 $8+3+2=13$(개)이므로 사용하고 남은 쌓기나무는 $20-13=7$(개)입니다.

10 쌓기나무 10개로 만든 모양이므로 뒤에 숨겨진 쌓기나무는 없습니다.

12 쌓기나무를 층별로 나타낸 모양에서 1층의 ○ 부분은 쌓기나무가 3층까지 있고, △ 부분은 2층까지 있고, 나머지 부분은 1층만 있습니다.

1층
○ △
○
○
↑
앞

13 $3+2+3+3+1=12$(개)

14   ,   등 여러 가지가 있습니다.

15 앞에서 보면 3개, 3개, 2개로 보이고, 옆에서 보면 1개, 3개, 2개로 보입니다.

16 위

	1	
1	1	3
	2	

위에서 본 모양의 각 자리에 쌓기나무의 수를 써넣으면 왼쪽과 같습니다.
➡ $1+1+1+3+2=8$(개)

17   모양과   모양을 사용하여 새로운 모양을 만들었습니다.

18
⊙
옆

㉠의 자리에 쌓기나무 3개를 더 쌓으면 그 줄은 옆에서 보면 3개로 보입니다.

19 ^{서술형} 예 윤서 : $6+3+1=10$(개)
연우 : $2+3+2+1+1=9$(개)
따라서 윤서가 쌓은 쌓기나무가 $10-9=1$(개) 더 많습니다.

평가 기준	배점(5점)
윤서와 연우가 쌓은 쌓기나무의 개수를 각각 구했나요?	4점
누가 사용한 쌓기나무가 몇 개 더 많은지 구했나요?	1점

20 ^{서술형} 예 쌓기나무를 최대로 사용하려면
㉠=2, ㉡=2, ㉢=2이어야 합니다.
➡ $3+2+3+2+2+2=14$(개)
쌓기나무를 최소로 사용하려면 ㉠=1, ㉡=1,
㉢=2 또는 ㉠=2, ㉡=1, ㉢=1이어야 합니다.
➡ $3+1+3+2+1+2=12$(개)

	3	㉠
	3	
2	㉡	㉢

평가 기준	배점(5점)
최대로 사용할 때 필요한 쌓기나무의 개수를 구했나요?	3점
최소로 사용할 때 필요한 쌓기나무의 개수를 구했나요?	2점

다시 점검하는 기출 단원 평가 Level ❷ 29~31쪽

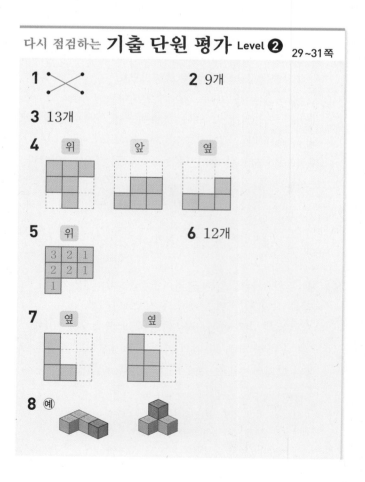

1 ✕

2 9개

3 13개

4
위   앞   옆

5 위

3	2	1
2	2	1
1		

6 12개

7 옆   옆

8 예

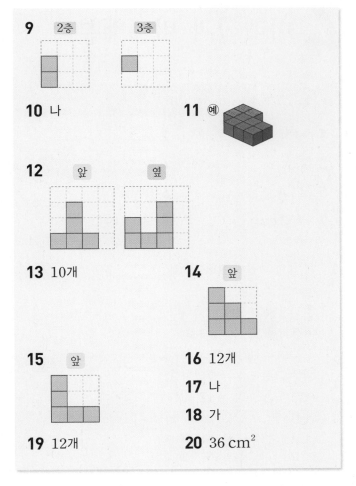

9 2층 3층

10 나

11 예

12 앞 옆

13 10개

14 앞

15 앞

16 12개

17 나

18 가

19 12개

20 36 cm²

2 1층이 5개, 2층이 3개, 3층이 1개이므로 주어진 모양과 똑같이 쌓는 데 필요한 쌓기나무는 9개입니다.

3 1층이 9개, 2층이 4개이므로 주어진 모양과 똑같이 쌓는 데 필요한 쌓기나무는 13개입니다.

4 쌓기나무 8개로 만든 모양이므로 뒤쪽에 보이지 않는 쌓기나무는 없습니다. 위에서 본 모양은 1층의 모양을 그리고, 앞과 옆에서 본 모양은 각 줄의 가장 높은 층만큼 그립니다.

5 위에서 본 모양의 각 자리에 쌓인 쌓기나무의 개수를 세어 위에서 본 모양에 수를 씁니다.

6 3+2+1+2+2+1+1=12(개)

7 위에서 본 모양의 ○ 부분에 쌓기나무를 2개까지 쌓을 수 있으므로 1개 또는 2개 있을 때의 옆에서 본 모양을 그립니다.

위

8

등 여러 가지가 있습니다.

9 1층 모양을 보고 쌓기나무로 쌓은 모양의 뒤에 보이지 않는 쌓기나무가 없다는 것을 알 수 있습니다. 2층에는 쌓기나무 2개, 3층에는 쌓기나무 1개가 있습니다.

10 위에서 본 모양이 같은 모양은 가, 나이고 이 중에서 앞, 옆에서 본 모양이 같은 모양은 나입니다.

11 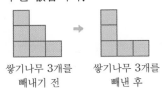 모양 3개를 사용하여 새로운 모양을 만들었습니다.

12 앞에서 보면 1개, 3개, 1개로 보이고, 옆에서 보면 2개, 1개, 3개로 보입니다.

13 쌓기나무를 층별로 나타낸 모양에서 1층의 ○ 부분은 3층까지, △ 부분은 2층까지, 나머지 부분은 1층만 있습니다. 따라서 똑같은 모양으로 쌓는 데 필요한 쌓기나무는 10개입니다.

1층

14 앞에서 보면 3개, 2개, 1개로 보입니다.

15 쌓기나무 12개로 만든 모양이므로 뒤에 숨겨진 쌓기나무는 없습니다.

쌓기나무 3개를   쌓기나무 3개를
빼내기 전   빼낸 후

16 위에서 본 모양의 각 자리에 쌓기나무의 수를 써 봅니다. 쌓기나무를 최대로 사용하려면 다음 그림과 같이 쌓아야 합니다.

위

➡ 1+1+2+3+2+3=12(개)

17 주어진 두 가지 쌓기나무 모양으로 만들 수 있는 모양은 오른쪽과 같은 나입니다.

18 3층에 놓인 쌓기나무의 수를 알아보려면 각 칸에 쓰여진 수가 3 이상인 곳을 세어 보아야 합니다.
따라서 3층에 놓인 쌓기나무가 가는 6개이고, 나는 5개이므로 3층에 놓인 쌓기나무가 더 많은 것은 가입니다.

^{서술형}
19 ㉔ 만들 수 있는 가장 작은 정육면체는 가로와 세로로 각각 3줄씩 3층으로 쌓은 모양이므로 $3 \times 3 \times 3 = 27$(개)를 쌓아야 합니다. 이미 사용한 쌓기나무는 오른쪽과 같이 15개이므로 더 필요한 쌓기나무는 $27 - 15 = 12$(개)입니다.

평가 기준	배점(5점)
만들 수 있는 가장 작은 정육면체의 쌓기나무 개수를 구했나요?	2점
더 필요한 쌓기나무는 몇 개인지 구했나요?	3점

^{서술형}
20 ㉔ (위와 아래에 있는 면의 수)$=5 \times 2 = 10$(개)
(앞과 뒤에 있는 면의 수)$=6 \times 2 = 12$(개)
(오른쪽과 왼쪽 옆에 있는 면의 수)$=7 \times 2 = 14$(개)
쌓기나무 한 개의 한 면의 넓이는 $1\,cm^2$이므로 만든 모양의 겉넓이는 $10 + 12 + 14 = 36(cm^2)$입니다.

평가 기준	배점(5점)
쌓은 모양의 각 방향에 있는 모든 면의 수를 구했나요?	3점
쌓은 모양의 겉넓이를 구했나요?	2점

4 비례식과 비례배분

서술형 문제
^{32~35쪽}

1 39	**2** ㉔ 7
3 ㉔ 3 : 2	**4** 10 L
5 327개	**6** 6 cm²
7 1152 cm²	**8** 오후 10시 50분

1 ㉔ 내항의 곱이 108이므로
㉠$\times 9 = 108$에서
㉠$= 108 \div 9 = 12$입니다.
외항의 곱도 108이므로
$4 \times$㉡$= 108$에서
㉡$= 108 \div 4 = 27$입니다.
따라서 ㉠$+$㉡$= 12 + 27 = 39$입니다.

단계	문제 해결 과정
①	㉠과 ㉡을 각각 구했나요?
②	㉠과 ㉡의 합을 구했나요?

2 ㉔ $3\frac{1}{3} : 4.5 = \frac{10}{3} : \frac{45}{10}$
$$= (\frac{10}{3} \times 30) : (\frac{45}{10} \times 30)$$
$$= 100 : 135$$
$$= (100 \div 5) : (135 \div 5)$$
$$= 20 : 27$$
따라서 ㉠$= 20$, ㉡$= 27$이므로 ㉠과 ㉡의 차는 $27 - 20 = 7$입니다.

단계	문제 해결 과정
①	비를 간단한 자연수의 비로 나타냈나요?
②	㉠과 ㉡의 차를 구했나요?

3 ㉔ 선우가 1시간 동안 한 숙제의 양은 전체의 $\frac{1}{2}$이고, 윤수가 1시간 동안 한 숙제의 양은 전체의 $\frac{1}{3}$입니다.
(선우) : (윤수)$= \frac{1}{2} : \frac{1}{3}$
$$= (\frac{1}{2} \times 6) : (\frac{1}{3} \times 6) = 3 : 2$$
따라서 선우와 윤수가 1시간 동안 한 숙제의 양을 간단한 자연수의 비로 나타내면 3 : 2입니다.

단계	문제 해결 과정
①	선우와 윤수가 1시간 동안 한 숙제의 양은 각각 전체의 얼마인지 구했나요?
②	두 사람이 1시간 동안 한 숙제의 양을 간단한 자연수의 비로 나타냈나요?

4 ㉎ 필요한 페인트의 양을 $\square$ L라고 하면

$3:27=\square:90$, $3\times90=27\times\square$,

$270=27\times\square$, $\square=270\div27=10$입니다.

따라서 필요한 페인트의 양은 10 L입니다.

단계	문제 해결 과정
①	비례식을 바르게 세웠나요?
②	필요한 페인트의 양을 구했나요?

5 ㉎ 배의 수를 $\square$개라고 하면

$8:5=872:\square$,

$8\times\square=5\times872$,

$8\times\square=4360$,

$\square=4360\div8=545$입니다.

따라서 사과의 수와 배의 수의 차는

$872-545=327$(개)입니다.

단계	문제 해결 과정
①	배의 수를 구했나요?
②	사과의 수와 배의 수의 차를 구했나요?

6 ㉎ 삼각형 ㄱㄴㄹ과 삼각형 ㄱㄹㄷ은 높이가 같고 밑변의 길이의 비는 2 : 5입니다.

따라서 두 삼각형의 넓이의 비는 밑변의 길이의 비와 같은 2 : 5이므로

삼각형 ㄱㄴㄹ의 넓이는

$21\times\dfrac{2}{2+5}=21\times\dfrac{2}{7}=6(\text{cm}^2)$입니다.

단계	문제 해결 과정
①	두 삼각형의 넓이의 비를 구했나요?
②	삼각형 ㄱㄴㄹ의 넓이를 구했나요?

7 ㉎ 둘레가 136 cm이므로

(가로)$+$(세로)$=136\div2=68$(cm)입니다.

가로 : $68\times\dfrac{9}{9+8}=68\times\dfrac{9}{17}$

$\qquad\qquad\qquad=36$(cm)

세로 : $68\times\dfrac{8}{9+8}=68\times\dfrac{8}{17}$

$\qquad\qquad\qquad=32$(cm)

따라서 직사각형의 넓이는 $36\times32=1152(\text{cm}^2)$입니다.

단계	문제 해결 과정
①	직사각형의 가로와 세로의 길이의 합을 구했나요?
②	직사각형의 가로와 세로의 길이를 각각 구했나요?
③	직사각형의 넓이를 구했나요?

8 ㉎ 오전 7시에서 다음 날 오후 11시까지는

$24+16=40$(시간)입니다.

40시간 동안 늦어진 시간을 $\square$분이라고 하면

$24:6=40:\square$,

$24\times\square=6\times40$,

$24\times\square=240$,

$\square=240\div24=10$입니다.

따라서 40시간 동안 늦어진 시간이 10분이므로 민정이의 시계가 가리키는 시각은 오후 11시$-$10분$=$10시 50분입니다.

단계	문제 해결 과정
①	오전 7시부터 다음 날 오후 11시까지는 몇 시간인지 구했나요?
②	40시간 동안 늦어진 시간을 구했나요?
③	민정이의 시계가 가리키는 시각을 구했나요?

다시 점검하는 기출 단원 평가 Level ❶ 36~38쪽

1 9, 5 / 15, 3	**2** ㉎ 2, 7, 6, 21
3 ㉎ 10 : 4, 15 : 6, 20 : 8	
4 12	**5** ㉎ 4 : 5
6 ㉡	**7** 165
8 2	**9** 10500원
10 260 g	**11** 900 m, 700 m
12 ㉎ 8 : 21	**13** 6 cm
14 5	**15** ㉎ 4 : 9
16 240만 원, 300만 원	**17** 1125 km
18 41250원	**19** 72 cm
20 25000원	

1 외항은 비례식의 바깥쪽에 있는 항이므로 9, 5이고, 내항은 비례식의 안쪽에 있는 항이므로 15, 3입니다.

2 $2:7 \Rightarrow \dfrac{2}{7}$

$ 3:8 \Rightarrow \dfrac{3}{8}$

$ 9:16 \Rightarrow \dfrac{9}{16}$

$ 6:21 \Rightarrow \dfrac{6}{21}=\dfrac{2}{7}$

따라서 비율이 같은 비는 $2:7$과 $6:21$이므로 비례식으로 나타내면 $2:7=6:21$ 또는 $6:21=2:7$입니다.

3 전항이 30보다 작은 비는

$5:2=(5\times2):(2\times2)=10:4$,

$5:2=(5\times3):(2\times3)=15:6$,

$5:2=(5\times4):(2\times4)=20:8$,

$5:2=(5\times5):(2\times5)=25:10$입니다.

4 외항의 곱과 내항의 곱은 같으므로

$3\times44=11\times\square$, $11\times\square=132$, $\square=12$

입니다.

5 예 밑변의 길이는 $36\,cm$이고, 높이는 $45\,cm$입니다.

$\Rightarrow$ (밑변의 길이):(높이)$=36:45$

$=(36\div9):(45\div9)$

$=4:5$

6 $\bigcirc$ $32:12=(32\div4):(12\div4)=8:3$

$ \bigcirc$ $32:18=(32\div2):(18\div2)=16:9$

$ \bigcirc$ $48:22=(48\div2):(22\div2)=24:11$

7 비례식에서 외항의 곱과 내항의 곱은 같으므로

$37\times\square=11\times15=165$입니다.

8 7과 9의 공배수는 63, 126, 189, …이므로

$\dfrac{3}{7}:\dfrac{\square}{9}=(\dfrac{3}{7}\times63):(\dfrac{\square}{9}\times63)$

$\phantom{\dfrac{3}{7}:\dfrac{\square}{9}}=27:(\square\times7)=27:14$

입니다.

따라서 $\square\times7=14$이므로 $\square=2$입니다.

9 자두 30개의 가격을 $\square$원이라고 하면

$8:2800=30:\square$,

$8\times\square=2800\times30$,

$8\times\square=84000$,

$\square=84000\div8=10500$

입니다.

따라서 자두 30개의 가격은 10500원입니다.

10 넣어야 할 밀가루의 양을 $\square$g이라고 하면

$13:2=\square:40$,

$13\times40=2\times\square$,

$2\times\square=520$,

$\square=520\div2=260$

입니다.

따라서 밀가루를 $260\,g$ 넣어야 합니다.

11 현우 : $1600\times\dfrac{9}{9+7}=1600\times\dfrac{9}{16}$

$\phantom{현우 : 1600\times\dfrac{9}{9+7}}=900(m)$

 유진 : $1600\times\dfrac{7}{9+7}=1600\times\dfrac{7}{16}$

$\phantom{유진 : 1600\times\dfrac{7}{9+7}}=700(m)$

12 예 비례식의 성질을 거꾸로 이용하면

$\oplus:\oplus=\dfrac{2}{7}:\dfrac{3}{4}$입니다.

$\Rightarrow \oplus:\oplus=\dfrac{2}{7}:\dfrac{3}{4}=(\dfrac{2}{7}\times28):(\dfrac{3}{4}\times28)$

$\phantom{\Rightarrow \oplus:\oplus=\dfrac{2}{7}:\dfrac{3}{4}}=8:21$

13 가의 넓이는 $3\times3=9(cm^2)$이고,

나의 넓이를 $\square\,cm^2$라고 하면

$1:4=9:\square$, $\square=4\times9$, $\square=36$

입니다.

$6\times6=36$이므로 나의 한 변의 길이는 $6\,cm$입니다.

14 비례식에서 외항의 곱과 내항의 곱은 같습니다.

$4\times42=(3+\square)\times21$, $(3+\square)\times21=168$,

$3+\square=8$, $\square=5$

15 예 겹쳐진 부분의 넓이는 $\oplus$의 $\dfrac{3}{4}$이고, $\oplus$의 $\dfrac{1}{3}$이므로

$\oplus\times\dfrac{3}{4}=\oplus\times\dfrac{1}{3}$입니다.

$\Rightarrow \oplus:\oplus=\dfrac{1}{3}:\dfrac{3}{4}=(\dfrac{1}{3}\times12):(\dfrac{3}{4}\times12)$

$\phantom{\Rightarrow \oplus:\oplus=\dfrac{1}{3}:\dfrac{3}{4}}=4:9$

16 (아버지):(삼촌)$=2800:3500$

$=4:5$

 아버지 : $540만\times\dfrac{4}{4+5}=540만\times\dfrac{4}{9}$

$\phantom{아버지 : 540만\times\dfrac{4}{4+5}}=240만\,(원)$

 삼촌 : $540만\times\dfrac{5}{4+5}=540만\times\dfrac{5}{9}$

$\phantom{삼촌 : 540만\times\dfrac{5}{4+5}}=300만\,(원)$

17 3시간 45분 $=3\frac{45}{60}$ 시간 $=3\frac{3}{4}$ 시간 $=3.75$ 시간

3시간 45분 동안 간 거리를 □ km라고 하면

$1:300=3.75:□$,

$□=300×3.75=1125$

입니다.

따라서 기차가 3시간 45분 동안 간 거리는 1125 km 입니다.

18 1위안을 팔 때는 우리나라 돈으로 165원을 받을 수 있으므로 은상이가 받을 수 있는 돈을 □원이라고 하면

$1:165=250:□$,

$□=165×250=41250$입니다.

따라서 250위안을 우리나라 돈으로 교환하면 41250원을 받을 수 있습니다.

서술형
19 ⑩ 세로를 □ cm라고 하면

$7:5=21:□$,

$7×□=5×21$,

$7×□=105$,

$□=105÷7=15$

입니다.

따라서 가로가 21 cm, 세로가 15 cm인 직사각형의 둘레는 $(21+15)×2=72$(cm)입니다.

평가 기준	배점(5점)
직사각형의 세로를 구했나요?	3점
직사각형의 둘레를 구했나요?	2점

서술형
20 ⑩ (희라):(동생)$=35:28=5:4$

전체 용돈을 □원이라 하면

$□×\frac{4}{5+4}=□×\frac{4}{9}=20000$이므로

$□=20000÷\frac{4}{9}=20000×\frac{9}{4}=45000$입니다.

➡ 희라 : $45000×\frac{5}{5+4}=45000×\frac{5}{9}$

$=25000$(원)

평가 기준	배점(5점)
전체 용돈을 구했나요?	3점
희라가 받은 용돈은 얼마인지 구했나요?	2점

다시 점검하는 **기출 단원 평가 Level ❷** 39~41쪽

1 3, 6		**2** (위에서부터) 12, 84, 12	
3 ⑩ 5, 5, 2, 15		**4** ⑩ 1 : 5	
5 ④		**6** 5	
7 ⑩ 3 : 2		**8** 36 m, 6 m	
9 52		**10** 10, 15, 24	
11 32 cm		**12** 21명	
13 4		**14** 90 cm, 50 cm	
15 84만 원		**16** 330 cm^2	
17 16개		**18** 2119.5L	
19 9 kg		**20** 35개	

1 비례식의 바깥쪽에 4와 6을, 안쪽에 3과 8을 씁니다.

2 $5:7=(5×12):(7×12)=60:84$

3 ⑩ 각 항에 분모인 5를 곱하여 자연수의 비로 나타냅니다.

➡ $\frac{2}{5}:3=(\frac{2}{5}×5):(3×5)=2:15$

4 ⑩ $3.2:16=(3.2×10):(16×10)$

$=32:160$

$=(32÷32):(160÷32)$

$=1:5$

5 비례식은 외항의 곱과 내항의 곱이 같아야 합니다.

④ ┌ 외항의 곱 : $5×16=80$

　└ 내항의 곱 : $8×15=120$

6 외항의 합이 20이므로 $6+ⓒ=20$, $ⓒ=14$입니다.

$6:7=㉠:14$에서

$7×㉠=6×14$,

$7×㉠=84$,

$㉠=84÷7=12$

따라서 내항의 차는 $12-7=5$입니다.

7 ⑩ $9.6:6.4=(9.6×10):(6.4×10)$

$=96:64$

$=(96÷32):(64÷32)$

$=3:2$

8 $42 \times \dfrac{6}{6+1} = 42 \times \dfrac{6}{7} = 36$ (m)

$42 \times \dfrac{1}{6+1} = 42 \times \dfrac{1}{7} = 6$ (m)

9 ㉠ $5.4 : 3\dfrac{3}{5} = \dfrac{54}{10} : \dfrac{18}{5}$

$= \left(\dfrac{54}{10} \times 10\right) : \left(\dfrac{18}{5} \times 10\right)$

$= 54 : 36$

$= (54 \div 18) : (36 \div 18)$

$= 3 : 2 \Rightarrow \square = 3$

㉡ $28 : \square = 4 : 7$,

$28 \times 7 = \square \times 4$,

$\square \times 4 = 196$,

$\square = 196 \div 4 = 49$

따라서 □ 안에 알맞은 수의 합은 $3 + 49 = 52$입니다.

10 ㉠ $: 16 = ㉡ : ㉢$이라고 하면 $\dfrac{㉠}{16} = \dfrac{5}{8}$에서 ㉠ $= 10$

입니다.

외항의 곱이 240이므로 ㉠ $\times$ ㉢ $= 10 \times$ ㉢ $= 240$에

서 ㉢ $= 24$입니다.

$\dfrac{㉡}{㉢} = \dfrac{㉡}{24} = \dfrac{5}{8}$에서 ㉡ $= 15$입니다.

따라서 비례식을 완성하면 $10 : 16 = 15 : 24$입니다.

11 태극기의 세로를 □cm라고 하면

$3 : 2 = 48 : \square$,

$3 \times \square = 2 \times 48$,

$3 \times \square = 96$,

$\square = 96 \div 3 = 32$

입니다.

12 수정이네 반 전체 학생 수를 □명이라고 하면

$40 : 14 = 100 : \square$,

$40 \times \square = 14 \times 100$,

$40 \times \square = 1400$,

$\square = 1400 \div 40 = 35$

입니다.

따라서 수정이네 반 전체 학생이 35명이므로 남학생은

$35 - 14 = 21$(명)입니다.

> 참고 반 학생의 40 %가 14명일 때 100 %에 해당하는 수
> 가 반 전체 학생 수입니다.

13 어떤 수를 □라고 하면

$(6 + \square) : 8 = 5 : 4$이므로

$(6 + \square) \times 4 = 8 \times 5$,

$(6 + \square) \times 4 = 40$,

$6 + \square = 40 \div 4$,

$6 + \square = 10$,

$\square = 4$

입니다.

14 (가로) + (세로) $= 280 \div 2 = 140$ (cm)

가로 : $140 \times \dfrac{9}{9+5} = 140 \times \dfrac{9}{14}$

$= 90$ (cm)

세로 : $140 \times \dfrac{5}{9+5} = 140 \times \dfrac{5}{14}$

$= 50$ (cm)

15 두 사람이 투자한 금액의 비는

A : B $= 420$만 $: 300$만 $= 7 : 5$입니다.

전체 이익금을 □만 원이라고 하면

$\square \times \dfrac{7}{7+5} = \square \times \dfrac{7}{12} = 49$,

$\square = 49 \div \dfrac{7}{12} = 49 \times \dfrac{12}{7} = 84$

따라서 두 사람이 얻은 총 이익금은 84만 원입니다.

16 윗변의 길이를 □cm라고 하면

$5 : 6 = \square : 12$,

$5 \times 12 = 6 \times \square$,

$6 \times \square = 60$,

$\square = 60 \div 6 = 10$

입니다.

윗변의 길이가 10 cm이므로 높이는

$10 \times 3 = 30$ (cm)입니다.

따라서 사다리꼴의 넓이는

$(10 + 12) \times 30 \div 2 = 330$ (cm^2)입니다.

17 톱니바퀴 ㉮와 ㉯의 회전수의 비가

$42 : 28 = (42 \div 14) : (28 \div 14) = 3 : 2$이므로

톱니바퀴 ㉮와 ㉯의 톱니 수의 비는 $2 : 3$입니다.

톱니바퀴 ㉮의 톱니를 □개라고 하면

$2 : 3 = \square : 24$이므로

$2 \times 24 = 3 \times \square$,

$3 \times \square = 48$,

$\square = 48 \div 3 = 16$

입니다.

18 (더 부어야 할 물의 높이)$=2-1.2=0.8$(m)

물통에 담긴 물의 양을 $\square$ L라고 하면

$0.8:1413=1.2:\square$,

$0.8\times\square=1413\times1.2$,

$0.8\times\square=1695.6$,

$\square=1695.6\div0.8=2119.5$

입니다.

따라서 물통에 담긴 물의 양은 2119.5 L입니다.

서술형
19 ⑩ 유빈 : $75\times\dfrac{11}{11+14}=75\times\dfrac{11}{25}$

$\qquad\qquad\qquad\qquad\;\;=33$(kg)

지우 : $75\times\dfrac{14}{11+14}=75\times\dfrac{14}{25}$

$\qquad\qquad\qquad\qquad\;\;=42$(kg)

따라서 유빈이와 지우가 캔 고구마의 무게의 차는

$42-33=9$(kg)입니다.

평가 기준	배점(5점)
유빈이와 지우가 캔 고구마의 무게를 각각 구했나요?	3점
유빈이와 지우가 캔 고구마의 무게의 차를 구했나요?	2점

서술형
20 ⑩ 잘못 나누어 주었을 때 동생이 가진 구슬의 수를 $\square$

개라고 하면

$2:5=20:\square$,

$2\times\square=5\times20$,

$2\times\square=100$,

$\square=100\div2=50$

입니다.

동생에게 잘못 나누어 준 구슬이 50개이므로 동훈이

가 처음에 나누어 준 구슬은 모두 $20+50=70$(개)입

니다.

따라서 바르게 나누어 줄 때 누나가 가지게 되는 구슬은

$70\div2=35$(개)입니다.

평가 기준	배점(5점)
동생에게 잘못 나누어 준 구슬의 수를 구했나요?	2점
바르게 나누어 줄 때 누나가 가지게 되는 구슬의 수를 구했나요?	3점

5 원의 넓이

서술형 문제
42~45쪽

1 7.95 cm		**2** 3 cm	
3 300 cm²		**4** 14.4 cm²	
5 5바퀴		**6** 1004.4 cm²	
7 192 cm²		**8** 43.4 cm	

1 ⑩ 동전을 한 바퀴 굴렸을 때 동전이 움직인 거리는 동

전의 원주와 같습니다.

따라서 동전이 움직인 거리는 $2.65\times3=7.95$(cm)

입니다.

단계	문제 해결 과정
①	동전이 움직인 거리는 동전의 원주와 같다는 것을 알고 있나요?
②	동전이 움직인 거리를 구했나요?

2 ⑩ (가 원의 반지름)$=62\div3.1\div2=10$(cm)

(나 원의 반지름)$=80.6\div3.1\div2=13$(cm)

따라서 두 원 가와 나의 반지름의 차는

$13-10=3$(cm)입니다.

단계	문제 해결 과정
①	두 원 가와 나의 반지름을 각각 구했나요?
②	두 원 가와 나의 반지름의 차를 구했나요?

3 ⑩ 정사각형 안에 들어갈 수 있는 가장 큰 원의 지름은

정사각형의 한 변의 길이와 같은 20 cm이므로 반지름

은 $20\div2=10$(cm)입니다.

따라서 원의 넓이는 $10\times10\times3=300$(cm²)입니다.

단계	문제 해결 과정
①	정사각형 안에 들어갈 수 있는 가장 큰 원의 지름을 구했나요?
②	정사각형 안에 들어갈 수 있는 가장 큰 원의 넓이를 구했나요?

4 ⑩ 색칠한 부분의 넓이는 한 변의 길이가 8 cm인 정사

각형의 넓이에서

반지름이 4 cm인 원의 넓이를 뺀 것과 같습니다.

따라서 (색칠한 부분의 넓이)$=8\times8-4\times4\times3.1$

$=64-49.6=14.4$(cm²)입니다.

단계	문제 해결 과정
①	정사각형과 원의 넓이를 각각 구했나요?
②	색칠한 부분의 넓이를 구했나요?

5 ⑩ 기차가 한 바퀴 돌았을 때 달린 거리는 철로의 원주
와 같으므로 $6.5 \times 2 \times 3 = 39$(m)입니다.
따라서 기차는 철로 위를 $195 \div 39 = 5$(바퀴) 돌았습
니다.

단계	문제 해결 과정
①	철로의 원주를 구했나요?
②	기차는 철로 위를 몇 바퀴 돌았는지 구했나요?

6 ⑩ 작은 원의 반지름은 $30 \times 0.4 = 12$(cm)이므로 큰
원의 반지름은 $30 - 12 = 18$(cm)입니다.
따라서 큰 원의 넓이는
$18 \times 18 \times 3.1 = 1004.4$(cm^2)입니다.

단계	문제 해결 과정
①	작은 원과 큰 원의 반지름을 각각 구했나요?
②	큰 원의 넓이를 구했나요?

7 ⑩ (가장 작은 원의 반지름)$= 6 \div 2 = 3$(cm)
(가장 큰 원의 반지름)$= 3 + 2.5 + 2.5$
$= 8$(cm)
따라서 과녁의 넓이는 $8 \times 8 \times 3 = 192$(cm^2)입니다.

단계	문제 해결 과정
①	가장 작은 원의 반지름을 구했나요?
②	가장 큰 원의 반지름을 구했나요?
③	과녁의 넓이를 구했나요?

8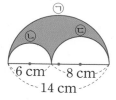

⑩ (㉠의 길이)$= 14 \times 3.1 \div 2$
$= 21.7$(cm)
(㉡의 길이)$= 6 \times 3.1 \div 2$
$= 9.3$(cm)
(㉢의 길이)$= 8 \times 3.1 \div 2$
$= 12.4$(cm)
따라서 색칠한 부분의 둘레는
$21.7 + 9.3 + 12.4 = 43.4$(cm)입니다.

단계	문제 해결 과정
①	색칠한 부분의 둘레를 세 부분으로 나누어 각각의 길이를 구했나요?
②	색칠한 부분의 둘레를 구했나요?

1 3.14		**2** ㉡	
3 32, 64		**4** 18.84 cm	
5 25 cm		**6** 314 cm^2	
7 3.14배		**8** 251.1 cm^2	
9 ㉠		**10** 50.24 cm	
11 76.93 cm^2		**12** 18 cm	
13 6.28 cm		**14** 14 cm	
15 70.4 cm^2		**16** 56 cm	
17 28.26 cm^2		**18** 628 cm^2	
19 895.9 cm^2		**20** 99.96 cm	

1 (원주)$\div$(지름)$= 31.4 \div 10 = 3.14$

2 ㉡ 작은 원일수록 원주는 작습니다.

3 (원 안의 정사각형의 넓이)$= 8 \times 8 \div 2 = 32$(cm^2)
(원 밖의 정사각형의 넓이)$= 8 \times 8 = 64$(cm^2)
➡ 32 cm$^2 <$ (원의 넓이) < 64 cm^2

4 (원주)$= 3 \times 2 \times 3.14 = 18.84$(cm)

5 (반지름)$= 155 \div 3.1 \div 2$
$= 50 \div 2 = 25$(cm)

6 (반지름)$= 20 \div 2 = 10$(cm)
(원의 넓이)$= 10 \times 10 \times 3.14$
$= 314$(cm^2)

7 바퀴의 둘레는 바퀴가 한 바퀴 움직인 거리와 같습니다.
➡ $94.2 \div 30 = 3.14$(배)

8 컴퍼스를 벌린 길이는 원의 반지름과 같습니다.
➡ (원의 넓이)$= 9 \times 9 \times 3.1$
$= 251.1$(cm^2)

9 (㉠의 원주)$= 11 \times 3.1$
$= 34.1$(cm)
➡ ㉠ > ㉡

10 가장 큰 원의 반지름이 8 cm이므로 원주는
$8 \times 2 \times 3.14 = 50.24$(cm)입니다.

11 (반지름)$= 14 \div 2 = 7$(cm)

(반원의 넓이)$= 7 \times 7 \times 3.14 \times \dfrac{1}{2}$

$\qquad\qquad\quad = 76.93$(cm^2)

12 상자의 밑면의 한 변의 길이가 원주가 55.8 cm인 원의
지름보다 커야 접시를 담을 수 있습니다.
(원의 지름)$= 55.8 \div 3.1 = 18$이므로 상자의 밑면의
한 변의 길이는 적어도 18 cm이어야 합니다.

13 (큰 원의 반지름)$= 4 + 1 = 5$(cm)
(큰 원의 원주)$= 5 \times 2 \times 3.14 = 31.4$(cm)
(작은 원의 원주)$= 4 \times 2 \times 3.14 = 25.12$(cm)
➡ $31.4 - 25.12 = 6.28$(cm)

14 원주가 84 cm이므로
(반지름)$= 84 \div 3 \div 2 = 14$(cm)입니다.

15 (원의 넓이)$= 8 \times 8 \times 3.1$

$\qquad\qquad\quad = 198.4$(cm^2)
(정사각형의 넓이)$= 16 \times 16 \div 2$

$\qquad\qquad\qquad\quad = 128$(cm^2)
➡ $198.4 - 128 = 70.4$(cm^2)

16 (색칠한 부분의 둘레)$= 16 \times 2 + 16 \times 2 \times 3 \times \dfrac{1}{4}$

$\qquad\qquad\qquad\qquad = 32 + 24$

$\qquad\qquad\qquad\qquad = 56$(cm)

17 색칠한 부분은 반지름이 $12 \div 2 = 6$(cm)인 원의 넓이
의 $\dfrac{1}{4}$입니다.

➡ (색칠한 부분의 넓이)$= 6 \times 6 \times 3.14 \times \dfrac{1}{4}$

$\qquad\qquad\qquad\qquad\quad = 28.26$(cm^2)

18 오른쪽 그림과 같이 위쪽에 있는 작은 반
원을 아래쪽으로 옮기면 색칠한 부분의
넓이는 반지름이 20 cm인 반원의 넓이
와 같습니다.
➡ (색칠한 부분의 넓이)

$\quad = 20 \times 20 \times 3.14 \times \dfrac{1}{2}$

$\quad = 628$(cm^2)

19 예 (반지름)$=$(원주)$\div$(원주율)$\div 2$이므로
$105.4 \div 3.1 \div 2 = 17$(cm)입니다.
따라서 (원의 넓이)$= 17 \times 17 \times 3.1 = 895.9$(cm^2)
입니다.

평가 기준	배점(5점)
원의 반지름을 구했나요?	2점
원의 넓이를 구했나요?	3점

20 예 곡선인 네 부분의 길이의 합은 반지름이
$14 \div 2 = 7$(cm)인 원의 원주와 같습니다.
따라서 필요한 끈의 길이는 모두
$7 \times 2 \times 3.14 + 14 \times 4 = 43.96 + 56$

$\qquad\qquad\qquad\qquad\qquad\quad = 99.96$(cm)

입니다.

평가 기준	배점(5점)
곡선인 네 부분의 길이를 구했나요?	3점
필요한 끈의 길이를 구했나요?	2점

다시 점검하는 **기출 단원 평가 Level ❷** 49~51쪽

1 (1) ○ (2) × (3) ○

2 (1) 43.96 cm (2) 37.68 cm

3 9   **4** 12, 4

5 6.2, 31   **6** 123 cm^2

7 43.96 cm   **8** 12

9 75 cm   **10** 39.25 cm^2

11 108 cm^2 **12** 11 cm

13 477.4 m   **14** 184.5

15 40 cm   **16** 35원

17 624 cm^2 **18** 9배

19 3바퀴   **20** ㉡

1 (2) 원의 지름이 길어지면 원주도 길어집니다.

2 (1) (원주)$= 14 \times 3.14 = 43.96$(cm)
(2) (원주)$= 6 \times 2 \times 3.14 = 37.68$(cm)

3 (원주)$=$(지름)$\times$(원주율)이므로
$\square \times 3 = 27$, $\square = 27 \div 3 = 9$입니다.

4 (직사각형의 가로)=(원주)×$\frac{1}{2}$

$\qquad\qquad = 4 \times 2 \times 3 \times \frac{1}{2}$

$\qquad\qquad = 12(\text{cm})$

(직사각형의 세로)=(반지름)=4 cm

5 (반지름이 1 cm인 원의 원주)=$1 \times 2 \times 3.1$
$\qquad\qquad\qquad\qquad\qquad = 6.2(\text{cm})$

(반지름이 5 cm인 원의 원주)=$5 \times 2 \times 3.1$
$\qquad\qquad\qquad\qquad\qquad = 31(\text{cm})$

6 (작은 원의 넓이)=$4 \times 4 \times 3 = 48(\text{cm}^2)$

(큰 원의 넓이)=$5 \times 5 \times 3 = 75(\text{cm}^2)$

➡ $48 + 75 = 123(\text{cm}^2)$

7 (원주)=$14 \times 3.14 = 43.96(\text{cm})$

8 $\square \times \square \times 3.1 = 446.4,$

$\square \times \square = 446.4 \div 3.1 = 144$이고

$12 \times 12 = 144$이므로 $\square = 12$입니다.

9 (정미가 가지고 있는 접시의 원주)
$\qquad = 11 \times 3 = 33(\text{cm})$

(규성이가 가지고 있는 접시의 원주)
$\qquad = (11+3) \times 3 = 42(\text{cm})$

➡ $33 + 42 = 75(\text{cm})$

10 소정이가 그린 달의 모양은 반지름이 5 cm인 반원입니다.

➡ (달의 넓이)=$5 \times 5 \times 3.14 \times \frac{1}{2}$
$\qquad\qquad\qquad = 39.25(\text{cm}^2)$

11 직사각형 안에 그릴 수 있는 원의 지름은 직사각형의 가로 또는 세로보다 길 수 없으므로 그릴 수 있는 가장 큰 원의 지름은 12 cm입니다.

따라서 반지름은 $12 \div 2 = 6(\text{cm})$이므로 원의 넓이는 $6 \times 6 \times 3 = 108(\text{cm}^2)$입니다.

12 원을 만드는 데 사용한 끈의 길이는
$80 - 10.92 = 69.08(\text{cm})$입니다.

따라서 만든 원의 원주가 69.08 cm이므로 반지름은 $69.08 \div 3.14 \div 2 = 11(\text{cm})$입니다.

13 (대관람차가 한 바퀴 돌 때 움직인 거리)
$\qquad = 77 \times 3.1 = 238.7(\text{m})$

따라서 동훈이가 대관람차를 타고 움직인 거리는 $238.7 \times 2 = 477.4(\text{m})$입니다.

14 트랙의 둘레가 400 m이므로
$10 \times 3.1 + \square \times 2 = 400,$
$31 + \square \times 2 = 400,$
$\square \times 2 = 369,$
$\square = 184.5$
입니다.

15 (직사각형의 넓이)=$157 \times 8 = 1256(\text{cm}^2)$

원의 반지름을 $\square$ cm라고 하면
$\square \times \square \times 3.14 = 1256$이므로
$\square \times \square = 1256 \div 3.14 = 400,$
$\square = 20$
입니다.

따라서 원의 지름은 $20 \times 2 = 40(\text{cm})$입니다.

16 (종이의 넓이)=$15 \times 15 \times 3.14 = 706.5(\text{cm}^2)$

$25000 \div 706.5 = 35.3\cdots$ ➡ 35.3이므로 종이 $1\,\text{cm}^2$의 가격은 35원인 셈입니다.

17 (반지름이 16 cm인 원의 넓이)
$\qquad = 16 \times 16 \times 3$
$\qquad = 768(\text{cm}^2)$

(반지름이 8 cm인 원의 넓이)
$\qquad = 8 \times 8 \times 3$
$\qquad = 192(\text{cm}^2)$

(반지름이 4 cm인 원의 넓이)
$\qquad = 4 \times 4 \times 3$
$\qquad = 48(\text{cm}^2)$

➡ $768 - 192 + 48 = 624(\text{cm}^2)$

18 ㉯의 반지름을 1 cm라 하면 ㉮의 반지름은 3 cm이므로 ㉮의 넓이는 $3 \times 3 \times 3.1 = 27.9(\text{cm}^2)$이고, ㉯의 넓이는 $1 \times 1 \times 3.1 = 3.1(\text{cm}^2)$입니다.

따라서 ㉮의 넓이는 ㉯의 넓이의 $27.9 \div 3.1 = 9(\text{배})$입니다.

서술형
19 예 접시를 한 바퀴 굴렸을 때 접시가 움직인 거리는 접시의 원주와 같으므로 $10.5 \times 2 \times 3 = 63(\text{cm})$입니다.

따라서 접시를 $189 \div 63 = 3(\text{바퀴})$ 굴렸습니다.

평가 기준	배점(5점)
접시의 원주를 구했나요?	2점
접시를 몇 바퀴 굴렸는지 구했나요?	3점

서술형
20 ㉮ 반지름이 길수록 원의 넓이가 넓으므로 반지름의 길이를 비교합니다.

ⓛ (반지름)$=86.8\div3.1\div2=14$(cm)

ⓒ (반지름)$\times$(반지름)$=375.1\div3.1=121$이고

$11\times11=121$이므로 반지름은 11 cm입니다.

따라서 반지름의 길이를 비교하면

$14\,\text{cm}>11\,\text{cm}>10\,\text{cm}$이므로 넓이가 가장 넓은 원은 ⓛ입니다.

평가 기준	배점(5점)
세 원의 반지름 또는 넓이를 각각 구해 비교했나요?	3점
넓이가 가장 넓은 원을 찾았나요?	2점

6 원기둥, 원뿔, 구

서술형 문제
52~55쪽

1 ㉮ 밑면은 평평한 면입니다.
밑면은 서로 평행하고 합동입니다.
옆면은 굽은 면입니다.

2 252 cm²   **3** 20 cm

4 민재 / ㉮ 원기둥은 뾰족한 부분이 없습니다.

5 64 cm   **6** 24.8 cm²

7 178.56 cm²   **8** 379.94 cm²

1

단계	문제 해결 과정
①	원기둥을 둘러싼 면들의 특징을 한 가지 썼나요?
②	원기둥을 둘러싼 면들의 특징을 다른 한 가지 썼나요?

2 ㉮ 원기둥의 전개도에서 옆면의 가로는 36 cm이고 세로는 7 cm이므로 옆면의 넓이는
$36\times7=252$(cm²)입니다.

단계	문제 해결 과정
①	원기둥의 전개도에서 옆면의 가로와 세로를 각각 구했나요?
②	전개도의 옆면의 넓이를 구했나요?

3 ㉮ 만든 원뿔의 높이는 8 cm이고 밑면의 지름은
$6\times2=12$(cm)입니다.
따라서 원뿔의 높이와 밑면의 지름의 합은
$8+12=20$(cm)입니다.

단계	문제 해결 과정
①	만든 원뿔의 높이와 밑면의 지름을 각각 구했나요?
②	만든 원뿔의 높이와 밑면의 지름의 합을 구했나요?

4

단계	문제 해결 과정
①	잘못 말한 사람을 찾았나요?
②	그렇게 생각한 이유를 바르게 썼나요?

5 ㉮ 원뿔을 앞에서 본 모양은 오른쪽 그림과 같은 삼각형입니다.
따라서 삼각형의 둘레는
$20+20+24=64$(cm)입니다.

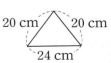

단계	문제 해결 과정
①	원뿔을 앞에서 본 모양을 알고 있나요?
②	삼각형의 둘레를 구했나요?

6 ⑩ 돌리기 전의 평면도형은 오른쪽과 같이 반지름이 4 cm인 반원입니다.
따라서 (돌리기 전의 평면도형의 넓이)
$=4 \times 4 \times 3.1 \div 2 = 24.8(\text{cm}^2)$입니다.

단계	문제 해결 과정
①	돌리기 전의 평면도형이 어떤 모양인지 알고 있나요?
②	돌리기 전의 평면도형의 넓이를 구했나요?

7 ⑩ 옆면의 가로가 18.6 cm이므로 밑면의 둘레도 18.6 cm입니다.
따라서 (밑면의 반지름)$=18.6 \div 3.1 \div 2 = 3(\text{cm})$이고,
(원기둥의 높이)$=18.6-6-6=6.6(\text{cm})$입니다.
➡ (원기둥의 겉넓이)
　$=(3 \times 3 \times 3.1) \times 2 + (18.6 \times 6.6)$
　$=55.8+122.76$
　$=178.56(\text{cm}^2)$

단계	문제 해결 과정
①	원기둥의 밑면의 반지름과 높이를 각각 구했나요?
②	원기둥의 겉넓이를 구했나요?

8 ⑩ 옆면의 가로가 69.08 cm이므로 밑면의 둘레는 69.08 cm입니다. 따라서
(밑면의 반지름)$=69.08 \div 3.14 \div 2 = 11(\text{cm})$
이므로
(한 밑면의 넓이)$=11 \times 11 \times 3.14 = 379.94(\text{cm}^2)$
입니다.

단계	문제 해결 과정
①	원기둥의 밑면의 반지름을 구했나요?
②	원기둥의 한 밑면의 넓이를 구했나요?

다시 점검하는 기출 단원 평가 Level ❶ 56~58쪽

1 다　　　　　　**2** 나

3 ⑩ 밑면의 모양이 다는 원이고, 라는 사각형입니다.

4 구　　　　　　**5** 원, 오각형, 1

6 ㉢　　　　　　**7** 5 cm

8 16 cm

9

10 6 cm　　　　**11** ㉡, ㉣

12 (위에서부터) 3, 18.6, 7

13 ⑩ 밑면의 모양이 원입니다.

14 원, 원　　　　**15** 843.2 cm²

16 628 cm²　　　**17** 432 cm²

18 669.6 cm²

19 나 / ⑩ 밑면이 한쪽에 나란히 있으므로 원기둥을 만들 수 없습니다.

20 110.8 cm

1 두 면이 서로 평행하고 합동인 원으로 되어 있는 기둥 모양의 입체도형을 찾습니다.

2 밑면이 원이고 옆면이 곡면인 뿔 모양의 입체도형을 찾습니다.

3 '다는 옆면이 굽은 면이고, 라는 옆면이 평평한 면입니다.'라고 써도 됩니다.

4 반원의 지름을 기준으로 하여 돌렸을 때 만들어지는 입체도형은 구입니다.

7 한 원뿔에서 모선의 길이는 모두 같습니다. 원뿔의 모선의 길이는 5 cm이므로 빨간색 선분의 길이도 5 cm입니다.

8 구의 중심에서 구의 겉면의 한 점을 이은 선분이 반지름이므로 반지름은 8 cm입니다.
따라서 지름은 $8 \times 2 = 16(\text{cm})$입니다.

9 원기둥을 위에서 본 모양은 원이고, 앞과 옆에서 본 모양은 직사각형입니다.

10 원기둥의 높이는 12 cm이고, 원뿔의 높이는 6 cm입니다. 따라서 두 입체도형의 높이의 차는
$12-6=6(cm)$입니다.

11 ㉡ 옆면은 옆을 둘러싼 굽은 면입니다.
㉣ 꼭짓점과 밑면인 원의 둘레의 한 점을 이은 선분을 모선이라고 합니다.

12 원기둥의 전개도에서 옆면의 가로는 밑면의 둘레이고 옆면의 세로는 원기둥의 높이입니다.
(옆면의 가로)$=3\times2\times3.1=18.6(cm)$

13 원기둥과 원뿔은 밑면의 모양이 원이고 옆면이 굽은 면입니다.

14 구는 어느 방향에서 보아도 보이는 모양이 항상 원으로 같습니다.

15 (한 밑면의 넓이)$=8\times8\times3.1=198.4(cm^2)$
(옆면의 넓이)$=(8\times2\times3.1)\times9=446.4(cm^2)$
➡ (원기둥의 겉넓이)$=198.4\times2+446.4$
$=843.2(cm^2)$

16 (옆면의 넓이)$=(5\times2\times3.14)\times20$
$=628(cm^2)$

17 밑면의 반지름을 □ cm라 하면 □$\times2\times3=36$에서
□$=36\div3\div2=6(cm)$입니다.
(한 밑면의 넓이)$=6\times6\times3=108(cm^2)$
(옆면의 넓이)$=36\times6=216(cm^2)$
➡ (원기둥의 겉넓이)$=108\times2+216=432(cm^2)$

18 (롤러의 옆면의 넓이)$=(4\times2\times3.1)\times9$
$=223.2(cm^2)$
➡ (페인트가 칠해진 벽의 넓이)$=223.2\times3$
$=669.6(cm^2)$

서술형
19

평가 기준	배점(5점)
원기둥의 전개도가 아닌 것을 찾았나요?	2점
원기둥의 전개도가 아닌 이유를 바르게 썼나요?	3점

서술형
20 ⓔ 원기둥의 전개도에서 옆면의 가로는 원기둥의 밑면의 둘레와 같고, 옆면의 세로는 원기둥의 높이와 같습니다.

따라서 (밑면의 둘레)$=7\times2\times3.1=43.4(cm)$이고, (높이)$=12$ cm입니다.
➡ (옆면의 둘레)$=(43.4+12)\times2$
$=110.8(cm)$

평가 기준	배점(5점)
옆면의 가로와 세로의 길이를 각각 구했나요?	3점
옆면의 둘레를 구했나요?	2점

다시 점검하는 **기출 단원 평가 Level ❷** 59~61쪽

1 가, 라

2 ⓔ 두 면이 서로 평행하지 않고 합동이 아닙니다.

3 8 cm

4 ( ) (○) ( )

5 15 cm, 17 cm

6 ①

7 9

8 (위에서부터) 육각형, 원 / 삼각형, 삼각형

9 선분 ㄱㄴ, 선분 ㄱㄷ, 선분 ㄱㄹ

10 ㉡

11 혜리, 지영

12 47.1 cm

13 72 cm

14 216 cm²

15 992 cm²

16 14 cm

17 6 cm

18 167.4 cm²

19 9.8 cm

20 1840 cm²

1 두 면이 서로 평행하고 합동인 원으로 된 둥근 기둥 모양의 입체도형을 찾습니다.

3 원기둥의 높이는 두 밑면에 수직인 선분의 길이이므로 음료수 캔의 높이는 8 cm입니다.

4 원기둥의 전개도는 두 밑면의 모양이 서로 합동인 원이고, 옆면의 모양이 직사각형입니다. 또한 원기둥을 만들었을 때 두 밑면이 서로 평행해야 합니다.

5 높이는 원뿔의 꼭짓점에서 밑면에 수직인 선분의 길이이므로 15 cm이고, 모선은 원뿔의 꼭짓점과 밑면인 원의 둘레의 한 점을 이은 선분이므로 17 cm입니다.

6 직사각형의 한 변을 기준으로 하여 돌리면 원기둥이 만들어집니다.

7 지름이 18 cm인 반원을 한 바퀴 돌려 만든 구의 반지름은 18÷2＝9(cm)입니다.

9 원뿔의 꼭짓점과 밑면인 원의 둘레의 한 점을 이은 선분을 모선이라고 합니다.

10 ㉡ 구의 중심에서 구의 겉면의 한 점을 이은 선분은 구의 반지름입니다.

11 혜리 : 밑면이 원기둥은 2개이고, 원뿔은 1개입니다.
지영 : 원기둥은 꼭짓점이 없고, 원뿔은 꼭짓점이 있습니다.

12 (한 밑면의 둘레)＝(지름)×(원주율)
$$=15×3.14$$
$$=47.1(cm)$$

13 구를 앞에서 본 모양은 반지름이 12 cm인 원입니다. 따라서 구를 앞에서 본 모양의 둘레는
$$12×2×3=72(cm)입니다.$$

14 (원기둥의 겉넓이)
＝(한 밑면의 넓이)×2＋(옆면의 넓이)
$$=27×2+162$$
$$=216(cm^2)$$

15 (한 밑면의 넓이)＝8×8×3.1
$$=198.4(cm^2)$$
(옆면의 넓이)＝(8×2×3.1)×12
$$=595.2(cm^2)$$
➡ (겉넓이)＝198.4×2＋595.2
$$=992(cm^2)$$

16 원뿔을 옆에서 본 모양은 오른쪽과 같은 삼각형입니다. 따라서 모선의 길이는
(40−12)÷2＝14(cm)입니다.

12 cm

17 색칠된 부분의 넓이는 원기둥의 옆면의 넓이와 같습니다.
(밑면의 둘레)＝(옆면의 가로)
$$=301.44÷16=18.84(cm)$$
➡ (밑면의 지름)＝18.84÷3.14
$$=6(cm)$$

18 밑면의 반지름이 3 cm, 높이가 6 cm인 원기둥이 만들어집니다.
(원기둥의 겉넓이)
$$=(3×3×3.1)×2+(3×2×3.1)×6$$
$$=55.8+111.6$$
$$=167.4(cm^2)$$

서술형
19 예 (옆면의 가로)＝(밑면의 둘레)
$$=4×2×3.1$$
$$=24.8(cm)$$
옆면의 세로는 원기둥의 높이와 같으므로 15 cm입니다. 따라서 옆면의 가로와 세로의 차는
$$24.8−15=9.8(cm)입니다.$$

평가 기준	배점(5점)
옆면의 가로와 세로를 구했나요?	4점
옆면의 가로와 세로의 차를 구했나요?	1점

서술형
20 예 (한 밑면의 넓이)
$$=10×10×3.1÷2$$
$$=155(cm^2)$$
(옆면의 넓이)
＝(굽은 면의 넓이)＋(직사각형의 넓이)
$$=20×3.1÷2×30+20×30$$
$$=1530(cm^2)$$
따라서 페인트가 칠해질 부분의 넓이는
$$155×2+1530=1840(cm^2)입니다.$$

평가 기준	배점(5점)
한 밑면의 넓이, 옆면의 넓이를 각각 구했나요?	3점
페인트가 칠해질 부분의 넓이를 구했나요?	2점

최상위를 위한
심화 학습 서비스 제공!

문제풀이 동영상 ➕ 상위권 학습 자료
(QR 코드 스캔 혹은 디딤돌 홈페이지 참고)

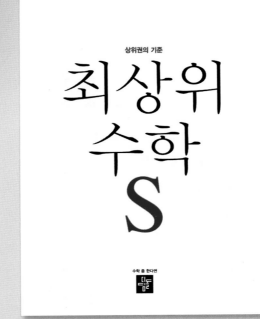

다음에는 뭐 풀지?

다음에 공부할 책을 고르기 어려우시다면, 현재 성취도를 먼저 체크해 보세요.
최상위로 가는 맞춤 학습 플랜만 있다면 내 실력에 꼭 맞는 교재를 선택할 수 있어요!
단계에 따라 내 실력을 진단해 보고, 다음 학습도 야무지게 준비해 봐요!

첫 번째, 단원평가의 맞힌 문제 수 또는 점수를 모두 더해 보세요.

단원		맞힌 문제 수 OR	점수 (문항당 5점)
1단원	1회		
	2회		
2단원	1회		
	2회		
3단원	1회		
	2회		
4단원	1회		
	2회		
5단원	1회		
	2회		
6단원	1회		
	2회		
합계			

※ 단원평가는 각 단원의 마지막 코너에 있는 20문항 문제지입니다.